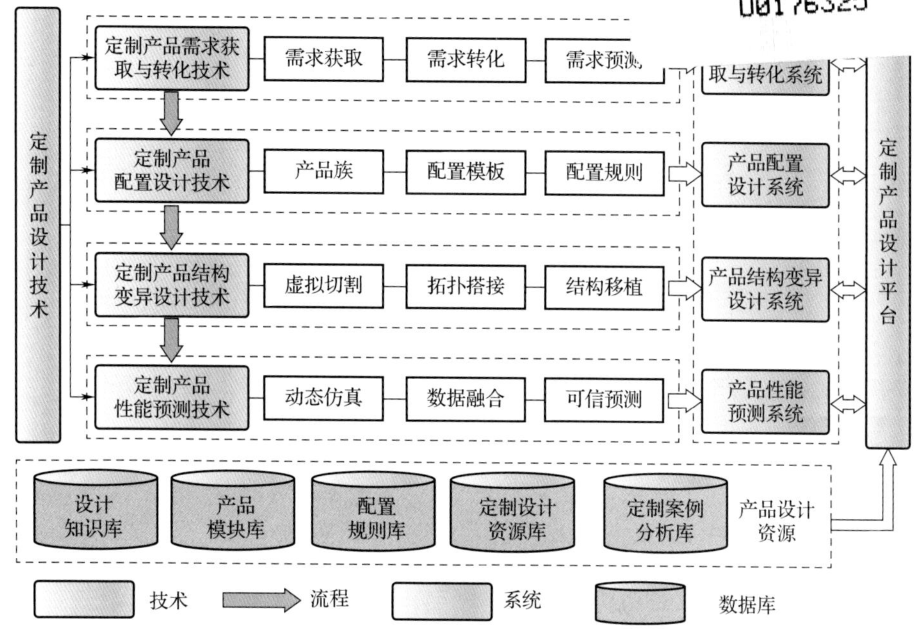

图 1.1　定制产品设计过程

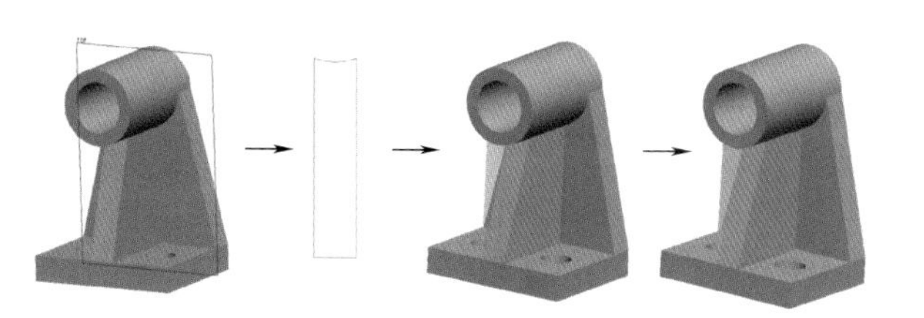

图 4.10　某支座零件的平移细分

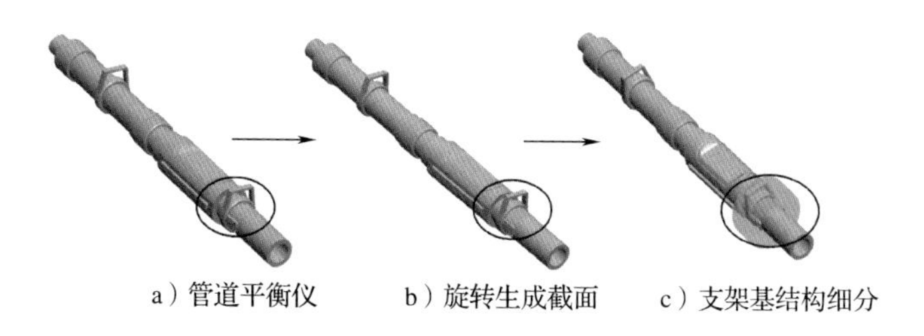

图 4.11　某管道平衡仪的旋转细分

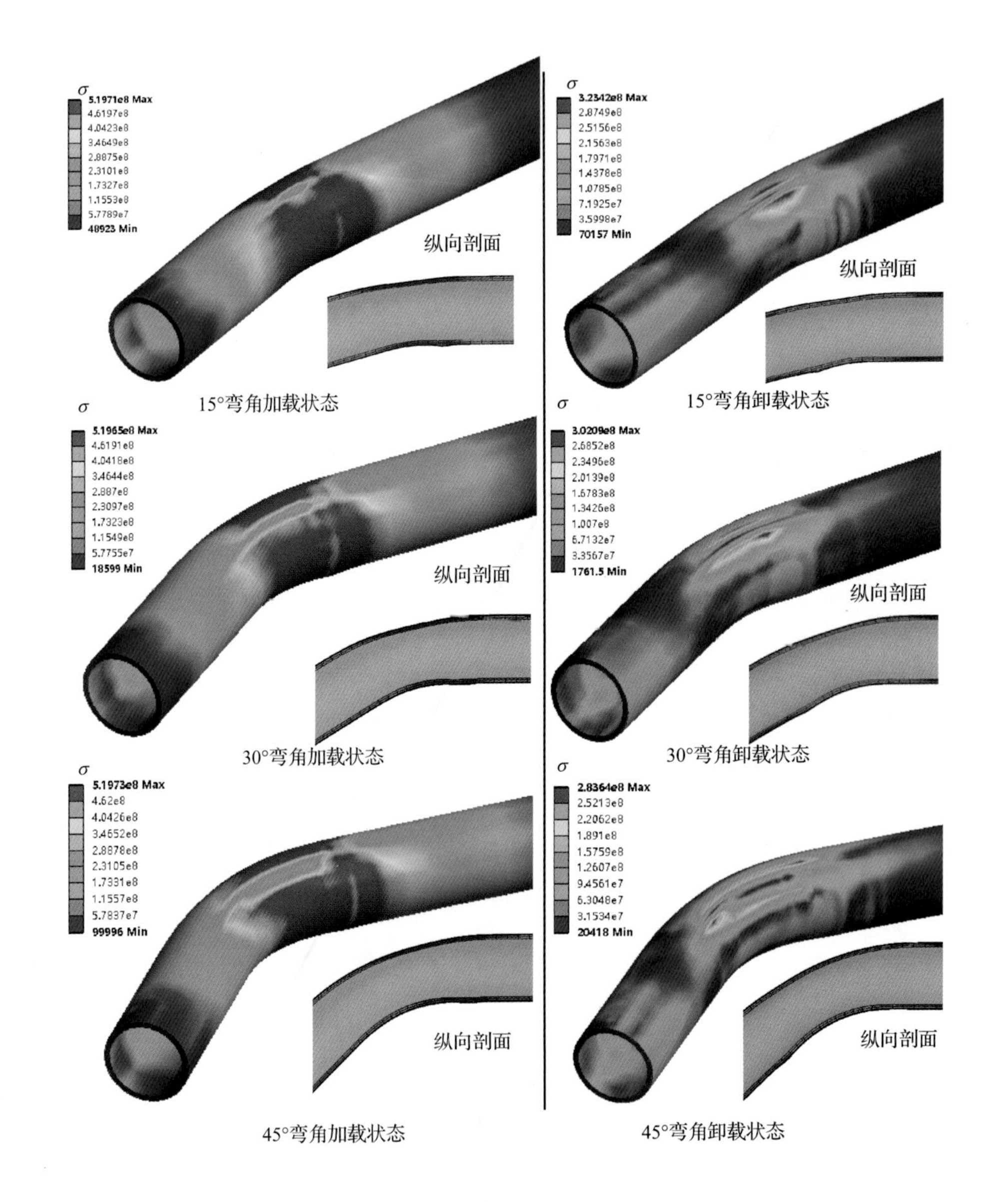

图 6.95　双层弯管在不同弯曲角度下的应力分布

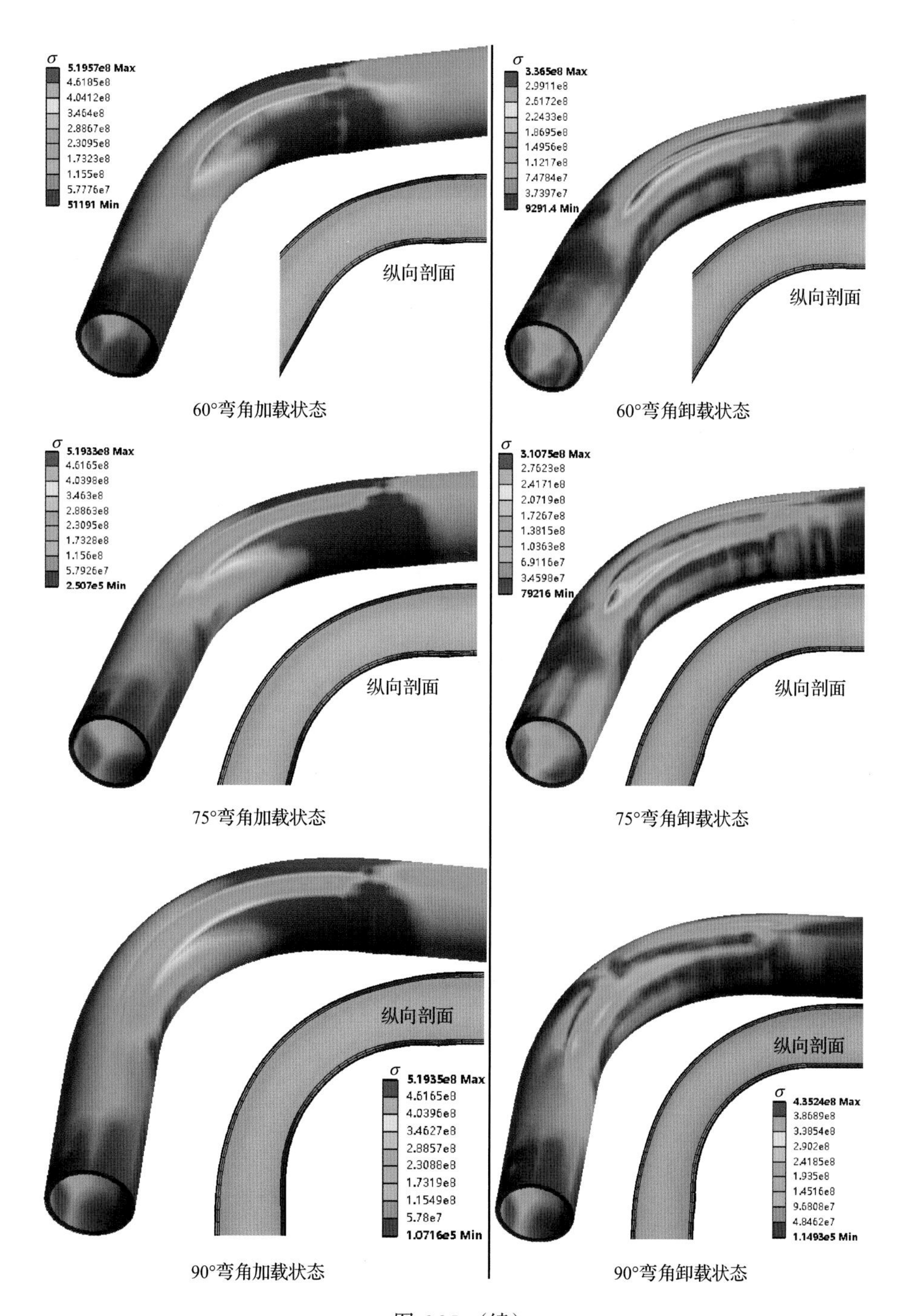
σ
5.1957e8 Max
4.6185e8
4.0412e8
3.464e8
2.8867e8
2.3095e8
1.7323e8
1.155e8
5.7776e7
51191 Min
纵向剖面
60°弯角加载状态
σ
3.365e8 Max
2.9911e8
2.6172e8
2.2433e8
1.8695e8
1.4956e8
1.1217e8
7.4784e7
3.7397e7
9291.4 Min
纵向剖面
60°弯角卸载状态
σ
5.1933e8 Max
4.6165e8
4.0398e8
3.463e8
2.8863e8
2.3095e8
1.7328e8
1.156e8
5.7926e7
2.507e5 Min
纵向剖面
75°弯角加载状态
σ
3.1075e8 Max
2.7623e8
2.4171e8
2.0719e8
1.7267e8
1.3815e8
1.0363e8
6.9116e7
3.4598e7
79216 Min
纵向剖面
75°弯角卸载状态
纵向剖面
σ
5.1935e8 Max
4.6165e8
4.0396e8
3.4627e8
2.8857e8
2.3088e8
1.7319e8
1.1549e8
5.78e7
1.0716e5 Min
90°弯角加载状态
纵向剖面
σ
4.3524e8 Max
3.8689e8
3.3854e8
2.902e8
2.4185e8
1.935e8
1.4516e8
9.6808e7
4.8462e7
1.1493e5 Min
90°弯角卸载状态

图 6.95 （续）

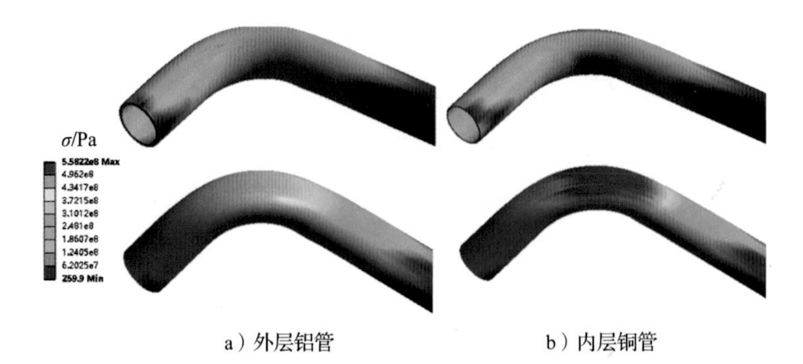

a）外层铝管　　b）内层铜管

图 6.103　铜 / 铝双层弯管等效应力云图

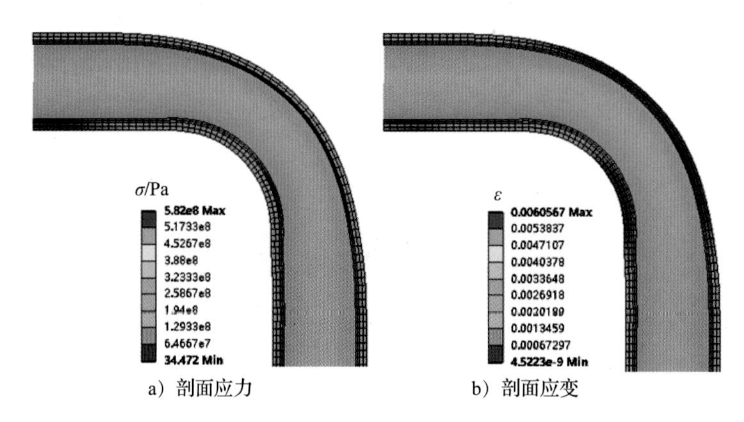

a）剖面应力　　b）剖面应变

图 6.104　铜 / 铝双层弯管纵向剖切截面云图

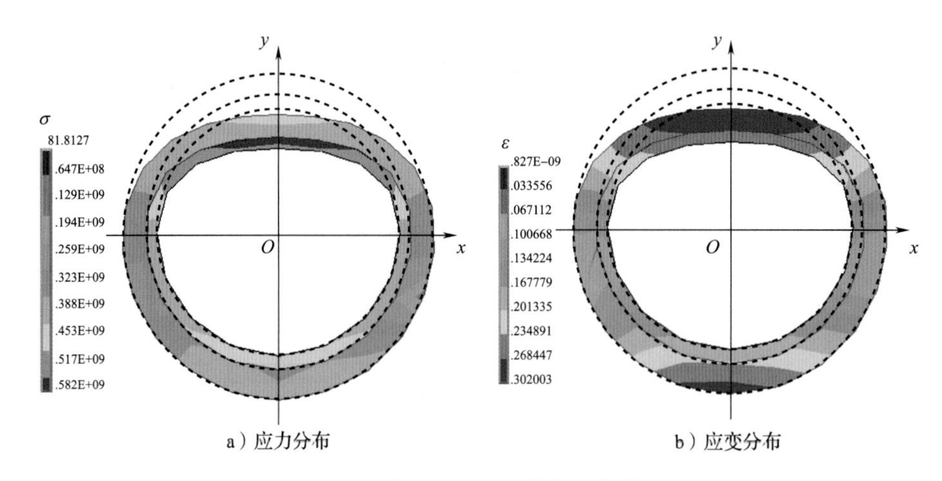

a）应力分布　　b）应变分布

图 6.106　铜 / 铝双层弯管的弯曲截面

网络协同制造和智能工厂学术专著系列

定制产品设计技术及应用

张树有　裘乐淼　◎　著

Design Technologies of Customized Product and Its Applications

图书在版编目（CIP）数据

定制产品设计技术及应用 / 张树有，裘乐淼著．—北京：机械工业出版社，2022.10
（网络协同制造和智能工厂学术专著系列）
ISBN 978-7-111-71675-4

Ⅰ. ①定…　Ⅱ. ①张…②裘…　Ⅲ. ①产品设计－研究　Ⅳ. ① TB472

中国版本图书馆 CIP 数据核字（2022）第 178872 号

定制产品设计技术及应用

出版发行：机械工业出版社（北京市西城区百万庄大街 22 号　邮政编码：100037）
责任编辑：王　颖　　责任校对：韩佳欣　李　婷
印　　刷：三河市国英印务有限公司　　版　　次：2023 年 1 月第 1 版第 1 次印刷
开　　本：170mm×230mm　1/16　　印　　张：14.75　　插页：2
书　　号：ISBN 978-7-111-71675-4　　定　　价：89.00 元

客服电话：（010）88361066　68326294

‖前 言

定制产品是根据订单进行设计制造的产品。专家预测，未来制造业一半以上的制造为个性化定制。复杂定制产品具有需求多样、模糊动态、设计响应烦琐、设计工作量大等特点。满足客户的个性化需求，同时实现复杂定制产品的快速设计与创新，已成为衡量制造企业生存力和竞争力的重要方面，也是当前产品开发中全球竞争的制高点。

产品设计过程实质是将需求模型转化为产品设计模型的动态响应过程。为了快速响应客户的个性化需求，当前制造企业的定制产品设计大都是在已有产品设计资源的基础上，通过产品配置设计、结构变异设计、性能分析与预测等技术实现的。

本书围绕定制产品设计技术，主要讨论定制产品配置设计、定制产品结构变异设计、定制产品性能预测等问题。

定制产品配置设计包括个性化需求获取与转化、产品族与配置模板建立、配置规则提取等。其设计过程是以客户需求为输入，根据预定义的零部件集合及其约束关系，通过对产品配置模型实例化，生成产品设计 BOM（Bill Of Material，物料清单），从而满足客户的个性化需求。

定制产品结构变异设计是在产品基型基础上，为满足客户的个性化需求而进行变结构、变拓扑的一种支持产品开发的设计方法，主要包括零件基型的可变异模型、结构移植的切割方法、结构移植的拓扑搭接技术等。

定制产品性能预测是以产品设计模型为基础，研究多源数据的多模态关联与特征提取，构建数据迁移学习模型，融合历史实测数据与仿真数据，实现多源数据驱动的定制产品关键性能预测。

本书共分为6章。第1章介绍定制产品的设计过程与特点，分析定制产品设计面临的问题。第2章讨论定制产品的设计模式、设计平台与设计体系。第3章分析定制产品模糊层次配置设计过程，并介绍需求建模、配置模板与规则建立、定制产品模糊层次配置设计与优化等。第4章讨论定制产品结构移植变异设计技术，包括零件可变异模型、结构移植的切割与拓扑搭接方法、变异设计过程重用等。第5章讨论定制产品性能预测技术，包括多源数据融合方法、仿真与实测数据的迁移学习预测建模、设计与性能分析集成方法等。第6章讨论定制产品配置设计、结构变异设计与性能预测技术的应用，重点介绍高速电梯、高档数控机床、大型注塑装备等设计应用实例。

本书由张树有、裘乐淼撰写，张树有统稿。王自立、王阳、李瑞森、顾叶、李恒、周会芳等以及作者团队中已毕业的研究生，参与了相关课题的研究工作，为本书的出版做了大量的工作。

本书得到了国家重点研发计划项目“‘互联网+’产品定制设计方法与技术”（2018YFB1700700）的资助，以及谭建荣院士、国家网络化协同制造领域专家组各位专家的大力支持与帮助，在此表示衷心感谢！

本书内容是作者科研团队当前研究的阶段性成果，相关技术还在进一步发展与完善，书中不当之处，恳请专家和同行批评指正。

作者

2022年5月于求是园

目 录

前言

‖ 第1章

绪　论

1.1　概述

定制产品是指根据订单进行设计制造的产品。美国国家工程院 2010 年预测的“改变未来十大科技”中，个性化定制排在首位[1]。中国机械工程学会预测，未来制造业的一半以上涉及个性化定制[2]。定制产品设计是实现制造业智能定制的先导和关键环节[3]。

为了解决产品设计开发中的共性问题，德国学者 Pahl 和 Beitz[4]提出了较具代表性的产品设计方法学，将工程设计分为明确任务、概念设计、具体化设计和详细设计等四个阶段；苏联学者 G. S. Altshulder 等在分析 250 万件专利的基础上提出了发明问题解决理论（Teoriya Resheniya Izobreatatelskikh Zadatch, TRIZ）；美国 MIT 学者 Suh[5]提出了公理化设计理论，给出了独立性公理和信息化公理，将设计问题看作客户需求域、功能域、物理域和过程域等依次通过映射机制相联系的问题域概念模型。这些方法对定制产品设计理论、技术与应用的研究起到了重要的作用。

定制产品设计的实质是实现由需求模型到产品设计模型的转化过程[6]，本书围绕定制产品设计，重点讨论定制产品配置与变异设计，以及性能预测技术及应用，主要包括定制产品需求获取与转化、定制产品配置设计、定制产品结构变异设计、定制产品性能分析与预测等内容。

1.2 定制产品设计过程与特点

1.2.1 定制产品设计过程

定制产品设计是以客户个性化需求为驱动，以设计资源为基础，以高质量、低成本、快交货等为目标，将需求模型转化为产品设计模型的动态响应过程。为了快速响应需求与制造环境的动态变化，当前制造企业的定制产品设计大都是在已有设计基础上，通过产品配置设计、结构变异设计、性能预测等技术实现的。

图 1.1 为典型的定制产品设计过程，涉及的技术主要包括产品需求获取与转化技术、产品配置设计技术、产品结构变异设计技术、产品性能预测技术。产品需求获取与转化技术包括需求获取、需求转化与需求预测；产品配置设计技术包括产品族、配置模板和配置规则；产品结构变异设计技术包括虚拟切割、拓扑搭接和结构移植；产品性能预测技术包括有限元与多体动态仿真、数据融合、可信预测。在定制产品设计平台统一框架下，定制产品设计通过相应的产品需求获取与转化系统、产品配置设计系统、产品结构变异设计系统、产品性能预测系统实现。各系统共享产品设计资源，包括配置规则库、设计知识库、产品模块库与定制案例分析库等。

(1) 定制产品需求获取与转化

产品需求获取与转化是进行定制产品设计的前提，通过客户个性化需求信息的快速获取，分析并表征客户多样、多变与模糊的个性化需求，在此基础上，进一步对缺失需求进行预测。通过需求到设计参数的正向驱动、设计参数到需求的反向微调融合，实现定制产品个性化需求动态关联响应与转化，为后续设计提供设计需求与设计参数。

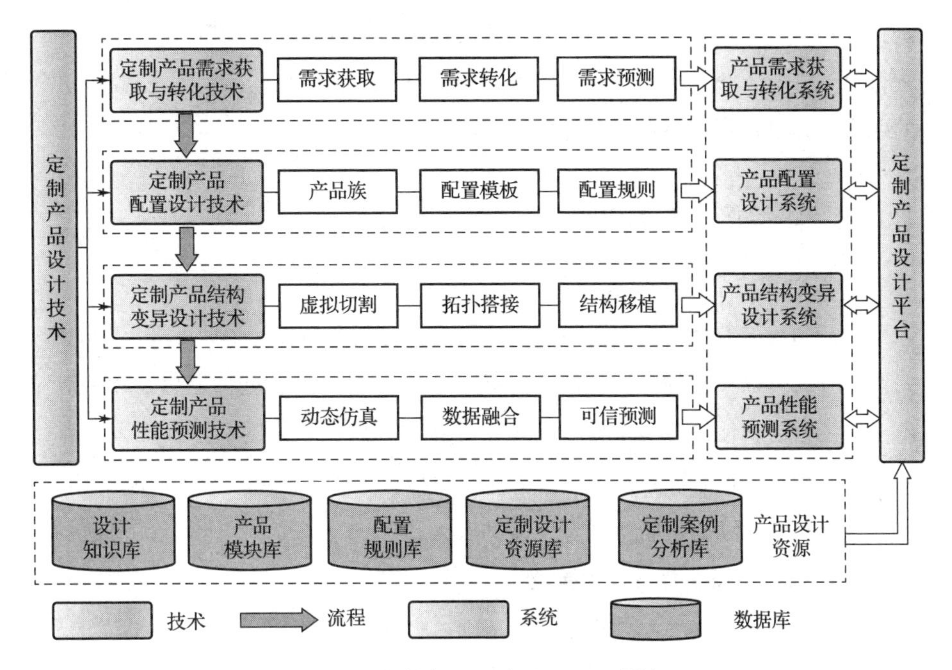

图 1.1 定制产品设计过程（见彩插）

(2) 定制产品配置设计

产品配置设计是指根据预定义的零部件集合及其相互约束关系，通过对产品配置模型的实例化，输出产品的最终配置结果，形成满足客户个性化需求的产品设计过程。该技术包括产品族、配置模板和配置规则等，实现了批量产品单元的低成本与个性化定制的柔性结合。

(3) 定制产品结构变异设计

产品结构变异设计是在产品配置设计的基础上，为满足客户个性化需求而进行变结构、变拓扑的一种支持定制产品设计的方法。为了满足个性化需求，企业在定制产品开发中经常面临如何在已有产品模型基础上，通过零部件结构变异快速实现产品设计的情况。由于变异零部件往往结构复杂并决定着定制产品整个设计周期的长短，因此，定制产品结构变异设计已成为定制产品设计的一个重要环节。

(4) 定制产品性能预测

产品性能预测是指在产品设计方案完成后，根据定制产品数字化设计模型，对定制产品某些关键性能进行预测的技术。结合有限元分析方法，对产品进行仿真分析，获得大量计算机仿真数据，再通过实测数据与计算机仿真数据的融合，提升定制产品性能预测的可信度。

1.2.2 定制产品设计特点

（1）以客户个性化需求为导向

设计制造的产品最终要满足客户的需求，定制产品设计是一种需求拉动型的设计方式，以客户的个性化需求为起点，根据客户要求进行定制设计制造。由于个性化需求往往具有多源、多样、异构、异质、不确定及难预测等特点，因此需要构建多模态、智能、精准的需求模型，完成个性化需求到产品设计参数的转化，为后续的定制产品设计提供依据。

（2）以产品模块化设计为基础

模块化设计是实现大批量定制的基础，定制产品设计中根据不同的需求尽可能重用已有的设计模块，通过模块化配置设计来满足客户的外部多样化需求，实现企业的内部规模化目标，尽可能减少定制产品中的专用模块，以缩短定制产品的交货期和降低定制产品的制造成本。

（3）以产品网络化设计为支撑

定制产品设计要求对客户个性化需求进行快速响应，以先进的信息技术和设计技术为支撑，利用网络化平台快速获取客户个性化需求，通过网络化设计技术对定制产品开发过程进行数字化，以提高定制产品设计数据的共享与重用率。

（4）以产品智能化设计为手段

定制产品设计针对不同的需求，设计工作量大。现有的产品辅助设计系统提供了尺寸驱动模型的功能，可有效提高系列产品的设计效率。但现有的参数化驱动设计难以根据不同需求实现变拓扑、变结构设计。因此，需要根据定制产品的设计特点，通过智能化设计手段，快速实现满足个性化需求的变异结构设计。

（5）以产品高性能设计为目标

定制产品往往多品种、小批量，有的甚至只有单台产品，还要经过实物试验与性能测试，成本高、周期长。因此，定制产品设计中需要克服产品性能难预测、预测精度低的问题。数据驱动的产品性能预测，在设计阶段通过多源数据融合驱动的性能预测方法，可实现定制产品性能的可信预测，提高定制产品的设计质量。

1.3 定制产品设计面临的问题

(1) 定制产品需求多样化，导致需求转化与表征难

需求是设计的源头。现有的产品需求分析主要采用基于模型的需求分析方法，如Kano模型、Markov链模型、本体论的需求描述、模糊聚类的需求分类等，由于定制产品需求不仅有异构、非结构化的多源数据，而且需要对不确定需求进行技术转化、对需求的工程特性进行识别，因此通过建立知识模型来表达订单形式需求的传统方法，难以对定制产品不确定需求进行表征。需求转化与表征难以精准，使得定制产品设计在源头上产生了偏差，设计结果就难以达到预期的目标。

(2) 定制产品配置失效性，导致个性化与规模化融合难

定制产品特别是复杂定制装备，往往由众多零部件组成且零部件间关联复杂，配置知识获取与表达困难，难以建立准确有效的产品配置设计规则，这会使得定制产品配置失效。另外，传统的产品配置设计方法，由于采用精确单层的模块匹配方法，产品配置设计中会产生大量的非标模块，导致客户个性化需求与企业制造规模化难以融合。因此，针对客户个性化需求，通过模糊层次相似配置设计技术，可以提高复杂定制产品的可配置性，同时尽可能利用已有的相似产品设计结构模块。

(3) 定制产品结构变化多，导致产品设计周期长

为了满足客户个性化需求，定制产品往往结构变化多，针对不同结构重新进行设计，设计效率低。现有的计算机辅助设计系统，如Pro/E（Cero）等着重解决了产品设计模型中的参数驱动问题，可方便实现变尺寸、变大小，形成系列化产品。如何根据不同的需求，对零件结构局部实现变结构（变拓扑）设计，将参数化设计拓展到结构变异设计，突破传统参数化设计所遵循的

“变参数，不变拓扑”的局限，是目前定制产品结构设计中面临的一个问题。

（4）定制产品数据多源异构，导致性能预测可信度低

为了提高定制产品的设计效率与设计质量，需要对定制产品进行性能预测。现有的定制产品性能预测往往依靠性能仿真分析，存在预测模型理论基础要求高、模型构建难度大、预测结果可信度低等问题。因此，如何实现定制产品历史实测数据与仿真数据的融合，构建多源异构数据驱动的产品性能预测模型，提高产品性能预测结果的可信度，是目前定制产品性能预测亟待解决的一个问题。

‖ 第2章

定制产品设计技术体系

2.1 定制产品设计模式

针对客户个性化需求和定制产品的设计特点，可建立三种定制产品个性化设计模式：按订单配置式设计模式、按订单变形式设计模式和按订单生成式设计模式。三种模式可匹配使用以设计复杂定制产品，通过产品模块分解、设计模式匹配、产品模块方案融合，可实现客户个性化需求驱动的定制产品配置与变异设计。

2.1.1 三种定制产品设计模式

(1) 按订单配置式设计模式

以产品定制需求为输入，进行定制需求到配置设计参数的转化，通过将模块化的产品模型实例化，并根据配置规则，获得满足定制需求的产品设计BOM（Bill Of Material，物料清单）。

根据客户的个性化需求，生成产品订单，并对该需求的定制产品进行分类，选择标准定制模块；将个性化订单需求转换为标准定制模块的参数，确定定制产品的配置结构；根据产品配置结构，结合配置规则，从配置模块库中选择合适的模块，形成按订单配置的定制产品设计方案。评价设计方案是否满足订单要求，若满足，则输出定制产品设计方案；若不满足，则重构配置模板，重新配置与替换。

（2）按订单变形式设计模式

以产品定制需求为输入，对无法通过配置式设计方式获得的产品模块，以相似模块为设计基础，通过模块结构的切割、变形、移植等变异方法，获得满足定制需求的产品功能模块。

将个性化订单参数输入转化为定制产品设计参数；在按订单配置式设计无法满足订单要求、客户实时反馈评价需要修改设计方案、模块库中只有局部满足设计需求的产品模块等情况下，可采用按订单变形式设计模式；定位待变形的产品模块，并检索模块库中的相似模块；评估相似模块，选择最优移植模块母版与移植备选模块；分析最优移植模块母版与设计参数的性能差异，提取移植备选模块中的可用结构并进行分割；将移植备选模块中分割的可用结构移植至最优移植模块母版中，重建结构约束；设计人员先判断新模块是否满足性能要求，若不满足需进行结构优化或重新移植设计，若满足则与客户交互反馈，直至完全符合客户需求；将按订单变形式设计的新模块与邻接模块之间的接口标准化；完成其余模块的变形设计，输出定制产品变形设计方案。

（3）按订单生成式设计模式

以产品定制需求为输入，对无法通过配置设计方式获得，以及从模块库中匹配不到或匹配程度很低的产品模块，根据定制需求重新设计，生成满足定制需求的全新模块。

将个性化订单参数输入转化为定制产品设计参数；在按订单配置式设计与按订单变形式设计均无法满足订单要求、客户实时反馈评价需要修改设计方案、模块库中不存在满足设计需求的产品模块等情况下，可采用按订单生成式设计模式设计该模块；定位需要更改的模块或者零件，根据订单要求更新产品订单库，便于后续生成式模块入库存储；利用产品设计资源库辅助按订单生成式设计模式，设置约束要求、边界条件、载荷条件等，生成海量模块生成式设计结果；设计人员从海量模块生成式设计结果中选择满足产品性能的模块，传输给客户进行评价，并协同选择出完全满足客户需求的模块；若在此过程中客户更改需求，则要重新生成；完成其余模块的生成式设计，形成按订单生成式的定制产品定制设计方案；对生成式模块的模型、文档、结构、规则进行建模，并融入产品设计资源库。

2.1.2　设计模式匹配方法

定制产品设计模式匹配是根据客户需求确定相应的设计模式。在分析客户定制需求信息和已有产品设计数据的基础上，进一步划分定制产品的结构和模块，构建定制产品模块树，以满足客户定制需求为设计目标，评估产品各模块的定制化程度和设计难度，匹配不同的设计模式，实施产品模块的定制设计。

构建客户个性化需求的订单特征向量为 $\mathbf{order}=\{(\mathrm{req}_1,r_1),\cdots,(\mathrm{req}_i,r_i),\cdots,(\mathrm{req}_n,r_n)\}$，其中 req_i 表示订单特征向量中的第 i 个需求特征，r_i 表示对应 req_i 的归一化客户个性化需求值，n 为需求特征数。对于同类定制产品，不同订单特征向量中的需求特征相同，但由于个性化的需求，不同订单相同需求特征下的归一化需求值 r 皆不同。运用模块设计的思想，构建产品分解模块集 D，每个定制产品在设计前，都需要分解产品模块，按模块逐一设计，同类定制产品的模块划分结果相同，即 $D=\{d_1,d_2,\cdots,d_m\}$，其中 d 表示产品的模块名称，共有 m 个模块。构建设计模式匹配案例库 $X=\{(\mathbf{order}_j,\mathrm{pattern}_j)\}_{j=1}^{M}$，其中 $\mathrm{pattern}_j$ 表示 X 中第 j 个订单特征向量 $\mathbf{order}_j$ 在设计中记录的各个模块设计模式的匹配结果，M 表示 X 中设计模式匹配案例的数量。$\mathrm{pattern}_j=\{p_{1j},p_{2j},\cdots,p_{kj},\cdots,p_{mj}\}$，其中 p_{kj} 表示订单特征向量 $\mathbf{order}_j$ 在产品分解模块集 D 中的第 k 个模块设计时设计人员采用的设计模式。设计模式匹配案例库根据设计案例库中的记录结果进行构建，其中不同模块的设计模式均是在满足客户需求最终设计方案条件下记录的。

已知某一新的订单特征向量 $\mathbf{order}^*$，计算 D 中的第 k 个模块的三种设计

模式客户满意概率 $P(\varepsilon_k \mid \textbf{order}^*)$，其中 $\varepsilon_k=1$ 表示第 k 个模块为按订单配置式设计模式，$\varepsilon_k=2$ 表示第 k 个模块为按订单变形式设计模式，$\varepsilon_k=3$ 表示第 k 个模块为按订单生成式设计模式，则

$$P(\varepsilon_k \mid \textbf{order}^*)=\frac{P(\varepsilon_k)P(\textbf{order}^* \mid \varepsilon_k)}{P(\textbf{order}^*)} \tag{2-1}$$

式中，ε_k 表示第 k 个模块选择的设计模式，具体指代 $\varepsilon_k=1,2,3$（$1\leqslant k\leqslant m$）。

$$P(\varepsilon_k)=\frac{|X(\varepsilon_k)|}{M} \tag{2-2}$$

式中，$P(\varepsilon_k)$ 表示设计模式匹配案例库 X 中第 k 个模块设计模式选择 ε_k 的概率，$X(\varepsilon_k)$ 表示 X 中第 k 个模块设计模式选择 ε_k 的 **order** 的集合，M 表示 X 中的总案例数。

$$P(\textbf{order}^* \mid \varepsilon_k)=\prod_{i=1}^{n}P(r_i^* \mid \varepsilon_k)=\prod_{i=1}^{n}\frac{1}{\sqrt{2\pi}\sigma_{\varepsilon_k,i}}\exp\left(-\frac{(r_i^*-\mu_{\varepsilon_k,i})^2}{2\sigma_{\varepsilon_k,i}^2}\right) \tag{2-3}$$

式中，r_i^* 表示 $\textbf{order}^*$ 中第 i 个需求特征的归一化客户个性化需求值（$1\leqslant i\leqslant n$），$\mu_{\varepsilon_k,i}$ 与 $\sigma_{\varepsilon_k,i}^2$ 分别是集合 $X(\varepsilon_k)_i$ 的均值与方差，$X(\varepsilon_k)_i$ 表示 $X(\varepsilon_k)$ 中第 i 个需求特征的归一化客户个性化需求值的集合。$0<P(\textbf{order}^*)\leqslant 1$ 为常数，比较 $\{P(\varepsilon_k \mid \textbf{order}^*) \mid \varepsilon_k=1,2,3\}$ 三者值的大小即可判断 $\{P(\varepsilon_k)P(\textbf{order}^* \mid \varepsilon_k) \mid \varepsilon_k=1,2,3\}$ 的大小。三个概率值中的最大值对应的设计模式即为匹配结果 $p_k^*(1\leqslant k\leqslant m)$。依次进行计算与匹配，形成最终的设计模式匹配结果 $\text{pattern}^*=\{p_1^*,p_2^*,\cdots,p_k^*,\cdots,p_m^*\}$。

定制产品设计模式匹配流程如图 2.1 所示。

2.2 定制产品设计平台

定制产品设计平台架构包括资源层、平台层、工具层、系统层与应用层，如图 2.2 所示。资源层的嵌入式云终端技术，将各类物理资源接入网络，实现定制设计物理资源的全面互联，为云模式设计资源封装和资源调用提供接口支持；平台层提供面向云提供端、云请求端、云服务运营商的功能；系统层封装

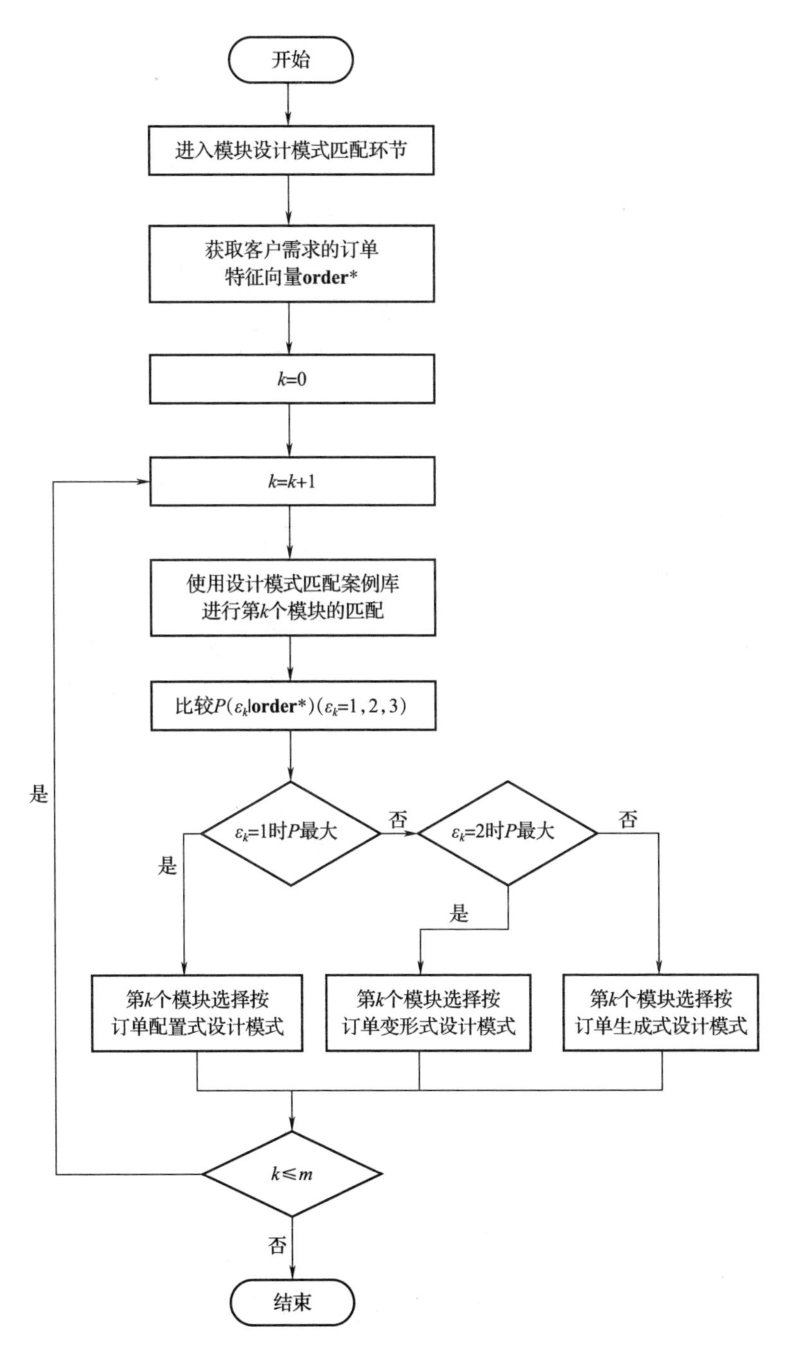

图 2.1　定制产品设计模式匹配流程

了工具层的设计工具，主要面向定制产品设计应用领域的应用接口，以及客户注册、验证等通用管理接口；应用层面向定制产品客户等通过平台门户网站、各种客户界面访问和使用的各类云服务。

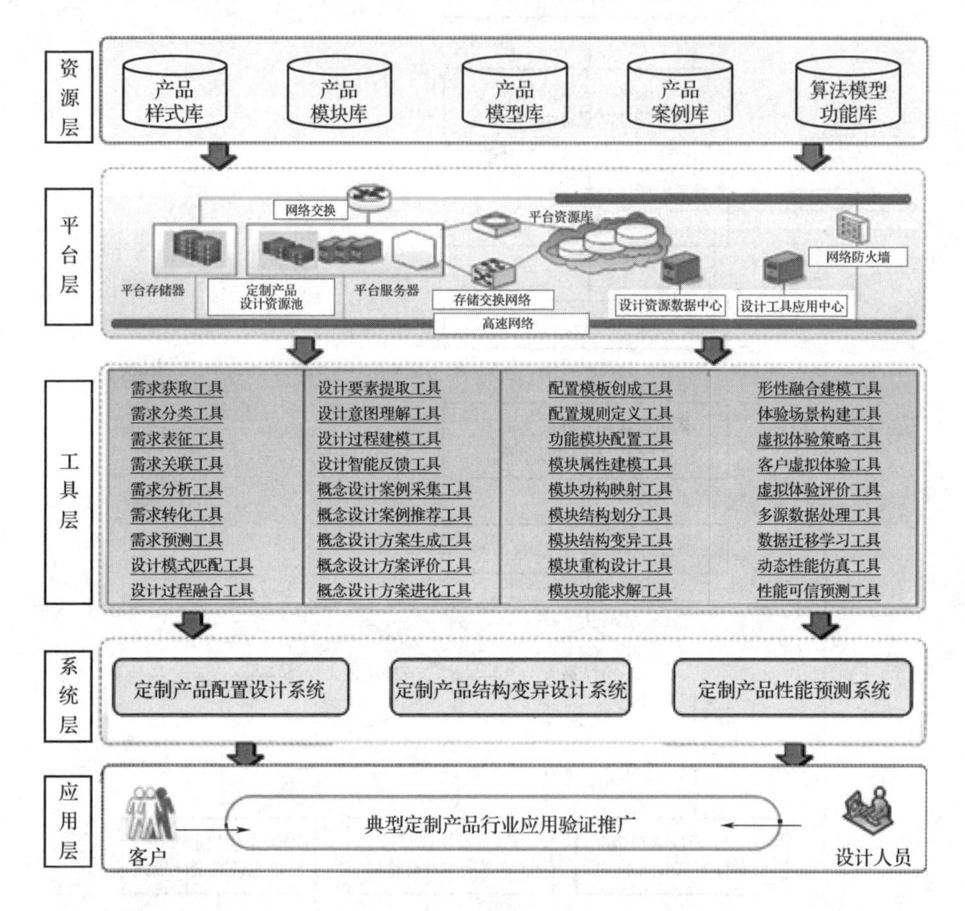

图 2.2　定制产品设计平台架构

定制产品设计平台能够提供工业设备/产品和工业服务接入的 API 开放接口，支持工业设备/产品和工业服务提供者自行接入平台。平台提供工业应用 App 开发 API 开放接口，支持上层工业应用 App 的开发、部署与运行，并可面向工业应用开发者和设备制造商，为打造网络化定制产品设计提供基础。定制产品设计平台界面如图 2.3 所示。

图 2.3　定制产品设计平台界面

2.3　定制产品设计体系

定制产品设计的实质是从需求模型到产品模型的过程。为了解决客户深度参与产品研发设计过程、产品个性化与规模化研发设计等亟待融合的问题，提出的定制产品设计体系共分为 4 个部分：理论技术研究、工具研发、平台系统资源构建和应用验证。理论技术研究与工具研发从设计过程的 4 个部分展开：个性化需求建模、定制产品概念设计、功能结构配置设计和客户体验与性能预测。之后集成为产品个性化定制设计平台，并在 3 类定制产品中应用验证。定制产品设计技术框架如图 2.4 所示。

（1）个性化需求建模

为了解决个性化需求多样性与不确定性、需求获取与转化难等问题，提出不确定性需求的多模态感知与表征方法，通过多源、多通道获取个性化需求，建立大数据背景需求与设计参数间的分类映射关联模型，通过智能转换、匹配与感知，将不确定性需求表征为设计和客户体验所需维度的信息。

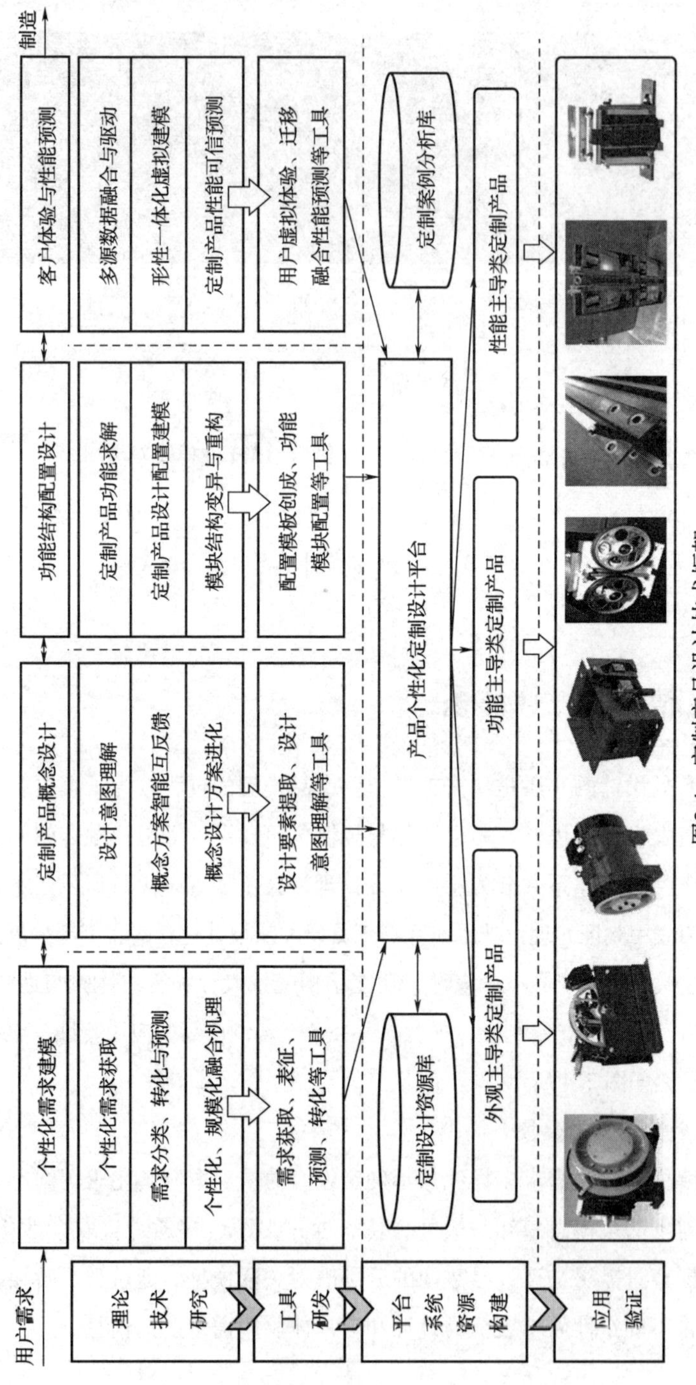

图2.4 定制产品设计技术框架

通过客户个性化需求到设计参数的正向驱动和设计参数到个性化需求的反向微调，实现个性化需求的动态关联响应与转化。构建多变量灰关联度需求预测影响因子，通过多属性模糊决策获取客户个性化需求重要度的变化趋势，并通过调节需求预测影响因子实现个性化需求的精准预测。客户个性化需求建模技术主要包括需求的获取、分类、预测、转化等，其架构如图2.5所示。

（2）定制产品概念设计

首先，通过海量设计样例的深度学习，形成设计意图的分类型、多形式表达。采用定制产品概念设计意图的多信息编码方法，针对不同的客户个性化需求，通过差异化设计意图智能推送实现客户对设计意图的理解，同时实现基于海量设计样例与深度学习的设计意图理解技术。

其次，构建定制设计网络协同任务链，以任务链节点表示定制设计的各个环节，并以任务链的走向构成反馈路径，网络协同任务链的双向联动性可确保互反馈的实现。同时，设计基于神经网络的智能反馈路径规划算法，实现客户需求、设计要素、设计意图、概念方案等的智能互反馈。

最后，建立定制产品概念设计的过程模型，对定制产品的性能、功能和外形，通过性能多域转换与映射、功能-行为-结构多域演化、设计案例交互推荐等方式形成概念设计方案，并通过意图反馈和方案迭代实现定制产品概念设计方案的进化。

定制产品概念设计技术主要包括概念产生、意图理解、方案互反馈、方案进化等，其架构如图2.6所示。

（3）功能结构配置设计

首先，对产品族进行多粒度功能模块的柔性分解与均衡，形成设计参与功能模块的多层级关联映射，并构建功能模块间耦合敏感度函数，采用基于敏感度的产品族功能模块谱系的聚类与分层解耦方法，实现产品不同个性化需求与不同粒度功能模块的精准匹配求解。

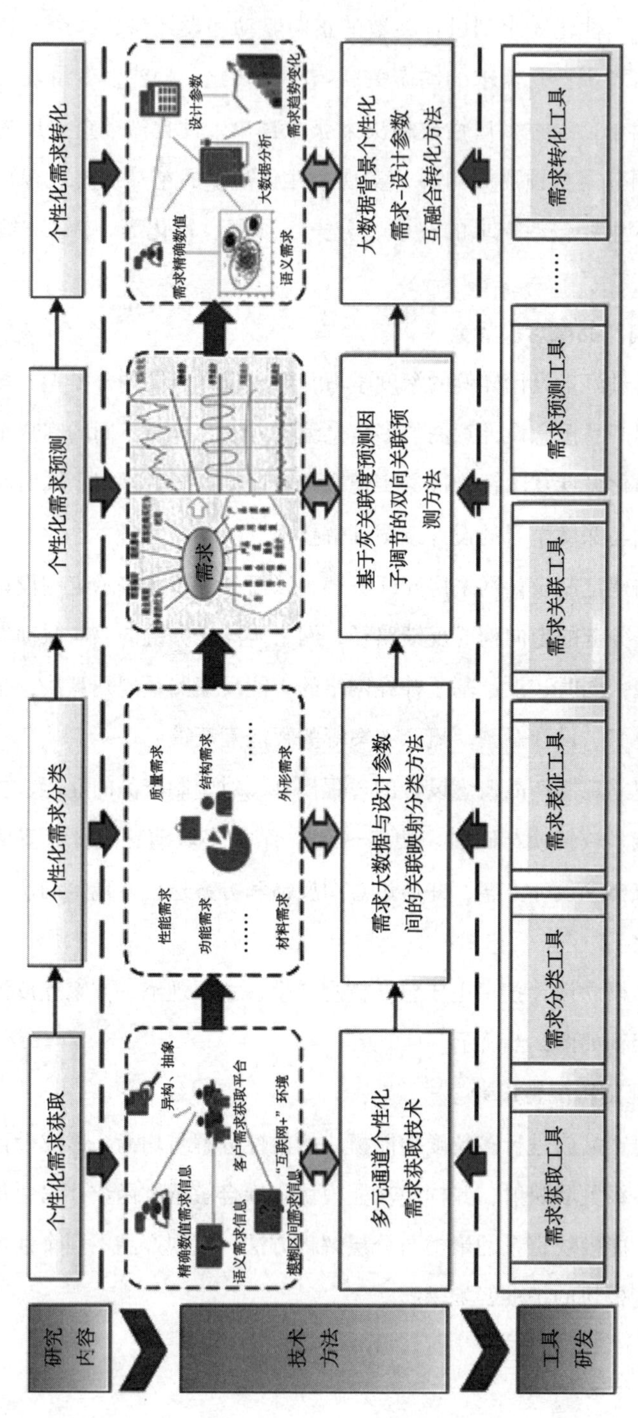

图2.5 客户个性化需求建模技术架构

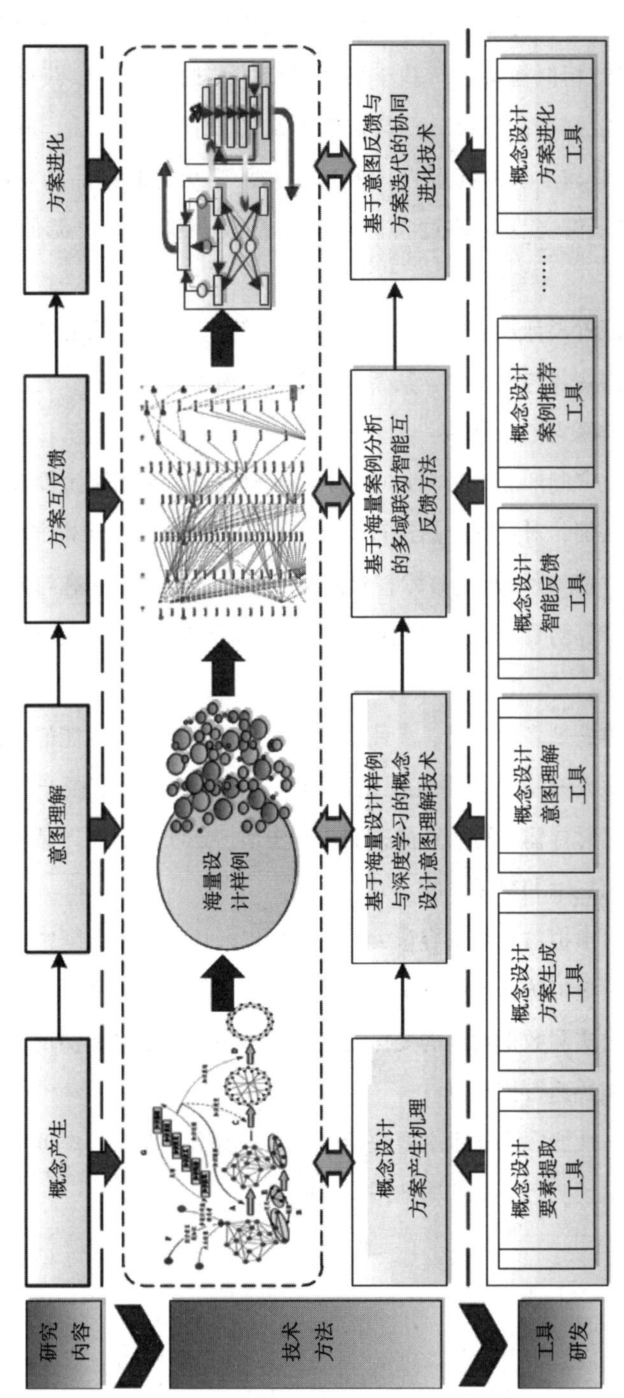

图2.6 定制产品概念设计技术架构

其次，采用标准模块精确配置与个性化模块相似配置结合的分层配置方法，对获配的相似模块进行基于移植异变的结构进化，以获得满足客户个性化需求的定制功能模块，提高定制产品的设计可配置性。同时，构建基于产品族调节和生长的配置设计模板，并采用从定制产品功能特征向模块结构的映射求解方法，通过实例化配置模板获得定制产品的功构设计方案。

功能结构配置设计技术主要包括产品族调节与生长、配置建模、配置求解优化、模块结构变异与重构等，其架构如图 2.7 所示。

（4）客户体验与性能预测

首先，建立定制产品“形-性”一体化虚拟模型，采用刚柔耦合动力学方法和有限单元法等，对定制产品进行变维度、变尺度的形态计算仿真；采用变形重构技术和“静-动”融合技术，对定制产品的稳定运行状态与异常状态进行动态的性能计算仿真。通过定制产品的形态和性能的融合，实现“形-性”一体化虚拟建模。

其次，搭建满足多种工况、多种需求的定制产品形态和性能的虚拟软硬件综合平台，建立人-机-环境的互反馈协同作用机制，设计定制产品虚拟形态和性能数据的实时传输、转换算法，实现基于虚拟现实的定制产品外在形态和动态性能的虚拟展示和交互体验。

最后，针对虚拟仿真数据容量大、精度低以及历史实测数据精度高、容量小的特点，通过虚拟仿真与历史实测多源数据的多模态关联和融合，建立计算仿真数据与历史实测数据融合的变保真度迁移学习预测模型，实现定制产品的多工况关键性能快速可信预测。

客户体验与性能预测技术主要包括多源数据融合与驱动、虚拟建模、客户虚拟体验、可信预测等，其架构如图 2.8 所示。

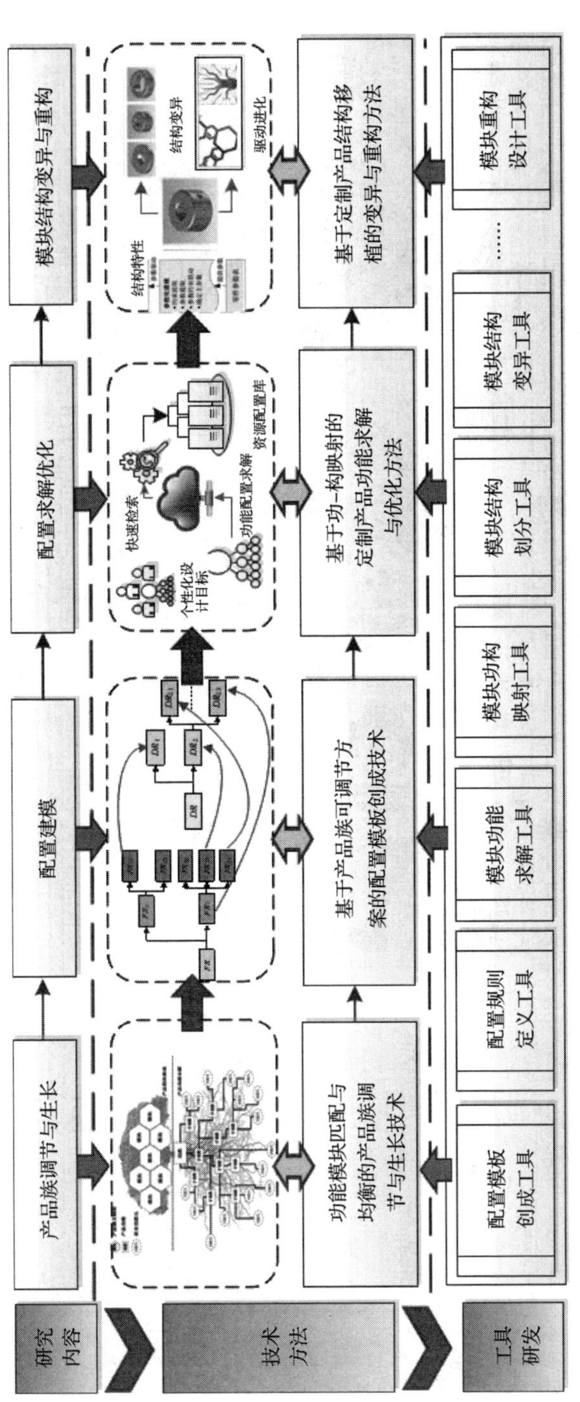

图2.7　功能结构配置设计技术架构

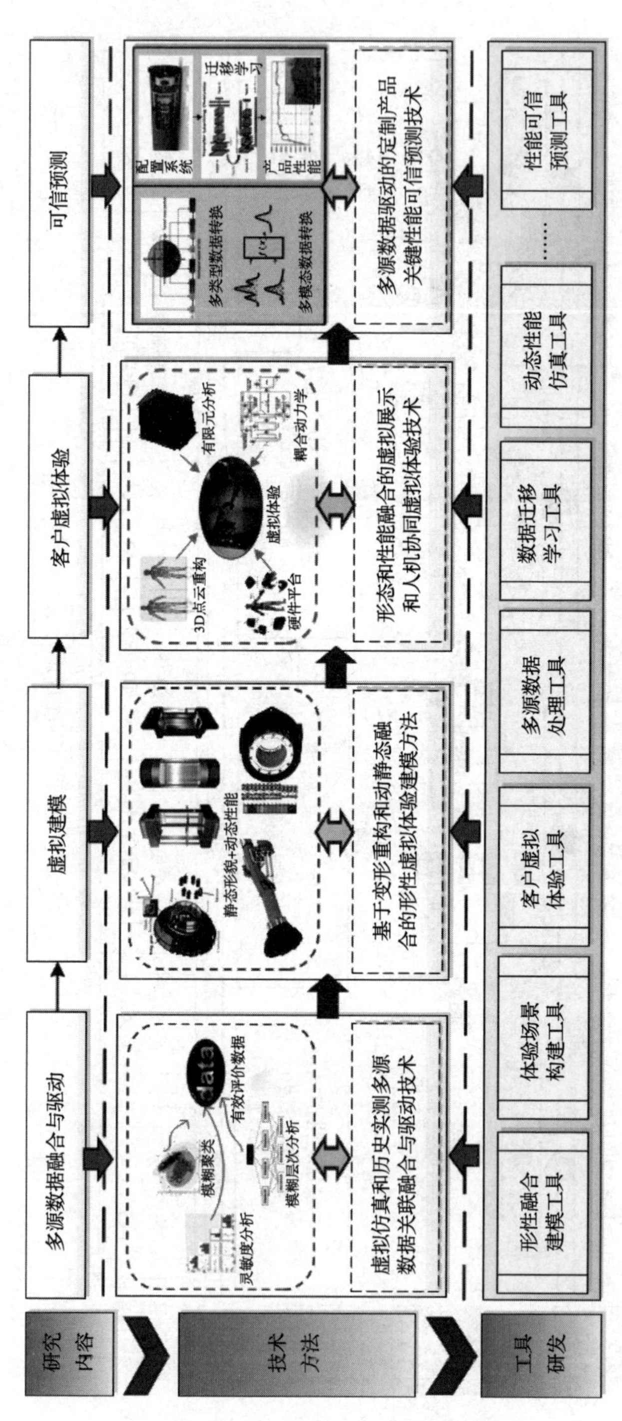

图2.8 客户体验与性能预测技术架构

第3章

定制产品模糊层次配置设计技术

3.1 概述

针对客户个性化需求与企业规模化生产难融合的问题，制造企业的生产模式逐渐由大规模生产转向大批量定制。产品配置设计是实现大批量定制的重要技术手段，通过产品配置设计可有效缩短产品交货时间，降低定制产品开发成本，同时最大限度满足客户的个性化需求[7]。

定制产品配置设计是根据配置约束规则，从给定条件下预定义的、固定的组件集合中找出满足全部条件的配置结果的集合。为了实现定制产品高效、高质的配置设计，国内外围绕产品配置方法与配置模型、产品配置设计求解、产品配置设计优化等开展了一系列相关研究。

（1）产品配置方法与配置模型

产品配置系统是典型的知识推理系统，选用合适的方法对配置规则进行表达并进行配置求解是构建该系统的首要任务。配置建模是对可配置组件、可配置组件间的约束关系等配置知识进行组织、表达，并得到配置模型的过程。可配置组件知识表示、结构组成关系构建、配置约束构造、配置知识表达等是配置建模的关键，也是实现产品配置设计的基础[8]。

一个可以有效支撑产品实现大批量定制的配置模型应当具备以下特点：产品模型具有可配性，能与高效率的推理机制密切结合；模型具有层次结构关系；能充分表达组件间的逻辑和约束关系；能充分反映客户需求，并利于设计者的理解和使用；具备计算机可实现性。

最早的产品配置模型构建就是基于规则的方法，也是目前研究较多、应用较广的一种方法[9]。基于规则的产品配置设计通过 IF-THEN 形式的配置规则进行表达——当 IF 条件为真时，预先定义的规则被触发，THEN 部分所表示的内容就是相对应的配置结果。基于规则建模的优点在于其建模过程与人的思考方式接近，简单明晰，适用于规则、经验性领域。然而，基于规则的配置系统存在领域知识与求解知识相互混杂、知识维护困难等问题[10]，配置规则随着产品复杂度的增加而增加，而且如果规则刚性太强，一旦配置知识改变，就将导致规则的大量修改，使得规则维护困难。典型的基于规则开发的配置系统有 Digital 公司的 VAX 专家配置系统、DEC 公司的 R1/XCON 计算机配置系统。

基于约束的配置设计通过提取产品功能与结构等的约束关系，将配置问题表示为约束满足问题，将产品包含的可配置组件转化为变量，将组件间的约束关系转化为变量与变量之间、变量取值之间的约束，最终得到基于约束的配置模型[11]。它的优点在于可以控制知识与问题知识分离的程度，保证了知识的有效性，简化了知识的维护。然而，采用大量的抽象术语、变量以及变量间的各种约束关系进行建模，可能导致模型不直观，不便于理解。典型的基于约束开发的计算机配置系统有 PC/CON，与 R1/XCON 系统相比，前者的维护性更好。

基于资源的配置设计从资源角度解释配置问题，用资源的概念来抽象组件之间、系统之间、系统与环境之间的约束关系，并采用组件之间产生或消耗的资源关系取代约束关系，从而将配置求解看作资源平衡问题[12]。基于资源的建模可以理解为生产者或消费者模型，每个组件要么生产，要么消耗模型中的资源。基于资源的配置模型构建对专业知识要求较低，具有很好的通用性，非常适用于配置模块化的技术设备领域，但是在系统结构、连接表达上存在局限。典型的基于资源开发的配置系统 COSMOS 已成功应用于配置可编程控制器。

基于结构的配置设计是通过建立概念组织化层次结构和约束来表达具有层次化、结构化的配置产品。典型的概念化层次结构包括 BOM 集合、GBOM（通用 BOM）、与或图、联合分类和组件层次等[13]。基于结构的建模方法非常适用于层次结构明确的产品，如复杂机电产品。

基于实例的配置设计将以往成功的、复杂的、难以表达的经验知识进行抽象化，然后通过实例化方式进行有效封装，使用案例推理技术，从已有的配置知识库中搜索与当前案例最匹配的历史案例以完成配置。它的优点在于可以直接使用实例来表达领域知识，不需要完整的规则和约束，减轻了建模的工作量。然而，该方法依赖于已有实例的数量，是一种经验性的建模方法，不适用于实例过少的配置任务。

基于本体的配置设计使用知识图的形式表示配置知识，将配置知识分为需求知识、配置模型知识和配置方案知识，描述了不同领域中具有相同研究目标的共享知识，对产品配置知识的概念化进行了统一，从而避免了来自不同领域的人员交换信息时的误解[14]。基于本体的建模方法可有效促进配置知识的共享、重用和扩展，能够清晰地表达领域知识结构，但是在配置模型层次的表达上存在局限性。

面向对象的配置设计是以对象为中心，把对象的属性、动态行为和知识处理方法等知识封装在配置模型中。它把相似的实体抽象为较高层次的实体，实体之间以某种方式发生联系。面向对象建模的优点在于使用者不需要清楚对象内部的信息，仅了解功能便可以使用，但是不能在语义层对知识进行充分的表达，难以保证语义的一致性。

(2) 产品配置设计求解

产品配置设计求解即在客户需求的驱动下，以产品配置模型为基础，对可配置组件间的规则、约束关系进行求解，对可配置组件进行实例化并组合得到产品配置方案的过程。求解可在两个层次上开展：抽象组件层和组件实例层。抽象组件层的求解是根据技术需求确定产品的组件构成和产品的主要特征参数；组件实例层的求解是根据产品级分解而来的技术需求确定各组件的属性参数值，以满足客户对产品性能、成本等的需求。

基于规则的求解方法通过匹配预先定义的配置规则实现可配置组件的实例

化，当IF条件为真时，规则被激活，通过一步步前后匹配，最终得到结论，即配置实例。基于规则的求解方法具有很强的推理能力和较高的求解效率，并且接近人的思维逻辑，直观自然。但是，求解过程依赖于上下文的知识表示，随着规则库的增大，求解效率将显著下降，难以对知识组织形式为非结构化的复杂问题进行求解。

基于资源平衡的求解方法从需求要求的资源出发，搜寻能够提供这些资源的组件，在搜寻过程中引入新组件，并不断反复整个过程，直至最后所有的资源需求达到平衡[15]。该方法须确保一个根本原则：得到配置解的条件是需求以及每个组件的资源能够被其他组件所提供的资源满足。

基于约束满足的求解方法根据提出的需求以及预先定义的需求条件检验配置问题，通过不断对约束进行匹配，对存在的冲突进行消解，最终获得配置实例[16]。基于约束满足的求解在约束不多的情况下，约束满足问题比较简单。但是随着产品复杂度的增加，模型内容的约束数量和复杂度也会增加，导致求解效率大大降低，此时需要借助一些如蚁群算法、粒子群算法等智能算法进行辅助求解。

基于实例的求解方法根据提出的配置问题，检索已有实例库，寻找与配置目标最为匹配的一个或多个实例，对相似实例进行修正以解决配置问题。基于实例的求解方法可以充分利用过去已有的成功经验，充分实现了配置知识重用。

非标模块是通过传统精确配置无法求解获得配置结果的模块，其产生的原因主要是产品订单中超出配置规则匹配范围外的客户需求。针对产品配置结果中的失配模块，传统的处理方法是安排设计人员对每一个失配模块进行单独设计，此过程增加了设计人员的负担，降低了配置设计求解的效率。产品的非标模块设计成为快速响应客户多样化定制需求的一个瓶颈。

模糊配置是实现产品非标模块设计的重要途径，通过从实例库中搜索相似实例获得模糊配置结果[17-19]。模糊配置以预先确定的产品结构作为条件，将一致性规则作为预处理步骤，根据极大似然估计、以条件概率扩展为核心的判断阈值评价方法，获得满足客户需求的可选解决方案的模糊集合，利用相似度排序方法求取方案集排序向量，截取优质方案作为模糊配置结果。

通过将产品模糊配置与精确配置相结合，可有效提高产品模块的重用率，并提高产品配置设计效率，有助于快速响应客户的多样化需求。

（3）产品配置设计优化

产品的日益大型化、复杂化，增加了产品配置设计过程的迭代次数，延长了产品配置设计周期，从而影响了企业快速响应客户需求的能力。优化产品配置设计以及提高配置求解效率与准确率，成为复杂产品配置设计的迫切需求。

Fujita[20]提出了以产品全生命周期成本最优为目标的最优配置方案；Tang等[21]以顾客满意度指数和温室气体排放量为指标对配置模型进行优化；Tong等[22]基于产品平台和客户需求，提出了一种定制产品性能-成本双目标优化模型，该模型基于多目标优化遗传算法进行配置优化，再通过配置优化得到客户需求的最优解；任彬等[23]利用神经网络建立模糊多属性决策的配置方案评价模型；Martinez 等[24]提出了一种涵盖整个产品使用周期的适应性产品建模与优化的模块化设计方法，对不同操作阶段的产品描述采用不同的配置进行建模，并基于模糊模式聚类方法，将具有相似生命周期特性的产品部件进行聚类，从而采用多级优化的方法确定最佳设计方案。还有学者提出，基于客户配置需求变更要求、产品配置约束与生产约束，以客户新配置需求满足程度和剩余配置需求满足程度为优化目标，构建面向产品配置更新的多目标混合整数规划模型；利用多目标遗传算法对模型进行求解，获得满足客户需求的最优产品配置设计方案。

裘乐淼等[25-28]分析了产品结构体间的耦合关系，使用 DSM 矩阵对配置模板进行优化，提高了配置求解过程的效率与准确性；Pitiot 等[29]针对产品生产过程，提出了交互式的配置和规划过程；Liu 等[30]主要针对配置过程的可靠性进行优化，通过故障树分析得到可能故障原因，利用功能模型和限制矩阵映射到产品配置网络模型中，基于连接矩阵和生成矩阵的交点生成配置方案；针对复杂产品配置设计动态优化方法，Chen 等[31]提出了一种开放式结构产品适应性设计的优化方法，构建了满足适应性和开放性的数学模型和算法，并基于现有模块和产品，实现了适应性产品配置的优化设计；Zheng 等[32]提出了一种针对复杂产品设计中配置变化问题的动态优化方法，通过建立复杂产品特征关系网络模型来描述复杂产品的配置方案，分析不同特征类型的变化对其他特征的影响，并根据特征变化对上游和下游的影响提出可以优化、无法优化、配置更改的复杂产品设计动态优化方法。

产品配置设计方案优化主要包含配置过程优化及配置结果优化两个方面。配置过程优化通过对配置求解过程进行管理和规划，以达到提高配置效率与准确率的目的。配置结果优化主要应用于存在多个产品配置设计方案的情形，因此该问题通常被视为多目标优化问题或方案评价问题。多目标优化问题通过设置一定的优化目标，以获得最优配置方案；方案评价问题以客户满意度为目标，建立配置方案评价模型，对所有可行方案进行排序获得最优方案。

3.2 定制产品模糊层次配置设计过程

定制产品配置设计是由需求出发到生成满足需求的产品设计 BOM 过程。由于客户需求的个性化与多样化，产品配置过程中具有相当数量的非标准模块。传统的产品配置设计方法采用精确单层的模块匹配，已有的零部件实例难以重用，从而导致非标模块配置求解失败，客户个性化需求与企业制造规模化难以融合。因此，针对个性化需求，模糊层次配置设计根据模块类型分层执行产品的配置设计，尽可能利用已有的设计实例，不仅提高了复杂定制产品的可配置性，而且通过设计知识的重用提高了产品配置设计的效率。产品模糊层次配置设计的主要步骤如下。

步骤 1：通过与客户的在线交互获取需求，消除需求中的冲突、不足、冗余数据后，映射为复杂产品的配置需求。

步骤 2：判断配置需求的确定性和模糊性，并根据判断结果对其进行分类表达——配置需求精确表达和配置需求模糊表达。

步骤 3：根据复杂产品配置模型读取配置需求和配置规则（配置规则包括精确规则和模糊规则，并需要在配置规则库中进行维护）。

步骤 4：对复杂产品中的标准模块进行精确配置，获得产品标准模块的配置方案。

步骤 5：对复杂产品中的非标准模块进行模糊相似配置，通过求解模糊规则，获得产品非标准模块的模糊相似配置实例集，并通过实例评价确定模糊相似配置方案。

步骤 6：对复杂产品非标准模块的模糊相似配置进行配置，通过配置实例中零件结构单元及其相应关联信息的替换、继承、重组等操作，实现进化配置，获得复杂产品非标准模块的最终配置方案。

步骤 7：综合复杂产品标准模块和非标准模块的配置方案，得到产品整体配置方案，完成复杂产品模糊层次配置设计。

产品模糊层次配置设计过程如图 3.1 所示。

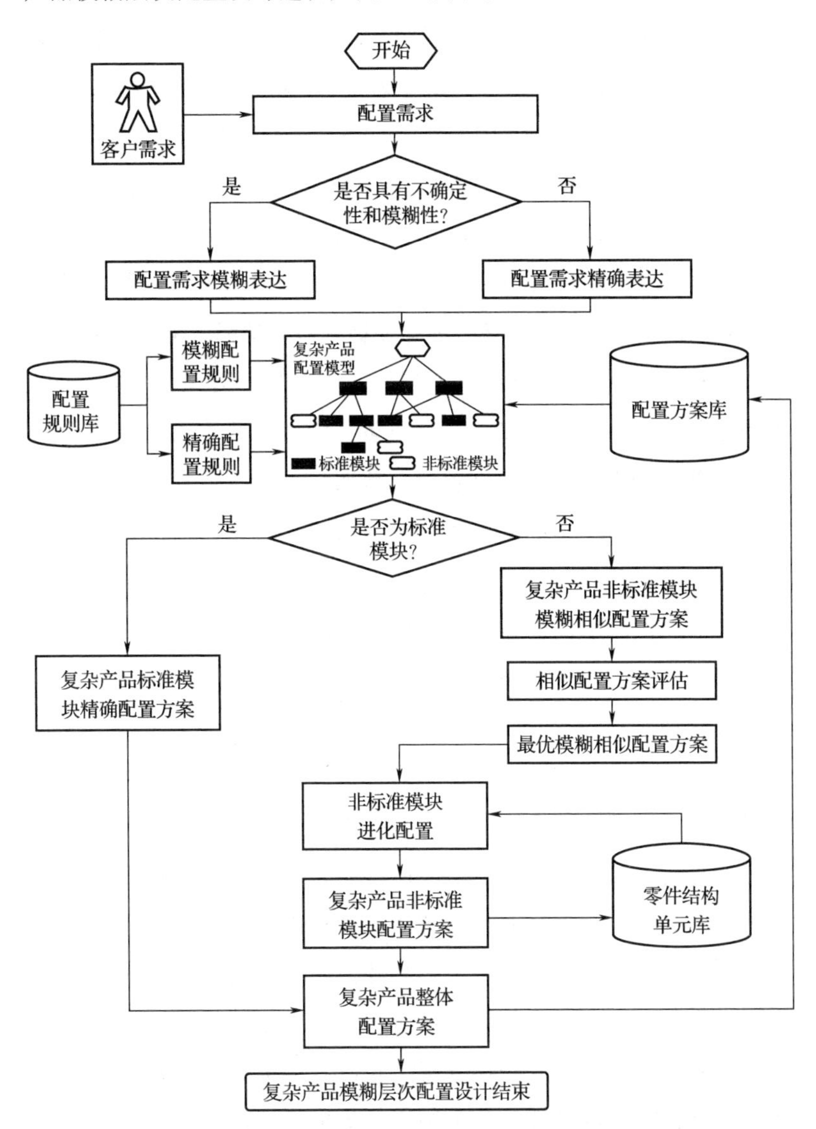

图 3.1　产品模糊层次配置设计过程

3.3 定制产品需求建模

对客户需求分析与转化是定制产品设计过程的重要环节，是制造企业及时响应市场变化、实现对客户需求快速反应的重要手段。需求分析过程可分为需求获取、需求预测、需求表征及需求转化等多个阶段。国内外在需求的获取、表征、转化等方面开展了卡诺（Kano）模型、广义需求描述、需求本体表达、模糊聚类、层次分析法（Analytic Hierarchy Process，AHP）、质量功能展开（Quality Functional Deployment，QFD）、需求数据挖掘等研究。

个性化需求感知是需求建模的基础，其关键是如何准确、便捷、快速地获取多样、多变、模糊的客户需求[33]。传统的需求获取方式是通过面对面的交谈。互联网的强交互性使客户能够便捷地按需选择、配置、表达自己的需求偏好。Kano 模型[34]是根据产品客观表现与客户主观感知之间的关系，将产品质量特性分为必备质量、期望质量、魅力质量、无差异质量和逆向质量五类。获取的客户需求通常包括一些明显的特征，如模糊性、不确定性、动态变化等。对于定制产品设计，准确表征和分析客户需求是必要的。

客户的个性化需求往往具有模糊性、不确定性与动态性等特点。对于定制产品设计，准确表征和分析客户需求是设计的前提[35]。基于 QFD 的需求表征分析通过对需求项的权重分析，获取客户对各项需求的侧重度，并采用一定的规范，将客户的一系列需求特性转化为工程特性，进而安排产品的设计重点或者改进方向。基于数据挖掘的需求分析方法通过对客户需求特征的分析，建立不同客户之间的联系，实现客户信息聚类。数据挖掘技术在需求分析中主要针对大量的历史客户需求数据，通过分析大量数据背后的特征、规则、模式，做出归纳性推理，挖掘潜在需求信息。基于知识规则的客户需求表征分析，通过对客户需求之间规则关系的分析，实现客户需求的冲突消解、合理性分析、隐性需求推导等过程。该类需求分析主要依靠设计人员的设计经验和知识、历史产品设计方案、产品改进过程、客户反馈需求等内容，通过提取这些知识中的设计规则来指导新的产品设计过程。

需求转化技术将客户需求转化为产品设计参数，设计参数影响后续的详细设计、生产、运维等产品全生命周期阶段[36]。需求转化的本质是客户需求空间到设计参数空间的非线性映射，包括需求之间、需求与设计参数、设计参数之间的关联关系。

由于客户对产品特别是复杂产品，缺乏相关的专业设计知识，客户对产品设计的要求往往具有不完整性、模糊性、动态性等特征，使得产品需求到产品设计参数的转化十分困难，难以根据客户需求获得完整的产品设计参数。大数据背景下，为了满足多源、多样、不确定、难预测的客户需求，需构建个性化需求转化模型，将需求准确地转化为产品设计参数，确保后续的产品设计、制造满足客户需求。目前，需求转化过程大多依靠设计人员的经验知识或领域知识，缺乏大数据的应用，包括产品全生命周期数据与客户群体需求数据。需求转化过程为黑箱操作，客户的个性化需求转化过程可解释性差，客户与设计人员难以共同参与需求转化过程。另外，已有的需求转化模型是一种被动式模型，难以应对需求的不确定性和多样性，因此应建立自适应进化需求模型，使需求转化可预测、可调整。

3.3.1　定制产品需求获取

定制产品需求获取指利用各种方式（如调查问卷、交流、分析、经验、大数据挖掘等）获得客户对产品的个性化要求。通过不同的移动终端，客户可提出不同描述形式的需求。定制产品需求获取过程如图 3.2 所示。根据产品特征，客户可以进行需求定义，详细表达自身需求。可以通过增强现实或虚拟现实技术展现定制产品的外观或使用方法，包括二维、三维、影像等类型，其中语言识别与问答系统、个性化需求精确定位、个性化需求数据捕获与更新等为关键技术。客户可以自由选择或设计满足自身需求的产品。例如获取电梯的需求，可使客户沉浸式体验电梯的使用过程，语音提出需求，自由布置轿厢内饰。当客户作为产品使用者无法准确清晰提出自身需求时，网络化需求交互平台辅助推荐机制可以帮助引导客户确定基本需求导向、突出个性化需求、强调使用需求程度等。

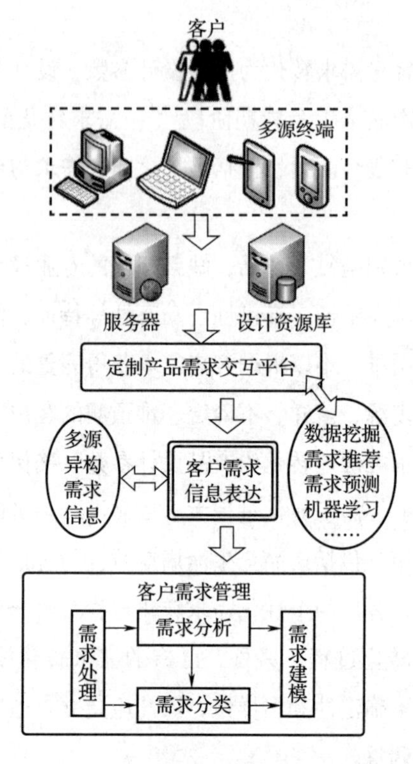

图 3.2　定制产品需求获取过程

客户对产品认知的局限性决定了所提出的需求往往是不完整的，可以将定制产品需求分为显式需求（Rd）、半隐式需求（Rsi）、隐式需求（Rh）三类，其中显式需求指由客户提出并可直接转化为设计参数的需求；半隐式需求指客户没有提出，与显式需求存在确定性关联，可间接转化为相应设计参数的需求；隐式需求指客户没有提出，与显式需求或半隐式需求存在不确定性关联约束，需要设计人员进行技术处理才能确定是否要转化为设计参数的需求。以产品需求及其相关信息为网络节点，以产品需求间的关联约束关系为网络的有向边，产品需求的关联约束网络如图 3.3 所示。

在产品需求的关联约束网络中，依据活跃度及激活状态的不同，需求节点分为已激活节点、未激活节点、不激活节点三类。依据需求节点间关联约束关系类型的不同，约束关系可分为确定性约束和不确定性约束两大类，其中需求节点间的确定性约束有以下三类。

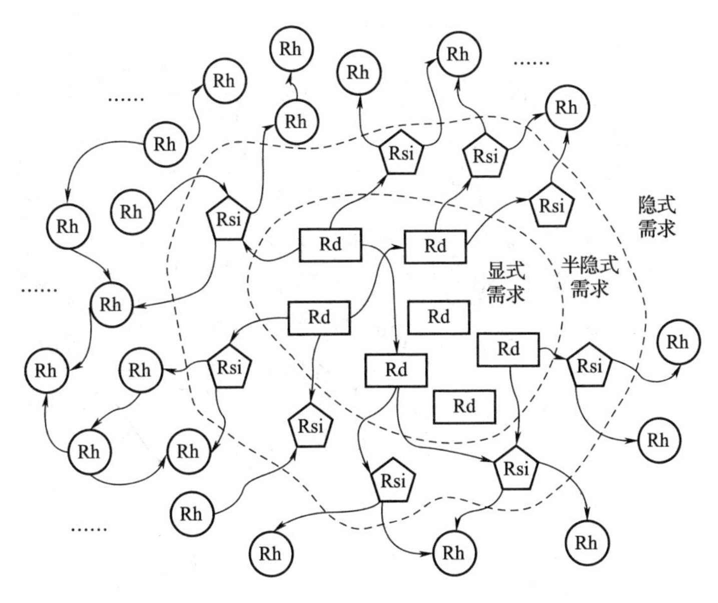

图 3.3　产品需求的关联约束网络

1）依赖约束。依赖约束指需求节点间存在依赖性，其中一个节点被激活则另一个节点也必然被激活。依赖约束为双向约束。此类关系的需求节点 R_i、R_j 之间的约束规则可以表示为两个节点各自属性值的有效组合：$C(R_i,R_j)=\{D(d_{i1},d_{j1}),D(d_{i2},d_{j2}),\cdots,D(d_{ik},d_{jk}),\cdots,D(d_{in},d_{jn})\}$，其中 d_{ik}、d_{jk} 分别对应节点值域范围内的一个属性值。存在此类关系的需求节点间的约束强度为 $C_{ij}=1$，即若其中一个节点被激活，则自动激活对应节点。

2）互斥约束。互斥约束指某个需求节点激活后就不能再选择另外一个或多个特定的需求节点。互斥约束为双向约束。此类关系的需求节点 R_i、R_j 之间若其中一个节点被激活，则自动将对应节点转化为不激活节点。

3）条件约束。条件约束指某个需求节点激活后，当满足一定条件时，需要选择另外一个或多个需求节点作为待激活节点。条件约束为单向约束。存在此类约束的需求节点 R_i、R_j 之间的约束强度为 $C_{ij}=1$。

基于定制产品需求关联约束网络，可构建定制产品隐式需求关联激活模型。模型分为需求约束网络层、隐式需求激活层和需求激活交互层，其结构如图 3.4 所示。

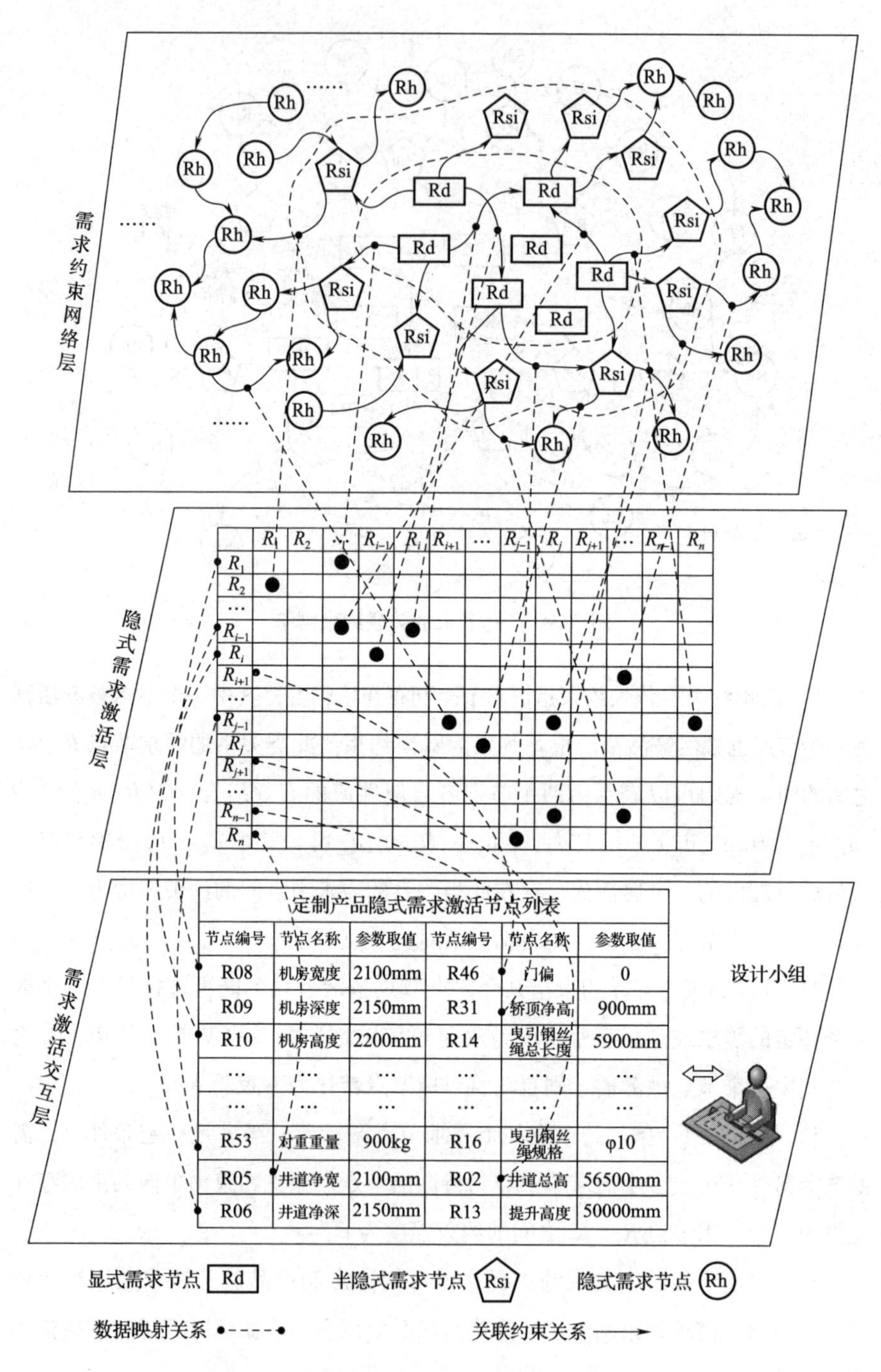

图 3.4　定制产品隐式需求关联激活模型结构

1）需求约束网络层。生产企业通过对以往产品生产经验的分析总结，归纳整理出对于某项产品尽可能全面的客户设计需求，并作为潜在的待激活设计需求项。在需求约束网络层中，利用节点间的关联约束关系，以显式需求节点为中心节点，将原本孤立存在的需求节点构建为需求关联约束网络。该层定义了各个需求变量的数据结构类型、需求节点间的关联约束关系及关联约束强度，为产品的隐式需求激活提供基础数据支持。

2）隐式需求激活层。该层以产品需求关联激活矩阵的形式对设计需求节点进行组织。该层利用数据层变量间的关联关系，通过需求节点综合判断活跃度，激活相应的隐式需求节点，对需求关联激活矩阵进行扩展，实现定制产品显式需求到半隐式需求及隐式需求的关联激活，以获得完整的产品需求，完成对客户需求的补全。

3）需求激活交互层。该层为定制产品隐式需求关联激活模型与产品设计人员的交互界面。产品设计中各项需求通过隐式需求激活层中活跃节点的映射，实现设计需求的动态组织，并以设计需求列表的形式（包括设计需求名称、需求间关联关系、初步的设计参数取值等信息），将需求分析的最终结果向设计人员呈现。

定制产品隐式需求的关联激活，从不完整的客户显式需求出发，在产品需求知识库的支持下，构建定制产品需求关联约束网络，并计算不同需求节点间的关联约束强度，建立产品需求动态关联矩阵，利用约束关系的传递性，将需求节点两两间的关联约束强度转化为需求节点在整个关联约束网络中的综合活跃度，通过判定需求节点的活跃度，激活潜在的隐式需求节点，完成对产品需求的补全，实现产品需求分析的快速响应。定制产品隐式需求关联激活方法的具体实现流程如图3.5所示。

3.3.2　定制产品缺失需求预测

需求建模可概述为将客户需求（Customer Need，CN）转化为功能需求（Functional Requirement，FR），进而转化为设计参数（Design Parameter，DP）的过程，其中FR为中间环节。如果FR出现错误，那么之后定制产品的设计就很容易出现“多米诺骨牌”效应，影响最终设计方案，降低客户满意度，

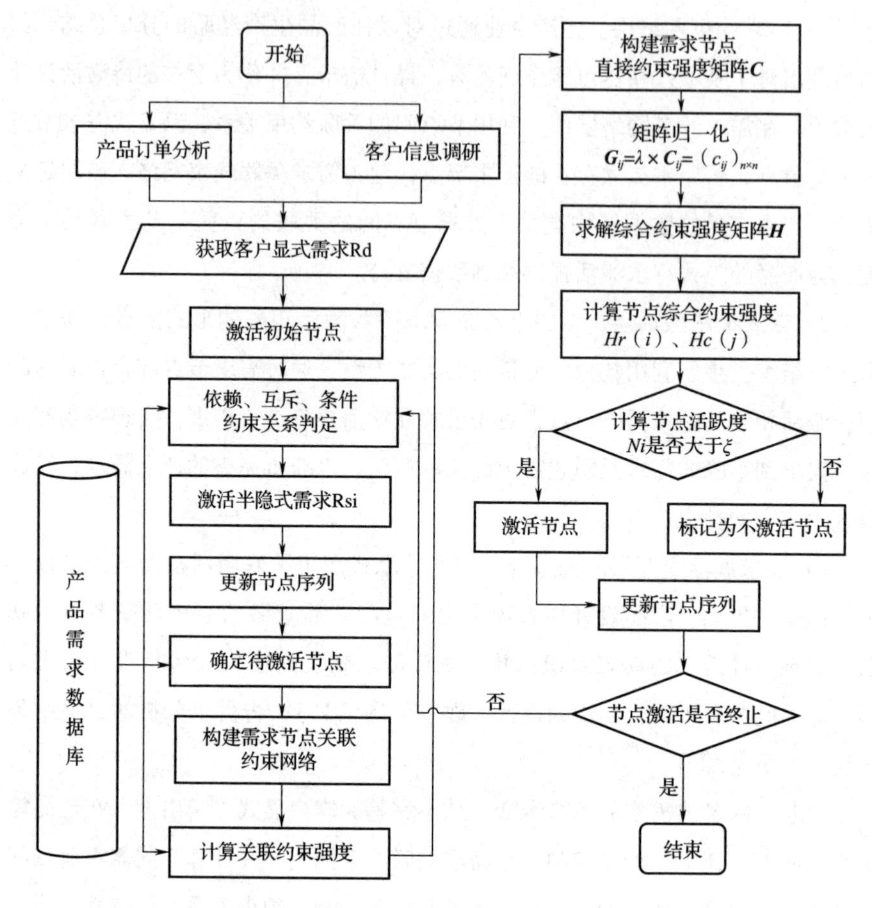

图 3.5　定制产品隐式需求关联激活流程

甚至导致重新设计。通过调查不同工业定制产品以及不同中小制造企业产品定制现状发现：大多数客户往往难以提出具体且完整的 CN 以匹配产品的设计要求。主观需求很容易提出，比如定制产品的外在要求；其他对设计或实现施加约束的质量需求（如性能需求）过于专业，导致客户难以完整提出。由 CN 转化的 FR 通常含有缺失需求，这可能会影响 FR 向 DP 的转化。另外，定制产品中的每个订单都是个性化的，FR 中缺失需求的预测结果也应个性化。需要研究不同订单的内在关联关系来预测 FR 中的缺失需求值，并提出一个可行的框架和算法以优化缺失需求的预测结果。

FR 中存在连续变量和分类变量两种类型的变量，传统的缺失预测过程将分类变量转化为连续变量，再将预测结果转化为离散类别，此过程的预测失真不可避免。两种类型的缺失需求变量应分别处理。客户提出定制产品需求时，倾向于“选择”而非“填空”，因此对 FR 中的分类变量需求更敏感，应更重视预测过程中此类型的缺失需求预测。缺失需求的分层分类递归预测模型如图 3.6 所示，分为分层分类与递归预测两部分内容。

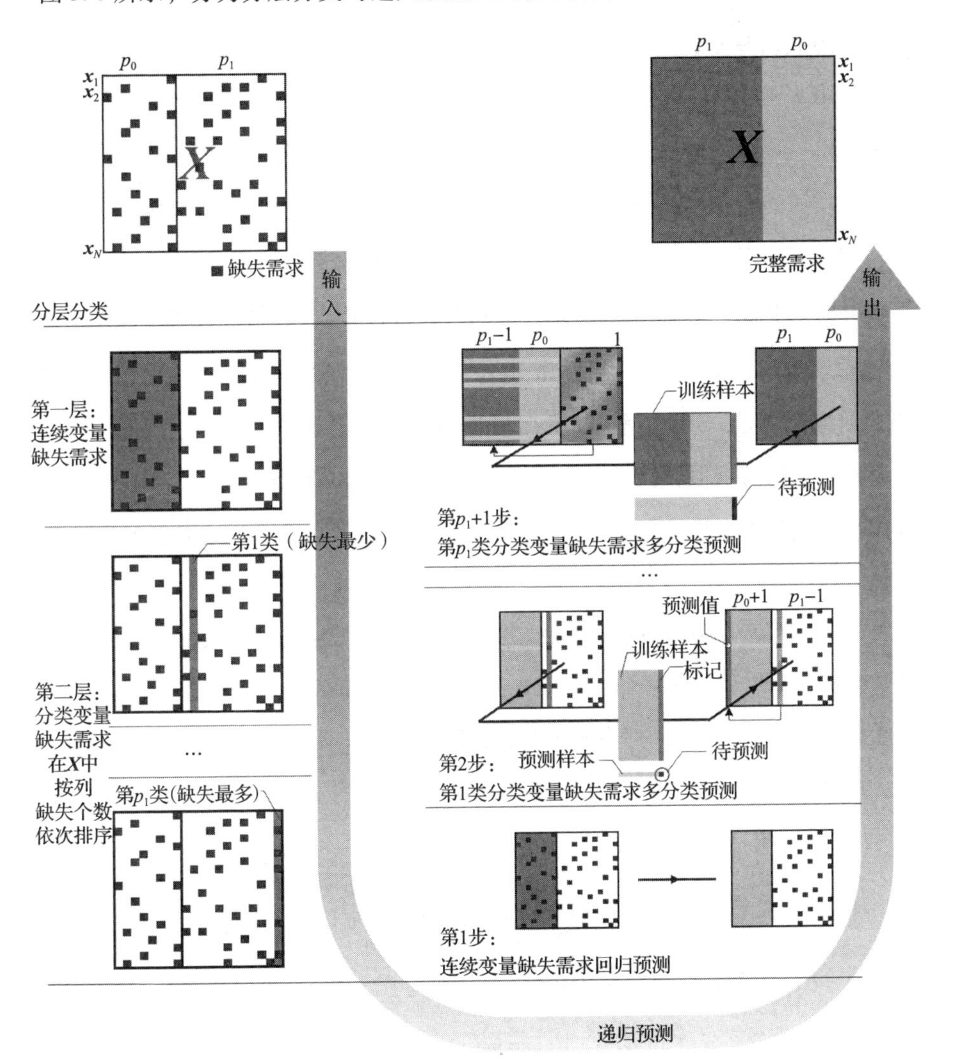

图 3.6　缺失需求的分层分类递归预测模型

分层分类中将 $\boldsymbol{X}$ 按需求属性进行分层：第一层为连续变量缺失需求，第二层为分类变量缺失需求。第二层按 $\boldsymbol{X}$ 中需求属性对应的缺失值个数排序，分为第 1 类（缺失该需求属性的 $\boldsymbol{x}$ 数量最少）至第 p_1 类（缺失该需求属性的 $\boldsymbol{x}$ 数量最多）。

递归预测中使用缺失预测方法逐步预测，每一步完成后的预测结果作为下一步的数据基础，递归预测时的第 1 步使用回归预测法预测连续变量缺失需求，第 2 至 p_1+1 步使用分类预测法预测第二层中的第 1 至 p_1 类分类变量缺失需求。以递归预测中的第 2 步为例，描述分类变量缺失需求预测的步骤如下：（1）第 1 步输出需求特征向量集中有 p_0 个需求属性（皆为连续变量型）的完整需求值，描述为 $\boldsymbol{X}_2^{\text{miss}}$，此步预测"第 1 类"的缺失需求值，对应需求属性 a 中有 K 个缺失值；（2）从 $\boldsymbol{X}_2^{\text{miss}}$ 中提取 4 个子矩阵，即训练样本 $\boldsymbol{T} \in \mathbb{R}^{(N-K)\times p_0}$、训练标记 $\boldsymbol{Y} \in \mathbb{R}^{(N-K)\times 1}$、预测样本 $\boldsymbol{W} \in \mathbb{R}^{K\times p_0}$ 和待预测 $\boldsymbol{P} \in \mathbb{R}^{K\times 1}$，使用 $\boldsymbol{T}$ 和 $\boldsymbol{Y}$ 训练分类器，分类器输入 $\boldsymbol{W}$ 后的预测结果输出至 $\boldsymbol{P}$；（3）完成预测后，将属性 a 下的需求值转移到完整需求值区，生成第 3 步的输入 $\boldsymbol{X}_3^{\text{miss}}$（$p_0+1$ 个需求属性的完整需求值）。第 i 步的输入 $\boldsymbol{X}_i^{\text{miss}}$ 中，有 p_0+i-2 个需求属性的完整需求值。

KNN（K-Nearest Neighbor，最近邻）算法是最常见的分类或回归算法，它对数据的局部结构非常敏感，回归预测准确率高，但对分类变量的预测准确率低于其他分类器。本章中 KNN 仅用于连续变量缺失需求的预测。

KNN 中的关键步骤是计算向量之间的距离，两个含缺失值的 FR 特征向量 $\boldsymbol{x}_m$ 与 $\boldsymbol{x}_n$ 的距离计算公式为

$$d(\boldsymbol{x}_m,\boldsymbol{x}_n)=\sum_{j=1}^{p_0} d_j(x_{mj},x_{nj})+\sum_{j=p_0+1}^{p} d_j(x_{mj},x_{nj}) \tag{3-1}$$

$\boldsymbol{x}_m$ 与 $\boldsymbol{x}_n$ 中的缺失值坐标 M^m 与 M^n 分别为

$$\begin{cases} M^m=\{M_0:i=m\}\cup\{M_1:i=m\}, \\ M^n=\{M_0:i=n\}\cup\{M_1:i=n\} \end{cases} \tag{3-2}$$

连续变量需求与分类变量需求中的缺失值坐标 M 与完整值坐标 $\overline{M}$ 分别为

$$
\begin{cases}
M_0^m = \{ M_0 : i = m \} , \\
\overline{M_0^m} = \{ i = 1, 2, \cdots, p_0 : i \notin M_0^m \} , \\
M_0^n = \{ M_0 : i = n \} , \\
\overline{M_0^n} = \{ i = 1, 2, \cdots, p_0 : i \notin M_0^n \}
\end{cases}
\tag{3-3}
$$

$$
\begin{cases}
M_1^m = \{ M_1 : i = m \} , \\
\overline{M_1^m} = \{ i = p_0 + 1, p_0 + 2, \cdots, p : i \notin M_1^m \} , \\
M_1^n = \{ M_1 : i = n \} , \\
\overline{M_1^n} = \{ i = p_0 + 1, p_0 + 2, \cdots, p : i \notin M_1^n \}
\end{cases}
\tag{3-4}
$$

需求属性 j 对应的需求值 x_{mj} 与 x_{nj} 之间的距离为

$$
\begin{matrix} d_j(x_{mj}, x_{nj}) \\ (1 \leqslant j \leqslant p_0) \end{matrix} =
\begin{cases}
(x_{mj} - x_{nj})^2, & j \in \overline{M_0^m}, j \in \overline{M_0^n}, \\
(x_{mj} - u_{nj})^2, & j \in \overline{M_0^m}, j \in M_0^n, \\
(u_{mj} - x_{nj})^2, & j \in M_0^m, j \in \overline{M_0^n}, \\
0, & j \in M_0^m, j \in M_0^n
\end{cases}
\tag{3-5}
$$

$$
\begin{matrix} d_j(x_{mj}, x_{nj}) \\ (p_0 + 1 \leqslant j \leqslant p) \end{matrix} =
\begin{cases}
1_{x_{mj} = x_{nj}}, & j \in \overline{M_1^m}, j \in \overline{M_1^n}, \\
1_{x_{mj} = u_{nj}}, & j \in \overline{M_1^m}, j \in M_1^n, \\
1_{u_{mj} = x_{nj}}, & j \in M_1^m, j \in \overline{M_1^n}, \\
0, & j \in M_1^m, j \in M_1^n
\end{cases}
\tag{3-6}
$$

式中，u 指代缺失值的先验值。当 $p_0+1 \leqslant j \leqslant p$ 时，u_{mj} 为 $\{x_{ij}\}_{i=1,2,\cdots,N,i\neq m,i\neq n}$ 中的频繁项值；当 $1 \leqslant j \leqslant p_0$ 时，

$$
u_{mj} =
\begin{cases}
\delta^L, & x_{nj} < \delta, \\
x_{nj}, & x_{nj} \in \delta, \\
\delta^U, & x_{nj} > \delta
\end{cases}
\tag{3-7}
$$

式中，δ 为集合 $\{x_{ij}\}_{i=1,2,\cdots,N,i\neq m,i\neq n}$ 的置信区间。若 x_{nj} 在 δ 左侧，u_{mj} 取其下限

值；若 x_{nj} 在 δ 右侧，u_{mj} 取其上限值；若在区间内，u_{mj} 取值 x_{nj}。

计算 $\boldsymbol{X}$ 中需求特征向量两两之间的距离后，可得到 $\boldsymbol{x}_m$ 的 k 近邻坐标 $M_m=\{i:\boldsymbol{x}_i$ 是 $\boldsymbol{x}_m$ 的 k 近邻之一$\}$，$\boldsymbol{x}_m$ 中的连续变量缺失值预测结果为

$$\hat{x}_{mj}=\frac{1}{k}\sum_{i\in M_m}x_{ij},\quad j\in M_0^m \tag{3-8}$$

分类变量型的需求通常是多元选择的，分类变量缺失需求的预测可转化为多元分类的数学问题。SVM（Support Vector Machine，支持向量机）基于小样本统计学习理论，学习过程基于结构风险最小化原理，能够避免训练时的过拟合，具有泛化能力强的特点，是一种性能优异的二元分类器。但针对多元分类问题，需重新设计 SVM 分类器结构。

为了将单一的多元分类问题简化为多个二元分类问题，形成了多种策略，如 one-vs-all（winner-takes-all strategy，赢家通吃策略）、one-vs-one（max-wins voting strategy，最大胜者投票策略）、有向无环图（Directed Acyclic Graph，DAG）、纠错输出码（Error-Correcting Output Code，ECOC）等。假设多元分类问题中有 L 种类别，one-vs-all 策略需要 L 个二元分类器，但由于每次要训练整个样本集，单个分类器的计算时间过长。而由于划分的两类样本集存在偏置，预测精度不高。one-vs-one 策略需要$\frac{1}{2}L(L-1)$ 个二元分类器，随着 L 的增加，分类器的数量呈二次型上升，分类器越多，累积的误差也会越多。DAG 策略需要 $L-1$ 个分类器，但是误差积累上界是固定的。使用 DAG 策略的二元分类器训练过程不存在偏置样本集，并且计算时间小于 one-vs-all 与 one-vs-one 策略。由于分类变量型需求不同属性的类别数量不同且数量随时间变化（增加），ECOC 中编码与解码的设计需要不断变化。因此，本章选择 DAG 策略作为多元分类问题的分解方法。

DAG 将单一的 L 元分类问题简化为 $L-1$ 个二元分类器，如图 3.7 所示，其中$C(m,n)$ 表示二元分类器 C 区分 L 元类别中第 m 个与第 n 个类别标签。$C(m,n)=+1$ 表示该样本属于第 m 个类别标签；$C(m,n)=-1$ 表示该样本属于第 n 个类别标签。例如，若 $L-1$ 个二元分类器输出结果均为-1，则样本被预测为第 L 个类别标签，如图 3.7 中的粗线路径所示。

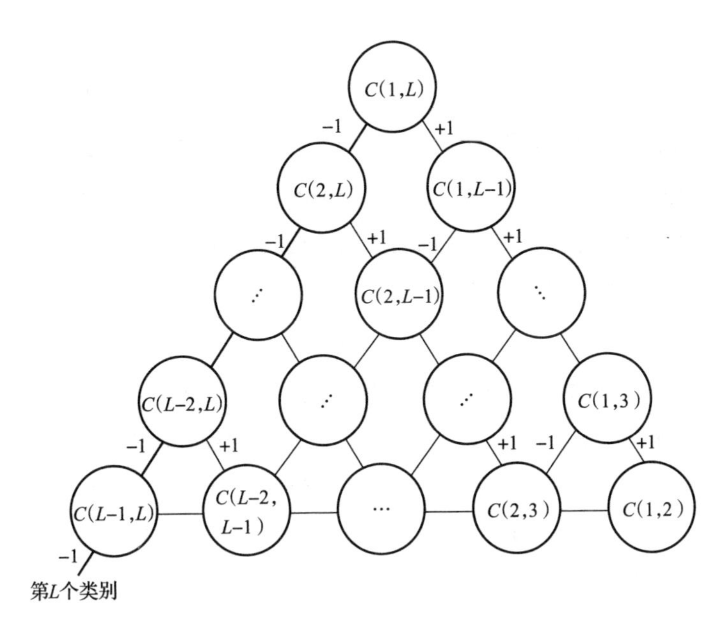

图 3.7　基于有向无环图的多元分类问题分解与训练策略

3.3.3　定制产品需求表征

为便于对定制产品需求进行传递、计算机处理、储存等，需要对需求进行表征。需求表征应保证信息的完整性、准确性，还应能被计算机识别。为此，采用需求元描述各项需求节点。

需求元根据客户需求中的关键信息，将自然语言描述的客户需求转换成结构化的需求信息。需求元由三部分组成，可以表示为

$$R(P_{\text{name}},P_{\text{value}},P_{\text{sign}}) \tag{3-9}$$

1）对象 P_{name}：指需求项的名称，是客户和设计人员都能理解的需求特征的描述，例如产品的材料、产品的某个零部件结构、产品的价格、产品的可靠性等。

2）指标值 P_{value}：指客户对产品的功能、性能等方面提出的定性或定量的标准值，例如对产品的某个零件提出需要采用进口零件，对产品的价格提出便宜的要求，对产品的尺寸提出要小于某个值等。

3）程度 P_{sign}：指需求项达到指标值的形式，例如高于、不等于、等于、

低于等。

对于需求项名称 P_{name}，客户在提出需求时，使用的一般是概述式、口语化或相近的词汇。为此，需要一个对各类需求语言进行统一的方法，通过建立定制产品的客户需求数据词典，收录客户需求的各类词语，把行业通用的说法作为标准，其他说法作为标准说法的同义项，在获取客户需求信息时进行词汇转换，获得统一的客户需求信息。

指标值 P_{value} 表现了客户提出需求时对定制产品的了解程度，对产品比较了解的专业客户一般采用明确的数字或文字对其需求进行描述，而对产品不了解的客户只能采用定性的语言进行描述。主要的指标值类型如下：

1）数字指标：例如大小、重量、尺寸值等，具有数字和相应的单位。这种需求由比较专业的客户提出，客户对需要的产品十分熟悉，会直接提出具体的要求。这种指标值意义明确，容易处理。

2）明确文字指标：例如材料、颜色等。这种需求也由比较专业的客户提出，其内容是明确的对象或者产品相关的技术内容，可以通过建立数据词典来处理。

3）定性文字指标：例如好、低、越大越好、适中、差不多等。这种需求由非专业的客户提出，由于客户对定制产品的数据并不熟悉，只能使用直观的词汇表达自己的要求，这就要求设计人员能根据客户提出的定性词汇对应到具体的数字、选项或区间。具体值的量化需要结合相应的条件进行处理，例如对于“价格适中”这一要求，对于不同的定制产品，需要进行具体分析。

对于程度 P_{sign}，客户在提出需求时，一般采用高于、不等于、等于、低于等词汇，与各类数学判别符号一致，可以直接使用计算机语言中的各种判别符（大于>、等于=、小于<、非!、或|、且&等），通过组合形成各种程度判别。定制产品的需求元表征可以提取原始客户需求中的关键信息，形成需求信息存储结构。对于定量的信息，可以通过建立数据词典的方式进行处理；对于定性的信息，需要通过进一步的需求分析进行处理。

在需求元描述的基础上，结合需求分析的特点，构建需求元的多级递阶模型。“多级递阶”表达了需求分析的主要过程。

“多级”是指需求元由各自需求项名称 P_{name} 构成的拓扑结构关系，是具有层次分解特点的多级结构，表示了需求分析中对需求元进行细分的内容。

“递阶”是指需求分析中依据最初需求元获取量化的基本需求元（设计需求）的过程是一个逐步递进的过程。设计人员首先将描述最初客户需求的需求元进行细化分解，在此基础上，求解部分基本需求元的指标量化取值，并根据需求元拓扑结构关系及已量化的基本需求元求解其他未知需求元。随着未知需求元的不断减少，逐步完成需求分析过程。

因此，需求元多级递阶模型是由需求元及需求元关系组成的整体，用 G 表示需求元多级递阶模型，可以描述为如下形式：

$$\begin{cases} G=(R,O) \\ O=(O_u,O_v) \end{cases} \tag{3-10}$$

式中，R 代表需求元，O 代表需求元之间的关系，并分为需求元拓扑结构关系 O_u 和需求元关联关系 O_v 两种。需求元多级递阶模型如图 3.8 所示。

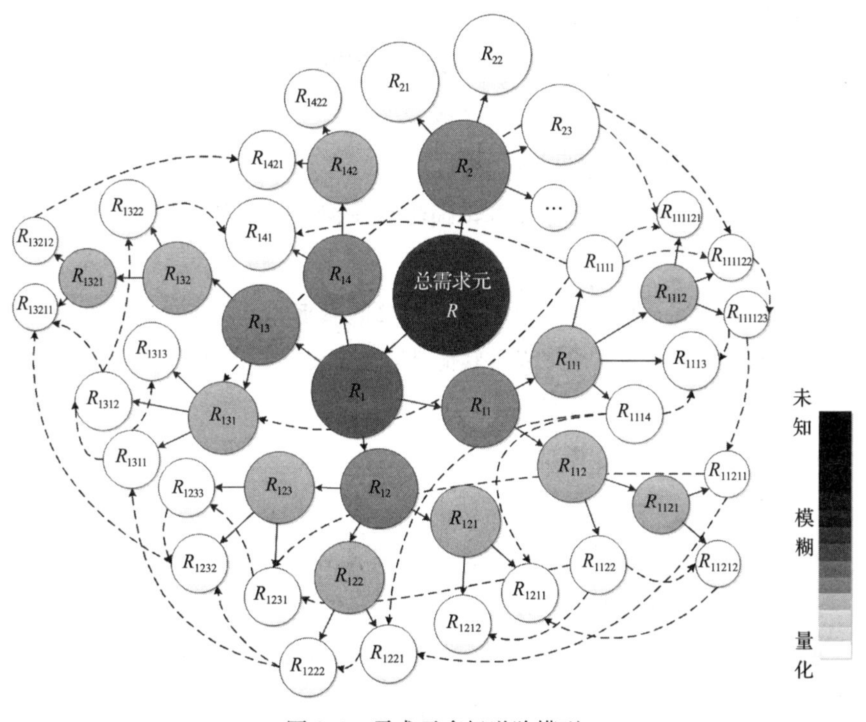

图 3.8　需求元多级递阶模型

图 3.8 中各个圆形均代表需求元，需求元的颜色代表了该需求元所具备信

息的不确定程度，其中黑色代表信息完全未知，灰色代表信息部分已知（总体表现为模糊），白色则代表信息的明确和量化。客户需求对应的需求元通常都是图中灰色的部分，最终的产品设计需求所对应的需求元则是图中白色的部分。图中的带箭头实线构成需求元的拓扑结构关系 O_u，是一个分层结构，箭头表示需求元细分的方向，由一个不确定程度高的上级需求元向多个不确定程度低的下级需求元进行细分。图中的带箭头虚线构成需求元关联关系 O_v，箭头表示需求元取值量化的过程，由一个或多个已知需求元分析获取一个未知需求元的量化值。需求多级递阶模型中的需求元在模型的不同阶段、不同环境中具有不同的角色。

1）按需求元拓扑结构可分为：

- 上级需求元：指在模型中被细分的需求元，在与细分后的多个需求元组成的拓扑关系中处于上级的位置，例如图 3.8 中需求元 R_1 相对于需求元 R_{11}、R_{12}、R_{13} 和 R_{14} 是上级需求元。
- 下级需求元：指在模型中由上级需求元细分获得的需求元，例如图 3.8 中需求元 R_{11} 是需求元 R_1 的下级需求元。

2）按需求元蕴含的信息量可分为：

- 未知需求元：指仅有需求元的需求项名称，而暂无需求元指标取值的需求元。
- 已知需求元：指需求元三要素都齐全的需求元，该需求元指标的取值来自最初的客户需求或者由其他已知需求元求解获得。

3）按多级递阶模型层次可分为：

- 复合需求元：指在模型中可被细分的需求元，处于多级递阶模型的上级位置。
- 基本需求元：指模型中无法细分的需求元，处于多级递阶模型的最下级位置，代表产品的设计需求。

需求元可以将客户需求转化为结构化的需求信息，但这只是对客户显式需求的描述，无法直接用于设计，原因在于：

1）客户提出的需求是多层次的，既有针对整机的需求，也有针对零部件的需求。设计人员只有对客户提出的需求进行分解、转换等过程，才能获得设计需求信息。

2）客户提出的需求通常是不完整的，设计人员需要通过参考以往的设计案例、企业标准、行业标准、国家标准等，给出补充需求。另外，客户需求也有可能是不合理的，设计人员需要对客户需求进行综合分析，实现需求冲突消解。

3）客户提出的需求如果存在模糊的情况，就需要结合其他需求信息进行综合分析。

基于需求元的需求分析是在用需求元对客户需求进行描述的基础上，针对不同层次的需求元进行分解或者转换，补全客户“隐式”需求，消解需求冲突，量化模糊的需求信息，最后获得一组在同一设计框架下能直接用于产品设计的完整设计需求信息。

基于需求元的需求分析如下。

（1）需求元描述范围的细化

需求项名称 P_{name} 表示了需求元的信息所描述的范围，不同需求元的描述范围存在一定程度的包含与被包含关系，即一个复合需求元的信息描述范围可以是其他几个需求元信息描述范围的并集，可以表示为如下关系：

$$\overbrace{P_{\text{name}}}^{R}=\overbrace{P_{\text{name}}}^{R_1}\cup\overbrace{P_{\text{name}}}^{R_2}\cup\cdots\cup\overbrace{P_{\text{name}}}^{R_n} \tag{3-11}$$

通过需求范围的细化，需求信息从原本大范围的笼统、概括、抽象的表达，转换为多个小范围的明确、详细、具体的描述。在基于需求元的需求分析中，描述范围无法再分解的需求元，称为基本需求元，可以一一对应地表征设计需求信息。需求分析的目的就是将原本具有大描述范围的初始需求元不断细化，以获取基本需求元的信息。

（2）需求元指标值的量化

指标值 P_{value} 是需求元所在描述范围的具体形式化表达。在客户对定制产品认识不足的情况下，需求元中的指标值 P_{value} 存在定性和模糊的情况，而产品设计需要量化表达的设计需求信息。所以，在基于需求元的需求分析过程中，需要将需求元中的指标值 P_{value} 从定性模糊表达转化为量化表达。

需求元描述范围的细化与需求元指标值的量化是互相关联统一的两个过程——具有可分解描述范围的需求元的指标值一般都是定性模糊的；对于基本

需求元，指标值一般都具有可以量化的表达形式。

基于多级递阶模型的需求分析是指设计人员将初始客户需求用需求元进行描述，作为初始的已知需求元节点，并根据这些已知需求元节点的关联关系不断获取其他未知需求元节点的信息，直到获取全部的基本需求元节点信息，主要过程如下。

1）确定初始信息。初始信息包括初始的需求元信息和初始的多级递阶模型信息。初始的需求元信息形式即为三元组 $R(P_{name},P_{value},P_{sign})$，通过对最初的客户需求进行规范化描述获得。初始需求元信息中的指标值 P_{value} 可能是模糊的，需要进一步分析确定。初始的多级递阶模型是一个需求分析框架，以产品类别进行划分，其中包含的信息主要有：各需求元的需求元名称信息、各需求元之间的拓扑结构关系、各需求元之间的关联关系等。此时，多级递阶模型中的需求元节点都属于未知需求元节点。

2）输入初始需求元。将初始的需求元信息的具体取值对应到多级递阶模型中的同名需求元节点上，使多级递阶模型中原本的未知需求元转化为已知需求元。初始需求元输入后的多级递阶模型如图 3.9 所示，图中灰色的需求元表示初始客户需求元节点，黑色的需求元表示未知需求元节点。

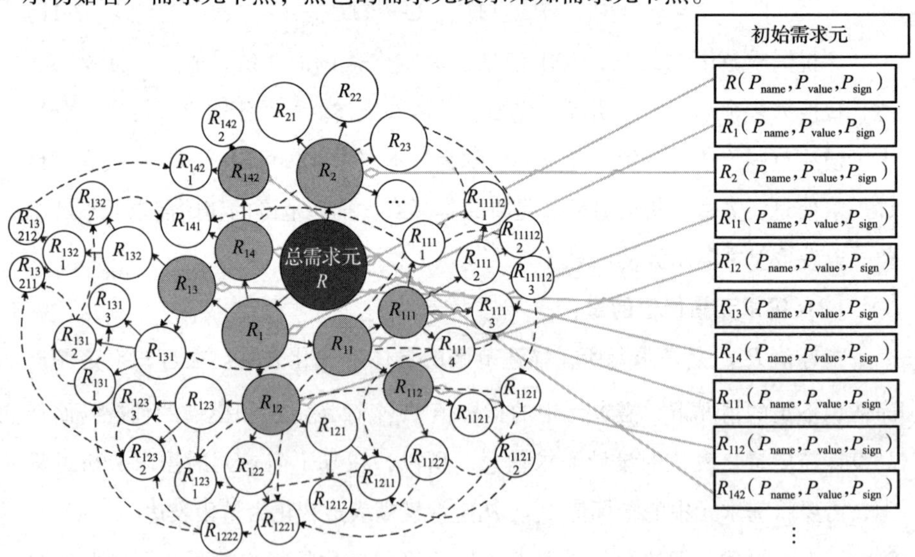

图 3.9　基于多级递阶模型的需求分析——输入初始需求元

3）求解未知需求元信息。已知需求元依据多级递阶模型中的拓扑结构，求解剩余的未知需求元，找出未知需求元中的基本需求元节点。求解未知需求元包括分析确定未知需求元的需求项名称 P_{name} 及计算需求元的指标值 P_{value}。求解需求元指标值所用的关联关系主要采用需求元上下级关联关系和需求元同级关联关系，由于初始需求元中的指标值存在模糊性，此步骤中获取的需求元指标值也具有模糊性。可以采用循环迭代的方法对需求元进行处理，将原本未知的需求元转换为已知需求元，如图 3.10 所示。对于大部分基本需求元，还存在需求元指标值模糊的情况，需要进一步处理。

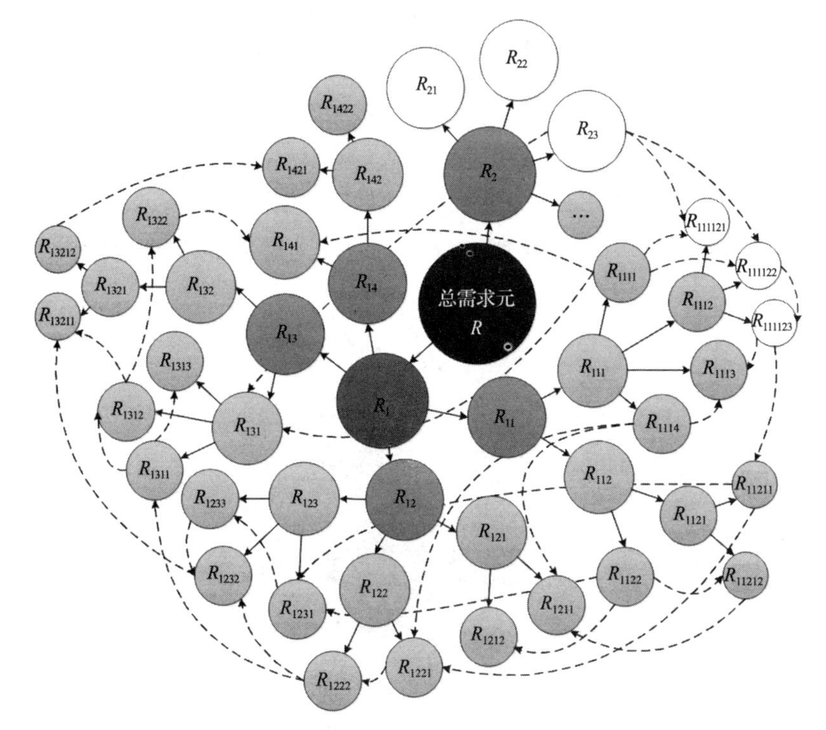

图 3.10　基于多级递阶模型的需求分析——求解未知需求元信息

4）量化基本需求元指标值。本步骤为对于上一步中队列 2 的基本需求元进行指标定量取值的过程，主要根据多级递阶模型中需求元的跨结构关联关系，以部分取值已经量化的基本需求元为输入条件，对指标值进行量化，如图 3.11 所示。结束后的多级递阶模型状态如图 3.12 所示，图中白色的基本需求元就是基于多级递阶模型的需求分析所获得的最终结果——明确、完整、定量的产品设计需求信息，可以用于定制产品的方案设计。

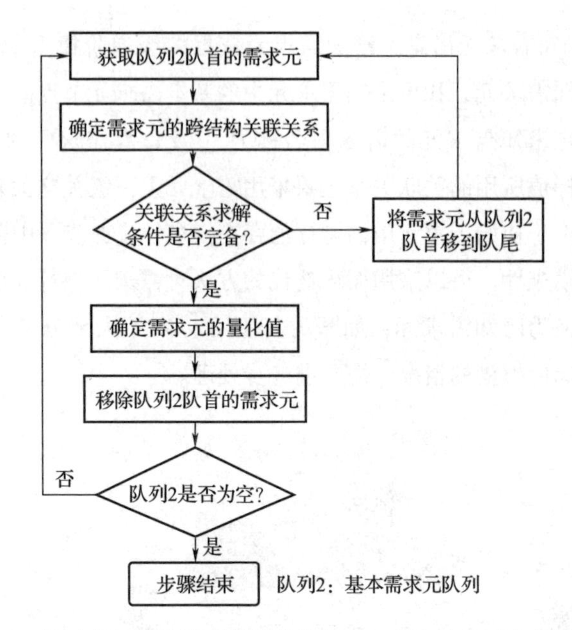

图 3.11　基于多级递阶模型的需求分析——基本需求元取值量化步骤

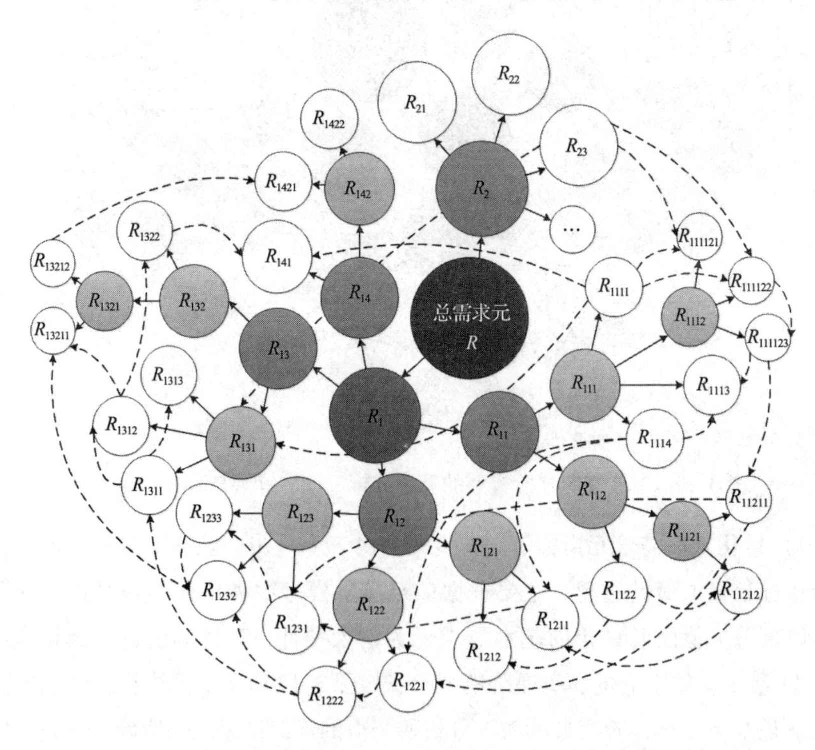

图 3.12　基于多级递阶模型的需求分析——量化基本需求元指标值

3.3.4 定制产品需求转化

个性化需求转化生成设计参数是进行产品定制设计的前提。建立大数据背景下的不同需求之间、需求与设计参数之间的层次映射关系模型，通过模糊聚类与关联规则挖掘技术，将客户需求映射到设计参数。其中，模糊聚类处理需求订单大数据中的相似功能聚类，关联规则挖掘处理需求到设计参数规则（公式）的正向驱动与参数到需求的反向微调的融合。需求到设计参数之间的映射关系是不断递归趋精的，采用需求与设计参数之间的多层过渡，实现个性化需求的动态关联响应与转化。

定制产品设计参数模型 M 可以描述为

$$\begin{cases} M=\{W,B;C_1,C_2;RS\} \\ W=\{S,P,T,o\} \\ B=\{D,A,J,E,F\} \\ C_1=\{c_{\mathrm{F}},c_{\mathrm{R}},c_{\mathrm{P}},c_{\mathrm{G}},c_{\mathrm{T}}\} \\ C_2:f(W)\rightarrow f(B) \end{cases} \tag{3-12}$$

式中，W 和 B 表示模型中所具有的定制产品设计参数，分别代表整机设计参数及部件设计参数；C_1 和 C_2 代表模型中所具有的两类参数约束；RS 代表设计参数模型与其他设计参数模型之间的关联关系。

定制产品设计参数模型的图形化表达如图 3.13 所示。

整个矩形范围内的所有实线圆形代表定制产品的设计参数。设计参数之间的箭头代表设计参数之间的约束方向。图中虚线圆形表示产品中的部件，图中双向箭头约束代表部件之间的装配约束关系，对设计参数模型中的约束起辅助作用。

需求转化为设计参数的过程主要由需求转化知识驱动，包括经验知识、转化规则、计算公式等，是定制产品设计参数模型约束的来源。约束是定制产品设计参数模型的行为特征，是定制产品设计参数之间的联系纽带。

定制产品设计参数模型中的约束表示为

$$C_1,C_2:\begin{cases} C_1=\{c_{\mathrm{F}},c_{\mathrm{R}},c_{\mathrm{P}},c_{\mathrm{G}},c_{\mathrm{T}}\} \\ C_2:f(W)\rightarrow f(B) \end{cases} \tag{3-13}$$

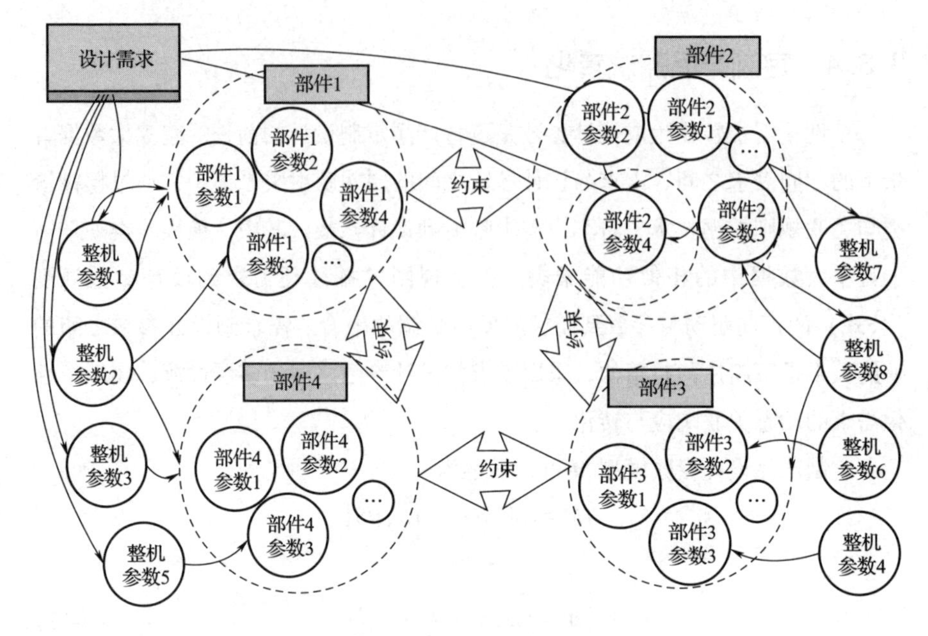

图 3.13　定制产品设计参数模型的图形化表达

1）C_1 表示根据设计需求求解整机设计参数时的约束关系。C_1 是设计人员研究第一层整机黑箱时所参考的知识规则，这类约束与不同类别的设计需求紧密相关：

$$C_1 = \{c_F, c_R, c_P, c_G, c_T\} \tag{3-14}$$

式中，c_F 为功能需求约束，c_R 为工艺需求约束，c_P 为性能需求约束，c_G 为结构需求约束，c_T 为商业需求约束。

2）C_2 表示根据整机设计参数求解部件设计参数时的约束关系。C_2 是设计人员研究第二层部件黑箱时所参考的知识规则，这类约束是知识经验的高度总结：

$$C_2 : f(W) \to f(B) \tag{3-15}$$

约束关系 C_2 在定制产品设计参数模型中有如下具体形式：

①定量的公式：主要是各类等式、不等式、方程等；

②设计参数的取值范围：分为连续取值范围和离散取值范围；

③定量及定性的推理规则：采用语言文字的形式描述约束关系。

针对具有不确定性的定制产品设计参数模型约束，采用基于“实例推理”

的方法，从历史产品设计制造结果中寻找约束的具体公式化表达方式。

基于实例推理的定制产品设计参数模型约束的构建可以描述为利用历史定制产品设计参数与设计结果数据来构建设计参数与性能的具体约束关系。

设定制产品设计参数约束为

$$c_x:f(x_1,x_2,\cdots,x_n)\rightarrow f(F_y) \tag{3-16}$$

式中，c_x 代表具有不确定性的约束项，$x_1,x_2,\cdots,x_n$ 代表约束中的已知定制产品设计参数，F_y 代表约束所对应的性能参数。则基于实例推理的定制产品设计参数模型约束的构建过程如下。

（1） 实例表达

在约束构建过程中，产品设计参数数据实例表达为 $x_1,x_2,\cdots,x_n,F_y$。

（2） 实例检索

由于产品设计制造过程中存在误差，对于一项设计参数，其值在小范围内的变化都可以看成相似的设计参数取值。为此，给各个设计参数设置变化范围 $\varepsilon_1,\varepsilon_2,\cdots,\varepsilon_n$，记为

$$\begin{cases} U=(X_1,X_2,\cdots,X_n) \\ X_i:[x_i\cdot(1-\varepsilon_i),x_i\cdot(1+\varepsilon_i)] \\ i=1,2,\cdots,n \end{cases} \tag{3-17}$$

U 构成了问题的表示空间，实例检索就是搜索数据库表单中各项设计参数值在以上取值范围内的实例。

（3） 实例相似度处理

若在第 2 步中检索获得 m 条符合要求的实例数据，用符号表示如下：

$$\begin{cases} z_{11},z_{12},\cdots,z_{1n},z_{1F_y} \\ z_{21},z_{22},\cdots,z_{2n},z_{2F_y} \\ \cdots \\ z_{m1},z_{m2},\cdots,z_{mn},z_{mF_y} \end{cases} \tag{3-18}$$

则计算每条实例数据与问题中 $x_1,x_2,\cdots,x_n$ 的相似度。由于设计参数在约束中起的作用不同，需要确定定制产品设计参数在约束中的权重 w_i。为了充分利用已有产品的设计经验，采用主观赋权法对权重进行确定，由设计人员根据自

身对定制产品设计参数的理解，给定各设计参数在约束中的权重。相似度 L_j 的具体计算过程可以表示为

$$\begin{cases} L_j = \sum_{j=1}^{n} w_i \cdot \dfrac{\varepsilon_i - |x_i - z_{ji}|}{\varepsilon_i} \\ \sum_{i=1}^{n} w_i = 1; i = 1,2,\cdots,m \end{cases} \tag{3-19}$$

（4）获得结果

此时，每个实例与求解对象之间的相似度是经过归一化处理的值，取值范围在（0,1）之间，对每条实例的相似度 L_j 及实例的设计参数 z_{jF_y} 做加权计算，获得设计参数结果为

$$F_y = \frac{\sum_{j=1}^{m} L_j \cdot z_{jF_y}}{\sum_{j=1}^{m} L_j} \tag{3-20}$$

在基于实例推理的定制产品设计参数约束的构建过程中，从检索获得实例数据开始到求解计算设计参数的过程，就是该产品设计参数约束的实现规则，原本具有不确定性的设计参数约束转化为由明确数据规则构成的数据处理过程，具有了定量的表达方式。

定制产品设计参数模型将定制产品设计中的设计需求、整机设计参数、部件设计参数等，按照约束关系联系在一起，实现了从设计需求到部件设计参数的规范递进式求解过程，以获取定制产品的设计参数。基于定制产品设计参数模型的设计参数求解过程如图 3. 14 所示。

图 3. 14 中，从上至下表示了定制产品设计参数求解的各个阶段。设计人员根据模型中定制设计需求约束 C_1 求解整机设计参数。设计人员按照 C_1 中的五类需求约束，分别计算确定整机设计参数的值。之后，设计人员进行定制产品运动方案的设计，构造运动的部件对象。设计人员在运动方案设计中给各个部件分配不同的功能，将具有各自功能的部件装配起来，模拟整机的运动功能状态。运动方案设计过程使产品设计中存在多种运动方案，在各个方案中，部件所具有的功能及约束关系都不相同。图中 SP_1、SP_2、SP_3 三个矩形框都代表定制产品的运动方案，框中的 5 个菱形代表 5 个产品部件，它们按照双向箭头所表

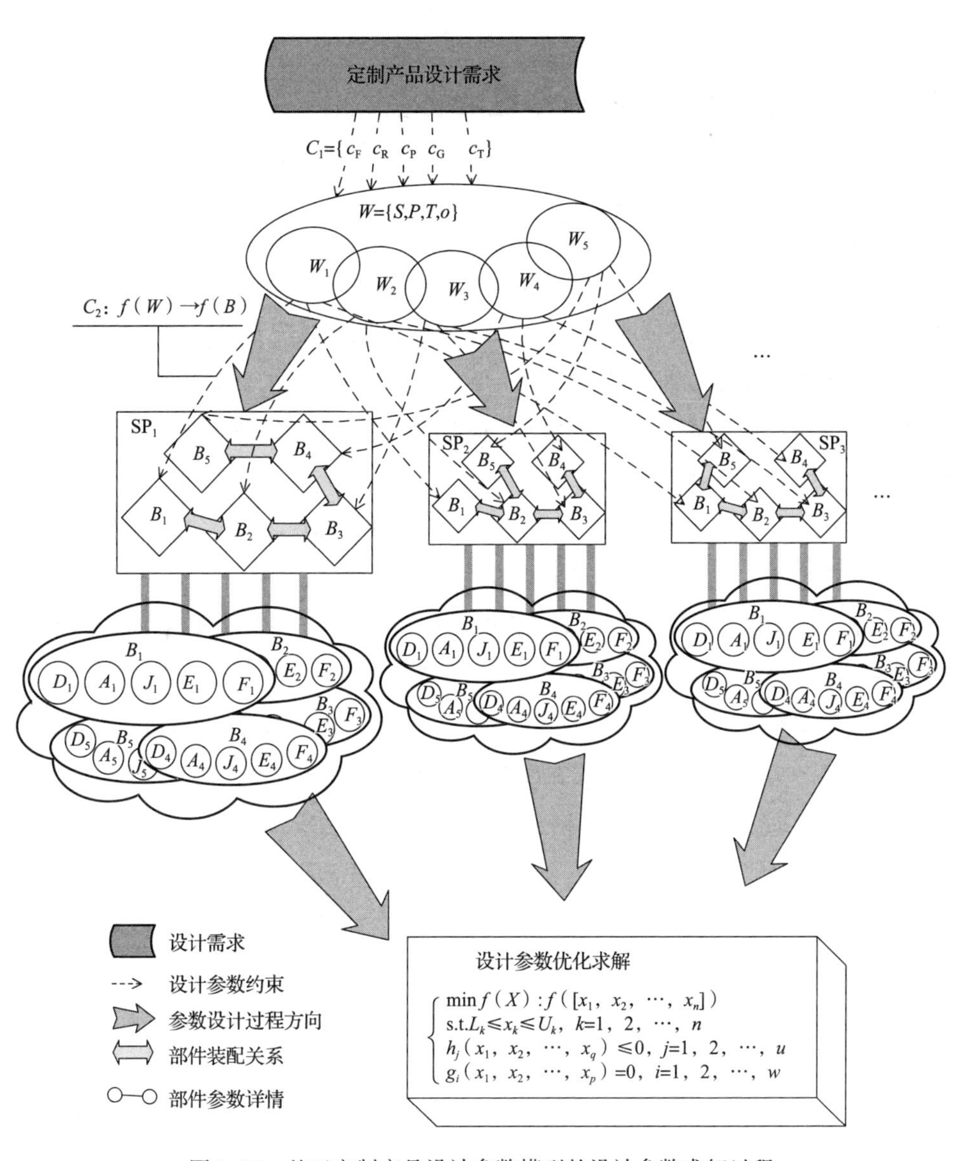

图 3.14　基于定制产品设计参数模型的设计参数求解过程

示的装配约束关系构成产品整机运动。设计人员针对每个运动方案，分别进行从整机设计参数到部件设计参数的求解过程。设计参数的求解过程依赖于定制产品设计参数模型中的约束关系 C_2。对求解获得的多组设计参数分别进行设计参数的优化求解，最后选择优化结果最好的方案，作为整个定制产品的设计参数。

3.4 定制产品配置模板与规则建立

3.4.1 定制产品配置单元

定制产品配置单元（Product Configuration Unit，PCU）是在功能、结构、原理上具有相同抽象特征的零部件族，是进行定制产品配置设计的基本单位，各级 PCU 实例是组成配置产品的基本要素。PCU 封装了配置设计知识，包括 PCU 间的递归逻辑属性，反映客户需求的功能、结构、原理特征属性，进行配置设计所需的约束规则等。

PCU 可表示为 $PCU=(P,F,V,R,O)$，P 为 PCU 标识，F 为父节点 PCU 标识，$\boldsymbol{V}=\{\boldsymbol{v}_1,\boldsymbol{v}_2,\cdots,\boldsymbol{v}_n\}$ 是描述 PCU 的特征向量集合，$R=\{r_1,r_2,\cdots,r_m\}$ 是 PCU 的一组配置约束规则集合（包括各 PCU 本身的约束规则及 PCU 间的约束规则），$O=\{o_1,o_2,\cdots,o_s\}$ 是对 PCU 的一组配置操作，其中 $n,m,s\geqslant 0$。

根据在配置模板中所处的层次，PCU 可以分为产品级 PCU、部件级 PCU 和零件级 PCU。产品级 PCU 处在配置模板结构树的根节点，代表产品本身；部件级 PCU 处于配置模板结构树中间各层的节点，在定义配置模板时，可以按功能需求分解到下一层 PCU；零件级 PCU 处于无法再分解为下一层 PCU 的最底层叶节点。在产品配置设计过程中，配置活动自顶向下进行，匹配 PCU 的特征属性是否满足客户需求，若满足则把该 PCU 实例化后插入产品配置结果树，否则进行功能需求分解，转入下一层配置。

3.4.2 定制产品配置模板定义

定制产品配置模板（Product Configuration Template，PCT）是由产品配置设计单元组成的层次性产品结构模型。PCT 表达为复杂多叉树，PCU 组成了产品结构树中的各个节点，并且包括各 PCU 中封装的递归逻辑特性、配置规则、约束关系等知识。配置模板可以看作与具体型号产品无关的产品族结构的抽象描述，可以根据不同的配置输入参数实例化成整个系列不同型号的产品。定制产品配置模板可以用树结构表示，如图 3.15 所示。

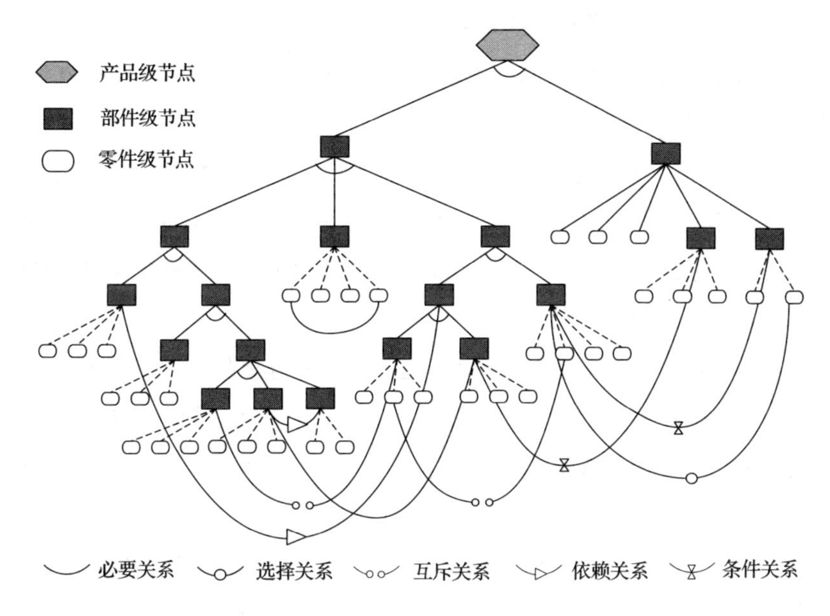

图 3.15　定制产品配置模板

定制产品配置模板由 3 种类型的 PCU 组成：处于最顶层的是产品级节点，代表一个系列的产品，不同系列的产品需要构建不同的配置模板；中间层为部件级节点，代表组成本配置模板的各级部件；最底层的是零件级节点，包括本系列产品所有可能的零件。各层 PCU 之间的关系可以分为两种：

1）PCU 之间的上下级父子关系；

2）各 PCU 之间的约束关系。

PCU 之间的约束关系可以看作一无向图，节点表示 PCU，连接弧表示约束关系。通过建立连接弧的属性对象，表达不同类型的约束关系。PCU 之间的约束关系类型如下。

①必要关系。若选择一个 PCU 必须选择另外一个或多个 PCU，则构成必要关系。必要关系为单向约束。假设存在 3 个 PCU，分别为 A、B 和 C，若选择 A，一定需要选择 B 和 C，反之不成立，除非 B 和 C 也存在同样的约束关系，则可表示为 IF SELECT(A) THEN SELECT(B) AND SELECT(C)。

②选择关系。若选择某一个 PCU 时还需要从一定范围内的 PCU 中选择一个或多个，则构成选择关系。选择关系为单向约束。假设存在 5 个 PCU，分别

为 A、B、C、D 和 E，若选择 A 时还需要从 B、C、D 和 E 中选择若干个，如选择 B 和 D，反之不成立，则可表示为 IF SELECT(A) THEN SELECT(B) AND SELECT(D)。

③互斥关系。互斥关系指选定某个 PCU 就不能再选择另外一个或多个特定的 PCU。互斥关系为双向约束。假设存在 3 个 PCU，分别为 A、B 和 C，若选 A 就不能选择 B 和 C，则可表示为 IF SELECT(A) THEN NOT SELECT (B) AND NOT SELECT(C)。

④依赖关系。依赖关系指两个 PCU 之间存在相互依赖性，即选择其中一个 PCU 必然要求选择另外一个 PCU。依赖关系为双向约束。假设存在 2 个 PCU，分别为 A 和 B，若选择 A 必然选择 B，反之亦然，则可表示为 IF SELECT(A) THEN SELECT(B)。

⑤条件关系。条件关系指选择某个 PCU 后，当满足一定条件时，需要选择另外一个或多个 PCU。条件关系为单向约束。假设存在 3 个 PCU，分别为 A、B 和 C，若选择 A 且满足特定的条件，就需要选择 B 和 C，则可表示为 IF SELECT(A) AND CONDITON=TRUE THEN SELECT(B) AND SELECT(C)。

3.4.3 配置模板的递归生成

产品的配置模板可以通过各层 PCU 的递归逻辑关系组合生成，并可以形式化表示为 PCT=[PID，(PF，PC，RT，C，API)]。其中，PID 为配置模板标识；(PF，PC，RT，C，API) 反映了配置模板的递归父子关系，PF 为父节点 PCU，PC 为子节点 PCU，RT 为 PCU 间的约束规则，C 为对应 PCU 的实例，API 为配置操作接口，主要用来接收配置参数，驱动配置操作，完成对 PCU 的实例化。

在构建配置模板结构时，并不是任意 PCU 组合都被允许，而应根据 PCU 间的父子逻辑关系及约束规则逐层生成配置模板结构。配置模板递归生成过程如图 3.16 所示。图中 $R_n(\mathrm{PF})(n=1,2,3\cdots)$ 为 PCU 检索函数，其功能是从 PCU 库中检索出所有 PC 及相关信息；$F_m(\mathrm{PC})(m=1,2,3\cdots)$ 为 PCU 校验函数，对所有检索出来的 PC 进行约束规则校验，以判定 PC 的有效性。

产品配置模板递归生成的具体步骤如下。

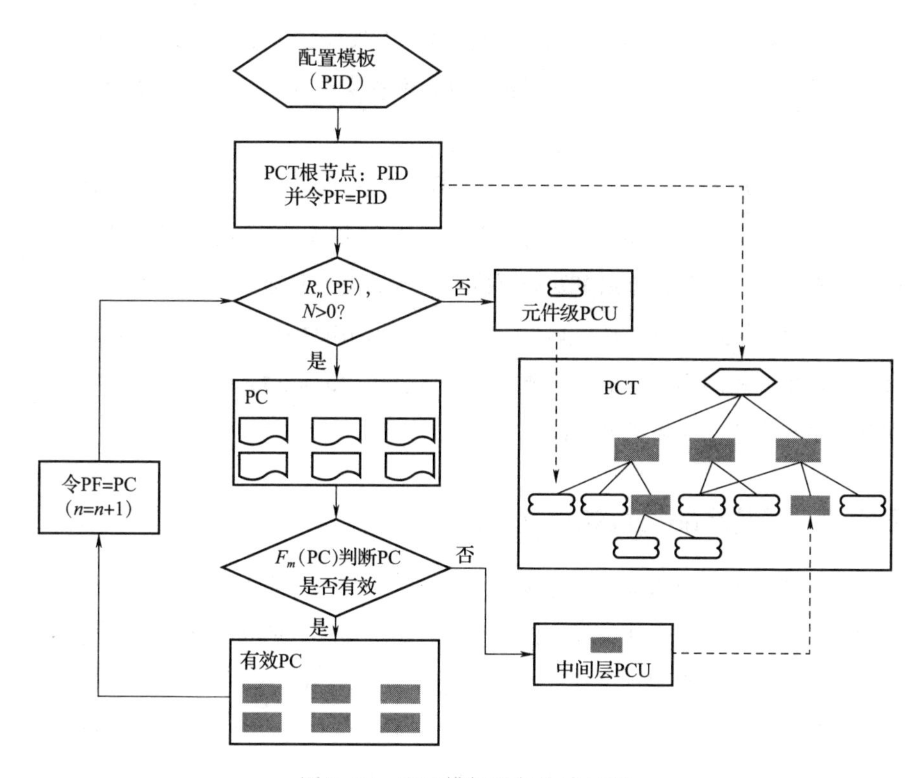

图 3.16　配置模板递归生成过程

步骤 1：确定要生成的配置模板 PID，根节点 PCU 即为 PID，令 PF=PID。

步骤 2：根据预定义的递归父子关系，通过调用检索函数 R_n(PF)，获取本 PF 的所有 PC 及其信息。若 PC 数量 $N>0$，则表明本节点可以被分解，可作为中间层节点插入其父节点下；否则本节点为元件级 PCU，直接插入配置模板结构树的最底层节点。

步骤 3：对提取的各 PC 进行约束规则校验，通过调用校验函数 F_m(PC)，分析各 PC 之间是否存在条件关系、排斥关系、依赖关系等，最终确定有效 PC。

步骤 4：插入配置模板中间层的 PC 进入构建下一层模板结构的递归循环，令 PF=PC，$n=n+1$，并返回步骤 2。

步骤 5：直至当前层所有节点的 PCU 都不能再被分解为若干 PC，则产品配置模板递归生成过程结束。

以递归方式生成的配置模板具有如下特性：

1）集成了配置产品的产品族信息。PCT 不仅描述了配置对象，而且还包含了产品结构信息、约束关系、配置规则、配置操作方法等进行配置活动所需的所有知识。

2）配置模板数据结构简洁，便于配置系统的实现。PCT 的数据结构是一棵多叉树，在数据库中可以存储为配置设计单元 BOM 的形式，PCU 相关的实例、物料主文件、配置规则等知识可以通过数据表关联形成一个整体。

3）能够快速响应客户需求。市场需求处于动态变化中，通过 PCT 重新组合可以得到产品的不同变形，只要以需求信息作为配置输入参数，就可以配置得到满足客户个性化需求的产品。

3.4.4 定制产品配置规则的建立

配置知识主要包括零部件实例与配置规则，零部件实例可以看作封装了设计要求、设计任务、设计过程、设计方案、装配要求等的知识体；配置规则是产品配置设计单元实例化为零部件的标准。

配置规则是产品配置设计过程中所需的关键信息之一。配置推理求解时，根据配置规则将 PCU 转化为零部件实例。配置规则可表示为

Rule： <规则号>

IF <条件子句> {AND<条件子句>}* （＊表示重复 0 次或多次）

THEN <结论子句>

配置规则 IF<条件子句>为该 PCU 实例化需要满足的前提条件，通常为如下形式：

<配置参数><比较运算符><值>

配置规则 THEN<结论子句>为满足前提条件下的 PCU 所对应的实例化零部件。当预先定义的配置参数满足 IF<条件子句>时，IF 条件为真，对应<规则号>的配置规则被触发，将 PCU 实例化为 THEN<结论子句>所对应的零部件实例。

传统的配置规则建立方法将设计人员的配置设计经验与知识，人工归纳为 IF-THEN 形式的配置规则，从而形成配置设计规则库。该方法不仅工作量大，而且部分经验与知识难以表达与转化，建立的规则动态更新困难。针对上述问

题，本书提出了配置设计规则自动提取的方法，该方法根据已有的配置案例（订单需求与配置设计BOM结果），采用决策表智能生成配置设计规则。

决策表是分析和表达多逻辑条件下执行不同操作的工具，它可以明确表达复杂的逻辑关系和多种条件组合的情况，设计人员无须分析复杂的逻辑关系就可以判定动作所对应的状态。决策表具有逻辑严格性，适合描述不同条件集合下采取行动的若干组合的情况。

决策表是一个包含各种条件及条件满足时执行操作的表格，通常由4个部分组成，即条件桩、动作桩、条件项和动作项，如图3.17所示。条件桩列出了问题的所有条件，且通常认为所列出条件的次序无关紧要（方框A）；动作桩列出了问题规定可能采取的操作，且操作的排列顺序无约束（方框B）；条件项列出了针对它所列条件的取值在所有可能情况下的真假值（方框C）；动作项列出了在条件项的各种取值情况下应该采取的动作（方框D）。

桩	规则1	规则2	规则3	规则4	规则5	规则6	规则7
条件1	真（True）	真（True）	真（True）	假（False）	假（False）	假（False）	假（False）
条件2	真（True）	真（True）	假（False）	真（True）	真（True）	假（False）	假（False）
条件3	真（True）	假（False）	—	真（True）	真（True）	真（True）	—
动作1	X	X		X			
动作2	X				X		X
动作3		X		X		X	
动作4			X		X		

A（条件桩）、B（动作桩）、C（条件项）、D（动作项）

图3.17 决策表图示

在决策表中，任何一个条件组合的特定取值及其相应要执行的操作表示一条规则，即在决策表中贯穿条件项和动作项的一列就是一条规则，它描述了一个类型为“如果条件i，则操作j”的过程。显然，决策表中列出多少组条件取值，就有多少条规则，条件项和动作项就有多少列。采用决策表自动建立配置规则时，决策表每一列可代表所建立的一条配置规则，因此，基于决策表的配置规则自动建立的关键在于如何根据客户订单需求以及产品配置设计 BOM 生成决策表。

生成决策表可使用决策表分类器（Decision Table Majority，DTM），关键为最优特征子集的获取。对于数据集 T，定义决策表的分类误差为

$$\mathrm{err}\langle h,T\rangle=\frac{1}{|T|}\sum_{(x_i,y_i)\in T}L(h(x_i),y_i) \tag{3-21}$$

式中，x_i 为决策特征；y_i 为决策结果；$h(\cdot)$ 为 DTM，$h(x_i)$ 为 DTM 预测的分类结果；L 为损失函数，其值为 0 或 1，当分类结果与标签相符时为 0，反之则为 1。

设 $A=\{X_1,X_2,\cdots,X_m\}$ 为样本特征集，A^* 为最优特征子集，S 为每个 X_i 所对应的决策结果集，$A'\subseteq A$ 为特征集的子集，则最优特征子集为

$$A^*=\underset{A'\subseteq A}{\mathrm{argmin}}\ \mathrm{err}(\mathrm{DTM}(A',S),T) \tag{3-22}$$

由决策表所得规则 IF 部分包含最优特征子集内的所有特征，例如当最优特征子集为 $A^*=\{X_3,X_6,X_7\}$ 时，生成的规则可表示为

$$\text{IF } X_3=x_3 \text{ and } X_6=x_6 \text{ and } X_7=x_7 \text{ THEN result}$$

决策树是一种类似流程图的树结构，每个内部节点（非叶节点）表示在一个属性上的测试，每个分支代表一个测试输出，而每个叶节点存放一个类标号。一旦建立好决策树，对于一个未给定类标号的元组，跟踪一条由根节点到叶节点的路径，该叶节点就存放着对该元组类标号的预测。J48 决策树是基于 C4.5 算法实现的决策树算法，此处采用 J48 决策树算法自动提取规则。

对于每个决策树节点 t，定义其不纯度 Entropy（t）为

$$\mathrm{Entropy}(t)=-\sum_{k}p(c_k\mid t)\log_z p(c_k\mid t) \tag{3-23}$$

式中，$p(c_k\mid t)$ 表示决策树节点 t 中类别 c_k 的分布概率。不纯度越小，则表明类别的分布概率越倾斜。

为了判断分裂前后节点不纯度的变化情况，定义信息增益 Δ 为

$$\Delta=\mathrm{Entropy}(\mathrm{parent})-\sum_{i=1}^{n}\frac{N(a_i)}{N}\mathrm{Entropy}(a_i) \tag{3-24}$$

式中，parent 表示分裂前的父节点，N 表示父节点所包含的样本记录数，a_i 表示父节点分裂后的某子节点，$N(a_i)$ 为其计数，n 为分裂后的子节点数。

根据不纯度与信息增益，采用C4.5决策树算法计算信息增益比Gain ratio时，应选择信息增益比较小的特征分裂节点：

$$\text{Gain ratio}=\frac{\Delta}{\text{Entropy(parent)}} \tag{3-25}$$

决策树训练完成后，其根节点到叶节点的每一条路径构成一条规则，路径上的非叶节点对应规则的条件前提，叶节点对应规则的结论。与决策表不同的是，基于决策树提取规则的IF条件子句可能是最优特征子集的子集，例如最优特征子集为$A^*=\{X_3,X_6,X_7\}$，在最优特征子集上使用决策树提取的规则可能为IF $X_3=x_3$ and $X_6=x_6$ THEN result。当选择$\{X_3,X_6\}$创建节点后，所得叶节点已能明确表达复杂的逻辑关系并可以区分各种条件组合的情况时，无须再使用X_7进一步构建节点。

基于上述决策树的特性，对基于决策表提取的规则做进一步约简，实现对最优特征子集A^*的优选，去除多余的规则IF条件子句。最优特征子集的优选取决于各特征的重要度，若重要度较低，则可将其从最优特征子集中删去；而当特征的重要度较高时，若将其删去，可能导致本应失配的模块得到一个配置结果。

因此，对决策树算法进行如下改进。设$A=\{X_1,X_2,\cdots,X_m\}$为配置参数集，$I=\{I_1,I_2,\cdots,I_m\}$为参数重要度集，对任一配置参数X_i赋予一个重要度参数I_i。其中，I_i的取值为0或1，1表示该参数为必需参数，必须进行设置；0则表示该参数为自选参数，可自由选择是否设置。对于选择进行构建节点的参数I_i，其Gain ratio的计算方法修正为

$$\text{Gain ratio}=\frac{\mathrm{e}^{\lambda I_i}\Delta}{\text{Entropy(parent)}} \tag{3-26}$$

式中，$\lambda>0$，可根据不同情形自由设定，默认取值为1。

对J48决策树算法进行改进后，构建节点时将更加倾向于选择必需配置参数进行构建。因此，当决策树提取的规则为约简的规则时，保证选定的配置参数为必需参数，而略去的参数为可选参数。利用这一特性，对决策表提取所得规则使用改进的J48决策树算法做进一步的约简优化，删去规则中的冗余条件，节省规则存储空间，加快规则读取速度，提升配置求解效率。

根据以上分析，配置规则自动提取过程如图3.18所示。

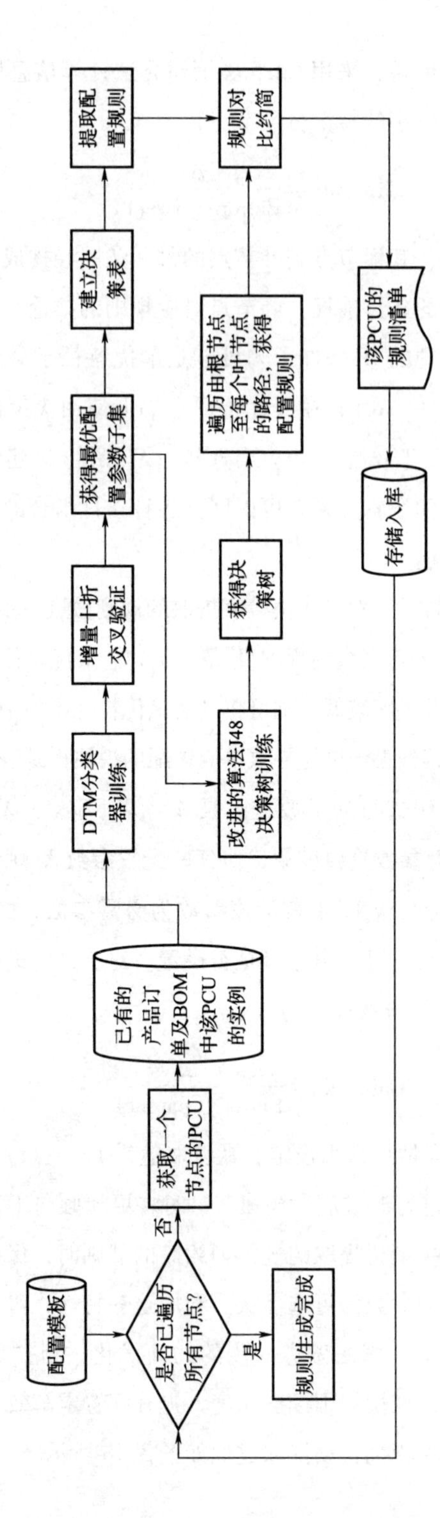

图3.18 配置规则自动提取过程

定制产品配置规则生成过程是一个依据产品配置模板从上至下、从左至右依次完成的过程，如图3.19所示。对于每一个PCU，依次建立一张决策表，其中配置参数 $X=\{X_1,X_2,\cdots,X_m\}$ 作为条件集，实例化结果 S 作为结果集。

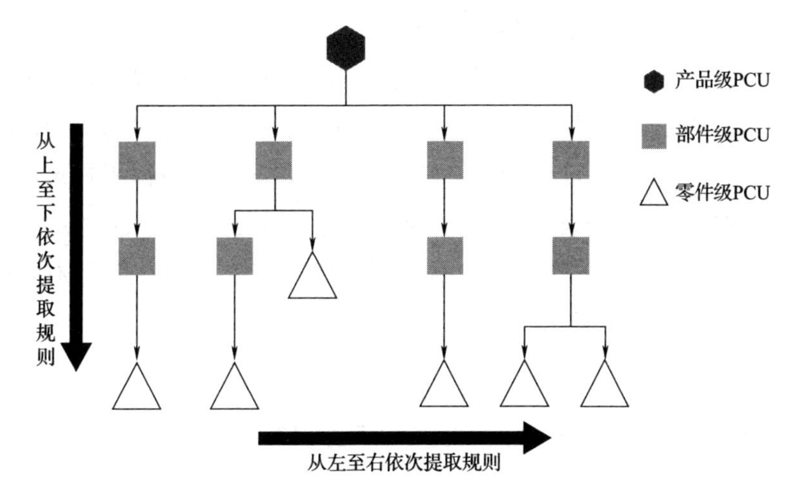

图3.19 定制产品配置规则生成过程

由此，定制产品配置规则生成过程包含如下步骤。

步骤1：根据产品配置设计BOM，从上至下依次选择PCU。

步骤2：读取数据库内已完成设计的客户订单，以各订单的配置参数 $\{X_1,X_2,\cdots,X_m\}$ 作为样本特征集，以选择的PCU的所有实例化结果 S 作为决策结果集，建立产品配置设计数据集。

步骤3：使用DTM分类器，对产品配置设计数据集进行增量十折交叉验证，删去配置参数中的无用参数，获得最优特征子集 A^*。

步骤4：根据最优特征子集 A^* 建立决策表，将决策表中的每一列提取IF-THEN形式的配置规则。

步骤5：以最优特征子集 A^* 作为特征集，使用改进的J48决策树算法建立决策树，遍历由根节点至叶节点的每一条路径，提取IF-THEN形式的配置规则。

步骤6：对比所得两组规则，若决策树删去的条件为必需参数，则选择决策表规则作为规则生成结果；若决策树删去的条件为自选参数，则选择决策树规则作为规则生成结果。

步骤7：将所生成的规则存入数据库表单。

步骤8：判断是否所有PCU均已完成提取规则。若已完成，则结束规则提取过程；若未完成，则继续选取下一PCU进行规则提取。

利用基于决策表-J48决策树组合的定制产品配置规则生成方法，适用于已有一定数量的设计实例的情形。使用该方法建立配置规则，可以减少设计人员重复劳动，提升配置设计规则的构建效率，尤其当配置规则缺失时可快速自动生成。在保证规则准确率、覆盖率的情形下，本方法对配置规则中的冗余条件前提进行约简，在保证配置准确率的前提下降低了配置求解时间，有效提高了配置效率，节约了存储空间资源。

3.5 定制产品模糊层次配置过程优化

产品的设计都存在不同程度的设计过程迭代，设计过程迭代意味着设计工作的改进。在产品设计过程中，如果没有从整体的角度考虑迭代问题，就不能捕捉和度量设计过程中的迭代成本，也难以控制流程执行时间和提高设计质量，设计迭代可能随机产生以致无法控制，直接导致设计资源的浪费和产品开发周期的延长。

定制产品配置的复杂化，增加了配置过程的迭代次数，使产品配置设计过程延长，影响了企业快速响应客户个性化需求的能力。另外，随着网络化协同设计技术的兴起，产品协同配置过程中的任务分配要求任务“外部弱耦合，内部强耦合”，以减少配置协同交互产生的资源消耗，优化产品配置设计过程。针对上述问题，通过拓展设计结构矩阵（Design Structure Matrix，DSM），使其能够动态反映因客户需求、配置模型等变更引起的配置过程改变，实现了基于动态DSM的配置过程重建。

3.5.1 配置设计过程的数据流图模型

产品配置实质上是根据客户需求，对配置模型中的各配置设计单元进行参数赋值、约束求解等操作的实例化过程。若将产品配置看作一个任务，则按配置模型的逻辑结构可把任务逐层分解到各配置设计单元，配置设计单元与配置任务一一对应，根据配置设计单元间的逻辑连接关系，可以生成配置任务结构树。结构树各层上的节点代表不同的配置子任务，产品配置设计过程随即转化为配置任务的执行过程。在执行配置任务时，客户需求信息作为产品配置的数据源，数据信息以配置任务间的逻辑连接关系及约束关系为导向进行流动和转化，相应的配置设计单元完成本任务数据的接收、处理和输出。配置任务执行过程包含了信息的流动和转化，体现了配置求解的层次性和迭代特性。数据流图（Data Flow Diagram，DFD）具有描述系统逻辑结构的能力，提供了对信息流及其过程功能的建模机制。可用数据流图对产品配置过程进行任务建模，生成配置过程数据流图，如图 3.20 所示。图中，节点表示配置任务，有向边表示逻辑连接关系和约束关系。

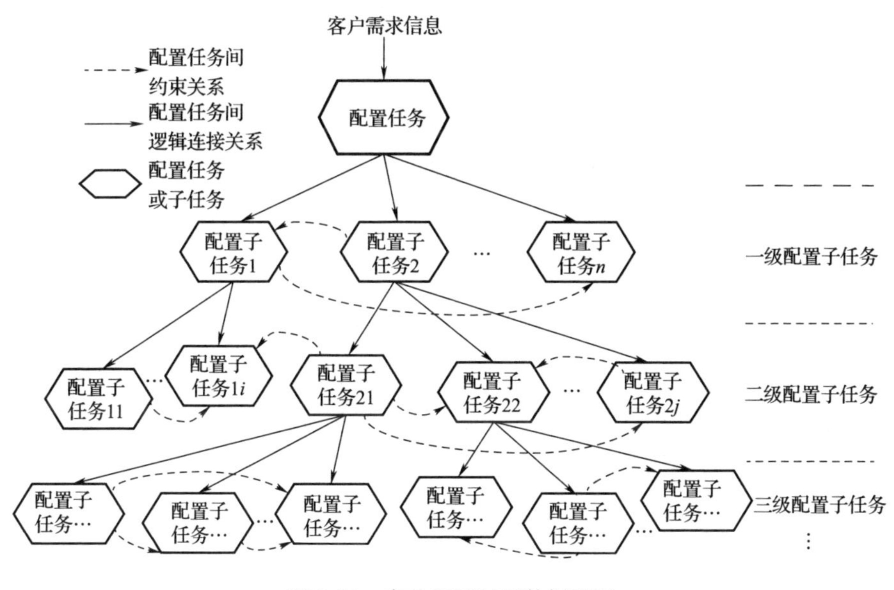

图 3.20　产品配置过程数据流图

基于数据流图的产品配置过程任务模型的图形表示，使配置信息的流动和转化以及配置求解的迭代过程清晰明了，但不适合用计算机对配置过程进行重建，以降低配置任务间的耦合程度，减少配置求解的迭代次数，从而不能使产品配置设计过程符合协同设计思想。

3.5.2 配置设计的动态设计结构矩阵

设计结构矩阵是一个 n 阶方阵，用于显示矩阵中的各个元素的交互关系，有利于对复杂项目、过程等进行可视化分析，其结构如图 3.21 所示。

	1	2	3	4	5	6	7	8	9
1	1			×				×	
2		2							
3			3		×	×			
4	×			4				×	
5					5				
6		×		×		6			
7			×				7		
8						×		8	
9				×				×	9

图 3.21　设计结构矩阵的结构

DSM 的布置如下：系统元素均以相同的顺序排列在矩阵的最左边和最上边，如果元素 i 与元素 j 之间存在联系，则矩阵中的元素 ij（i 行 j 列）为×(或由数字 1 表示)，否则为空（或由数字 0 表示）。在由二元（0 或 1）表示的矩阵中，对角线上的元素不用来描述系统，一般以空格表示。二元矩阵处理系统建模问题相当方便，因为它能表示一对系统元素间的关系存在与否。与图形表示相比，它能为整个系统元素提供紧凑的整体描绘，并为各项活动的信息需求、活动的顺序决策及活动迭代的控制提供可视化的表示方法。

DSM 根据不同的模型和待解决问题的属性，可以分为两大类：基于参数的 DSM 和基于任务的 DSM。两类 DSM 的适用情况见表 3.1。

表 3.1　DSM 的适用情况

类型	表示	应用	分析方法
基于参数的 DSM	设计参数的决策	较低层的作业排序及过程构造	排序和分组
基于任务的 DSM	任务的输入、输出关系	项目计划、任务顺序排列和开发过程规划	排序和分组

(1) 基于参数的 DSM

该类型 DSM 常被用来分析基于参数交互的系统结构，它通过明确定义待分解的系统元素和交互关系来构建。可在对系统间各种交互关系分类的基础上，根据交互关系的重要程度赋予适当的权重，使构建的 DSM 更准确。为了减少整个系统协调的复杂性，需要对基于参数的 DSM 中的元素进行聚类分析，将其划分为若干个子系统。目前，已有多种聚类分析方法用于 DSM 分析，聚类分析的结果可以用于任务配置、过程重建等。

（2）基于任务的 DSM

该类型 DSM 由组成项目的各项任务及任务间信息关系构成，从中可以发现任务开始时需要的输入信息和任务产生的信息，并提供给相关任务。在图 3.21 中，从某行上可以知道该行所有输入信息的任务，即“×”处对应列表示的任务；从某列上可以知道该任务的输出信息由哪个任务接收。对角线下方表示前馈信息，而对角线上方表示反馈信息，即信息是从后驱任务向前驱任务流动的，这意味着前驱任务必须依据新的信息重新执行。

为了实现基于动态 DSM 的产品配置过程重建，需要把配置过程 DFD 映射为相应的 DSM。映射实质上是建立 DFD 中的要素与 DSM 中的元素之间的对应关系，通过映射得到的 DSM 代表了产品配置过程中所有配置任务之间的相关性，通过分解、撕裂等矩阵计算操作可实现配置过程重建。

DSM 的分解就是重新排列矩阵中行和列元素的位置，尽可能消除矩阵中的环路。这个过程把矩阵中对角线上方的标记调整到对角线下方。DSM 的分解算法很多，其主要区别在于如何识别矩阵的环路。所有分解算法的主要过程包括：检查矩阵中的空行，并将其置换于矩阵的最前面；检查矩阵中的空列，并将其置换于矩阵的末端。

为了使 DSM 下三角化，在分解算法中，耦合任务集（块矩阵）被视为一个整体任务进行操作，但耦合任务集中任务的执行顺序没有得到规划或重建。撕裂算法就是对耦合任务集中的任务进行规划，减少任务执行中迭代次数的算法。撕裂算法很多，但一般都应遵循两个基本原则：

1）最少的撕裂数：撕裂意味着需要对任务数据进行估计，是一个不精确的计算过程，故撕裂次数越少越好。

2）尽可能使撕裂操作局限在最小的块矩阵中：若迭代中含有迭代，则内层的迭代次数会增加，降低任务执行的效率。

撕裂操作的基本思路是把那些具有最小信息输入和最大信息输出的任务放在耦合任务集的前面执行，故需要引入关联强度的概念，用来度量任务信息的输入和输出量，再根据关联强度对任务进行排序。

配置过程 DFD 映射到 DSM 的具体步骤如下。

步骤 1：对配置过程 DFD 进行遍历，记录图中各节点对应的配置任务及其相互之间的逻辑连接关系和配置约束关系。

步骤 2：判断各配置任务是否可以再次分解，若可以，则进行逐层分解，直到最底层的元配置任务 T，产品配置过程可表示为元配置任务的集合 $\{T_i\}$ $(i=1,2,3,\cdots,n)$。

步骤 3：根据 DFD 中各配置任务之间的逻辑连接关系，确定任务执行的先后顺序，得到构成配置过程的任务序列 $\{T_1,T_2,\cdots,T_n\}$。

步骤 4：根据步骤 1 中记录的逻辑连接关系及配置约束关系，确定配置任务间的数据信息流向——被连接和被约束的配置任务表示数据信息流入，反之为流出。

步骤 5：确定 DSM 中的元素，其对角线上的元素即为配置任务集合 $\{T_1,T_2,\cdots,T_n\}$，其他元素 $a_{ij}(i\neq j,1\leqslant i,j\leqslant n)$ 根据配置任务间的数据信息流向确定：若数据信息从 T_i 流入 T_j，则 $a_{ij}=1$；若没有数据信息流动，则对应元素值为空。

步骤 6：构造配置过程 DSM，以配置过程任务序列为矩阵主对角线，其他元素以步骤 5 中确定的 a_{ij} 填充，DSM 形式见式（3-27）。

$$
\mathrm{DSM}_{n\times n}=[a_{ij}]_{n\times n}=\begin{matrix} & \begin{matrix} T_1 & T_2 & T_3 & \cdots & T_n \end{matrix} \\ \begin{matrix} T_1 \\ T_2 \\ T_3 \\ \vdots \\ T_n \end{matrix} & \begin{bmatrix} T_1 & a_{12} & a_{13} & \cdots & a_{1n} \\ a_{21} & T_2 & a_{23} & \cdots & a_{2n} \\ a_{31} & a_{32} & T_3 & \cdots & a_{3n} \\ \vdots & \vdots & \vdots & & \vdots \\ a_{n1} & a_{n2} & a_{n3} & \cdots & T_n \end{bmatrix} \end{matrix} \tag{3-27}
$$

配置模型针对产品族建立，根据不同的客户需求动态调整零部件组合，求解相应的配置约束规则便可获得同系列不同型号的产品配置 BOM，因此配置过程具有如下动态特性：

1）产品配置模型是动态变化的，随着企业产品的升级，配置模型也需要做出相应调整，产品配置过程也随之改变。

2）产品配置模型中预定义的零部件集合是动态变化的，设计变更、技术进步等原因使零部件集合发生变化，引起配置知识更新，特别是约束规则的变化，直接影响了产品配置过程中的数据信息及其流向。

3）客户需求是动态变化的。一方面，同一客户对产品的需求可能随时间而改变；另一方面，不同客户对同类产品的需求各不相同，使得在配置不同需求的同型号产品时，零部件的组合不同，导致组成配置过程的任务各不相同。

传统DSM不能动态反映由配置模型、零部件集合、客户需求等变更引起的配置任务的变化，也不能动态体现配置任务之间由约束关系变化引起的产品配置过程中数据信息流向的改变。上述不足，导致在执行新配置任务或配置任务发生改变时，不能准确地对配置过程进行重建以提高产品配置设计效率。为了实现对产品配置设计过程的动态重建，需要对DSM进行动态拓展。

配置过程DSM可动态拓展为三视图形式，如图3.22所示。视图1（动态需求DSM视图）：根据客户需求动态确定组成产品的零部件集合$\{C_i\}(i=1,2,\cdots,n)$，按照配置模型中配置设计单元的逻辑连接关系，获得该产品对应的DFD，通过映射可得到能够动态体现客户需求的DSM视图。视图2（动态约束DSM视图）：配置模型及其零部件集合发生变更，配置约束关系会发生改变，若以当前配置模型的DFD为基础构建对应的配置过程DSM视图，其中$I_{ij}(i\neq j)$表示配置模型中配置设计单元R_i与R_j之间的配置约束关系，则该DSM视图蕴涵了配置模型最新的配置约束关系。视图3（配置过程动态DSM视图）：通过动态需求DSM视图中的配置任务和动态约束DSM视图中相应的配置约束关系的双重映射，得到配置过程动态DSM视图。

通过映射获得配置过程动态DSM，实质上是根据动态需求DSM视图和动态约束DSM视图对原配置过程DSM进行变更操作，使其能够实时反映客户对产品功能结构的需求，并能体现配置模型及零部件集合的变更。映射过程如图3.22所示，其实现步骤如下。

步骤1（构建动态需求DSM）：根据客户对产品功能结构的需求，动态确定配置产品的零部件组成范围$\{C_i\}(i=1,2,3,\cdots)$，以配置模型为依据建立相

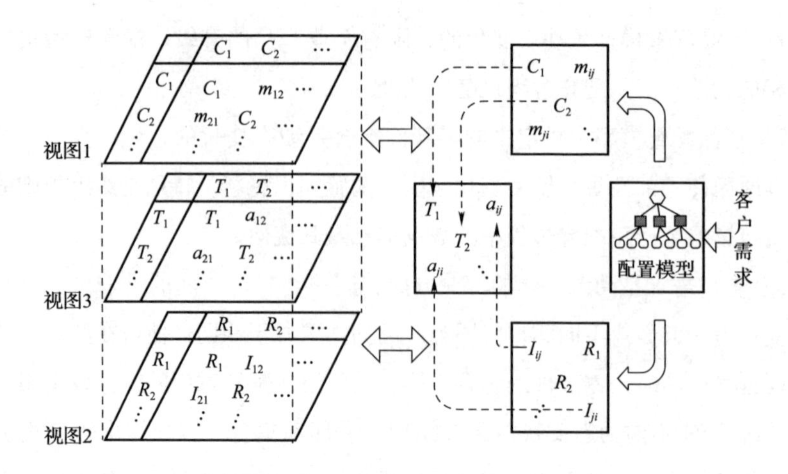

图 3.22 配置过程 DSM 的动态拓展及映射

应的 DFD，通过映射构建动态需求 DSM，其中，$m_{ij}(i \neq j)$ 为零部件之间的逻辑连接关系。

步骤 2（构建动态约束 DSM）：根据当前配置模型的 DFD 映射得到，其中矩阵对角线为配置任务序列 $\{R_1, R_2, R_3, \cdots\}$，配置任务之间的配置约束关系表示为 $I_{ij}(i \neq j)$。

步骤 3：根据动态需求 DSM 对角线上的零部件元素与配置任务的对应关系，以及零部件间的逻辑连接关系 $m_{ij}(i \neq j)$，对原配置过程 DSM 对角线元素进行增加、删除、修改、排序等操作，可得配置任务序列 $\{T_i\}$ $(i=1,2,3,\cdots)$。

步骤 4：根据配置任务序列 $\{T_i\}$ 与动态约束 DSM 视图中的配置设计单元序列 $\{R_i\}$ 之间的对应关系，提取各配置任务间的最新配置约束关系 $I_{ij}(i \neq j)$。

步骤 5（构建配置过程动态 DSM）：以配置任务序列 $\{T_i\}$ 为对角线元素，矩阵其他位置填充为步骤 4 中提取的相应配置约束关系 $I_{ij}(i \neq j)$。

3.5.3 配置设计过程的优化与重建

通过映射得到的动态 DSM 表示了产品配置过程，包含了配置过程中的所有配置任务，根据任务中的数据信息流向，配置任务间有三种基本关系，即串行、并行和耦合，如图 3.23 所示。

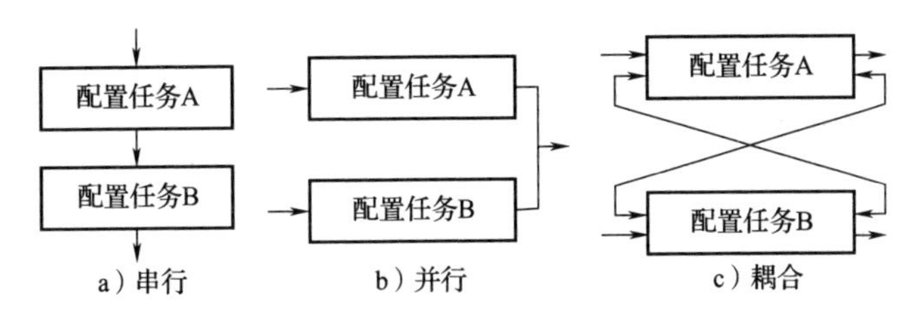

图3.23　配置任务间的基本关系

1）串行关系：配置任务具有先后依赖关系，后面的任务需要前面任务的输出信息作为输入才能开始执行。

2）并行关系：配置任务间无任何必然联系，可以独立执行。

3）耦合关系：配置任务间具有相互依赖关系，并且各任务间存在大量的信息交互，依赖关系通常需要经过多重迭代才能完成配置任务。耦合关系在复杂产品的配置过程中非常普遍，是影响产品配置设计过程的主要因素。

对某次特定的配置设计而言，配置过程动态 DSM 视图是静态的，可以利用静态 DSM 来重建这次的产品配置设计过程。产品配置过程重建要求降低配置任务间的耦合程度，减少配置过程中的迭代次数，以优化产品配置设计过程。重建的基本思路是对配置过程动态 DSM 实施行列变换，使尽可能多的非零元素分布在主对角线附近，以转化为块矩阵，可以通过矩阵分解和撕裂算法来实现。

1）配置过程动态 DSM 的分解。观察 DSM 中的行和列，若某行元素全为零，则表示对应的配置任务不依赖其他任务的信息输入，可将该任务排在前面执行。若某列元素全为零，则表示对应的配置任务不向其他任务输出任何信息，可将该任务排在后面执行。除去已排配置任务后进行重复操作，直至没有空行和空列。在 DSM 中除去端任务对应的行和列，其余配置任务之间必然存在耦合关系。为了识别耦合配置任务集，定义耦合强度指示（Coupling Intensity Indicator，CII）函数为 $CII=CII_i-CII_o$，其中 CII_i 表示耦合集内部配置任务间的耦合平均值，CII_o 表示耦合集内部配置任务与所有外部任务的耦合平均值。

$$\begin{cases} \mathrm{CII_i} = \dfrac{\sum\limits_{i=r}^{s}\sum\limits_{j=r}^{s} w_{ij}}{(s-r)^2-(s-r)} \\ \mathrm{CII_o} = \dfrac{\left(\sum\limits_{i=r}^{s}\sum\limits_{j=r}^{n} w_{ij}\right)+\left(\sum\limits_{i=r}^{n}\sum\limits_{j=r}^{s} w_{ij}\right)-\left(\sum\limits_{i=r}^{s}\sum\limits_{j=r}^{s} w_{ij}\right)}{2\times n\times(s-r+1)-2\times(s-r+1)^2} \end{cases} \tag{3-28}$$

式中，w_{ij} 为耦合配置任务之间的关联强度，r 为假定耦合集中的首个配置任务在 DSM 中的行（列）序号，s 为最后配置任务在 DSM 中的行（列）序号，n 为配置任务总数。通过求解耦合强度指示函数，可以得到所有可能的耦合集，只要设定一个阈值即可确定耦合配置任务集。

2）耦合配置任务集的撕裂。耦合配置任务集对应 DSM 中的一个块矩阵，归一化为配置任务整体，反映了执行配置任务时的迭代。进行配置过程重建需要确定适当的耦合任务执行顺序，即对耦合集中的配置任务进行撕裂操作。结构灵敏度算法可以计算出耦合任务间的信息关联强度，以此可以确定耦合任务执行初次迭代的次序，减少配置任务执行的反复性和迭代次数。设 C 为耦合配置任务集，SI_i 和 SO_i 为第 $i(i\in C)$ 个任务信息输入和信息输出的关联程度度量，则结构灵敏度 $W_i=\mathrm{SI}_i/\mathrm{SO}_i$。

通过配置过程动态 DSM 的分解和耦合配置任务集的撕裂，DSM 中对应的配置任务内部为强耦合，外部为弱耦合，并且耦合集内部的配置任务执行顺序也得到了优化，减少了执行配置任务时的迭代次数，优化了配置设计过程。对于网络化协同配置产品，按照耦合集进行配置任务分配，可降低配置过程中因协同交互产生的资源消耗。

3.6 定制产品配置设计

3.6.1 设计模块的模糊相似检索

为了实现设计模块的模糊相似配置，用四元组来描述模糊配置约束规则，即 $R=(C,W,K,S)$，其中，C 表示判别条件，W 表示各判别条件相对应的权重，K 表示规则的应用阈值，S 表示规则的结论。因此，加权模糊逻辑的模糊

规则可表示为

$$\text{IF}(C=C_i \mid i=1,2,\cdots,n)\ \text{AND}\ \left(\sum_{i=1}^{n} W_i P(C_i) \geqslant K\right)$$

$$\text{THEN}\ S=S'P(S)=\sum_{i=1}^{n} W_i P(C_i)$$

模糊框架推理是在建立规则的基础上，通过规则推理机进行匹配的过程。模糊匹配不要求“完全相同”，只要求在一定程度上相同即可。模糊框架推理算法如下。

步骤1：从客户配置需求集中取出某一配置需求 M_i。

步骤2：循环已建立的规则库 $R=(C,W,K,S)$，取 C_i 并赋给 H，配置实例集 $H=\{h_1,h_2,\cdots,h_n\}$。

步骤3：计算模糊相似度 $D_i=(M_i;\ h_i)$。

步骤4：求 $D=\dfrac{\sum_{i=1}^{n} W_i D_i}{n}$。

步骤5：若 $D>K_i$，则 $S_i \rightarrow F$，获得推理结果；否则转至步骤2。

步骤6：推理结束。

当某项子前提真假不明时，系统缺省其真值为0.5，这样当信息不充分时，系统仍能继续推理工作。

为了计算配置实例的模糊相似程度，需要一个计算相似性的评估函数，这个评估函数不是根据实例的描述而是通过数值计算来确定实例的相似性。最终，每个备选实例的优先级根据匹配算法通过计算来确定。匹配算法一般是以下三种方法之一：数值方法、启发式规则方法或这两者混合的方法。数值匹配方法的结果取决于数值评估函数，它根据实例中每个特征属性的相对重要性和匹配程度计算每个实例的得分，典型的有最相邻匹配算法、KNN算法等。最相邻匹配算法实际上就是把实例中的每个特征属性都作为搜索空间的一维来考虑。

设计活动通常从描述产品所应实现的功能和期望达到的性能的设计规范开始，并依据一定的标准（例如电梯产品，有速度、载重、成本等）来完成。这些规范从本质上说是不精确的，有些值只能是在一定的区间范围之内。目前，在计算特征属性的相似性方面，如果两个属性值有明确的数值表达，则可以使用一些现成的评估函数。但是在一些实例中，部分特征属性值是在一定的区间范围内，例如电梯行业中，客户可能会要求电梯的运行速度 v 在 1.5~2.0m/s 之间，而此时已有实例中的 v 都是确定的数值，因此就需要计算一个确定值和一个区间范围的相似性。

如果两个非负的确定值 a 和 b 之间的相似性定义为

$$\mathrm{sim}(a,b)=1-\frac{|a-b|}{\max(a,b)} \tag{3-29}$$

那么数值 c 与区间 $[\alpha,\beta]$ 之间的相似性，可以通过计算区间 $[\alpha,\beta]$ 上的所有点 x 与 c 的平均相似度来确定。这种相似性可以定义为

$$\mathrm{sim}(c,[\alpha,\beta])=\frac{\int_{\alpha}^{\beta}\mathrm{sim}(c,x)\,\mathrm{d}x}{\beta-\alpha} \tag{3-30}$$

将上面的计算函数 $\mathrm{sim}(a,b)$ 代入可以得到：

$$\mathrm{sim}(c,[\alpha,\beta])=\frac{\int_{\alpha}^{\beta}1-\frac{|x-c|}{\max(c,x)}\mathrm{d}x}{\beta-\alpha}=1-\frac{1}{\beta-\alpha}\int_{\alpha}^{\beta}\frac{|x-c|}{\max(c,x)}\mathrm{d}x \tag{3-31}$$

数值 c 与区间 $[\alpha,\beta]$ 的位置关系，可以分为下面的三种情况：①$c\leqslant\alpha$，则 $\max(c,x)=x$；②$c\geqslant\beta$，则 $\max(c,x)=c$；③$\alpha<c<\beta$。

三种情况的计算方法类似，现以情况③为例说明如下：

$$\begin{aligned}\mathrm{sim}(c,[\alpha,\beta])&=1-\frac{1}{\beta-\alpha}\left(\int_{\alpha}^{c}\frac{|x-c|}{\max(c,x)}\mathrm{d}x+\int_{c}^{\beta}\frac{|x-c|}{\max(c,x)}\mathrm{d}x\right)\\&=1-\frac{1}{\beta-\alpha}\left(\int_{c}^{\beta}\frac{x-c}{x}\mathrm{d}x-\int_{\alpha}^{c}\frac{x-c}{c}\mathrm{d}x\right)\\&=1-\frac{1}{\beta-\alpha}\left[\frac{(\alpha-c)^2}{2c}+\beta-c-c(\ln\beta-\ln c)\right]\end{aligned} \tag{3-32}$$

这样可以求得数值 c 在区间 $[\alpha,\beta]$ 之间时的相似性。利用同样的方法可以求得其他两种情况下 c 与区间 $[\alpha,\beta]$ 的相似性计算表达式。计算结果可以统一表示为

$$\mathrm{sim}(c,[\alpha,\beta])=\begin{cases}\dfrac{c(\ln\beta-\ln\alpha)}{\beta-\alpha} & c\leqslant\alpha\\ 1-\dfrac{1}{\beta-\alpha}\left[\dfrac{(\alpha-c)^2}{2c}+\beta-c-c(\ln\beta-\ln c)\right] & \alpha<c<\beta\\ \dfrac{\alpha+\beta}{2c} & c\geqslant\beta\end{cases} \tag{3-33}$$

假设 P 为某个产品的特征属性集合，对于任意两个实例，C_1 由属性集合 P_1 描述，C_2 由属性集合 P_2 描述，其中的每个属性 P_{1i} 和 P_{2i} 的相似性可以由上式 $\mathrm{sim}(c,[\alpha,\beta])$ 来计算。因此，这两个实例之间的相似性可以表示为

$$\mathrm{sim}(C_1,C_2)=\frac{\sum_{i=1}^{n} W_i \mathrm{sim}(P_{1i},P_{2i})}{\sum_{i=1}^{n} W_i} \tag{3-34}$$

可以利用标准化的相似性矩阵来决定实例之间的相似性。对于最相似的那个实例，它的详细信息可以从数据库中获取，作为新设计的参考。

3.6.2 定制产品模糊层次配置设计

产品一般都是由部件或模块组成的，部件或模块进一步细分为子部件或子模块，子部件又由零件组成，由此组成一棵产品结构树。部件、模块、零件为结构树的顶点。在产品配置时，对于同一类型的产品，尽管客户的需求不同，相应零件的结构也不同，但是在部件或模块级的配置结果是相同的。部件或模块级的配置为一级配置。建立产品配置模板，基于配置知识进行语义规则匹配，可以获得产品部件或模块级的结构树。无法通过一级配置获得的顶点，往往只是在某些局部微小的结构上存在不同，需要根据客户需求对零件的局部结构进行修改。这些零件通过二级模糊相似配置，获得相似零件的信息。设客户需求信息为 $k_1,k_2,\cdots,k_i,\cdots,k_m$，某配置顶点为 $V_i(i\in\mathbf{Z})$，配置状态标记为 $F_i(i\in\mathbf{Z})$，该顶点相关的客户需求参数为 k_j，k_t。若将配置模板中产品各顶点配置标记值用来表示配置状态，则产品层次配置设计步骤如下。

（1）一级配置（精确配置）

1）将配置顶点的配置状态标记 F_i 设为0。由 k_j，k_t 匹配相应的规则，宽度优先选取产品结构树中的顶点，直至产品结构树中的所有顶点都经过匹配。

2）根据语义网络进行语义关联与匹配。遍历语义网络中的基本网元，解析网元的节点和语义规则，根据节点中的框架名、槽名和约束条件，以及语义规则中的系统预定义规则和客户自定义规则，进行语义的关联与匹配。

3）判断是否已经遍历当前顶点的所有配置规则。如果是，则完成配置；

否则，对该顶点的相关表达式进行计算，取与 V_i 相关且配置标记 F_i 为 1 的顶点信息，根据该顶点的语义关联，对多个语义条件进行“与”“或”等匹配。

4）如果达到完全匹配且该顶点配置标记 F_i 为 1，则该顶点一级配置成功，计算该顶点的属性值。

（2）二级配置（模糊相似配置）

1）如果已经进行全部搜索还不能完全匹配，则记该顶点配置标记 F_i 为 2，表示该顶点无法通过一级配置获得配置结果，需要进行二级配置。

2）二级配置通过语义距离来进行相似度比较。数值 c 与区间 $[\alpha,\beta]$ 之间的相似性可以通过计算区间 $[\alpha,\beta]$ 上的所有点 x 与 c 的平均相似度来确定。

3）假设 P 为某产品的特征属性集合，对于任意两个实例，C_i 由属性集合 P_i 描述，C_j 由属性集合 P_j 描述，其中的每个属性 P_i 与 P_j 的相似性可以由相似度比较函数 $\mathrm{sim}(c,[\alpha,\beta])$ 来计算。

4）设置阈值 ε，取配置标记 F_i 为 2 的顶点 V_i，从产品模块库中对 P_i 与 P_j 进行功能与结构相似度的比较。若 sim 小于设置的阈值，则提取 P_j 相应的参数，以 P_j 为基型进一步进行设计。产品的层次配置设计方法如图 3.24 所示。

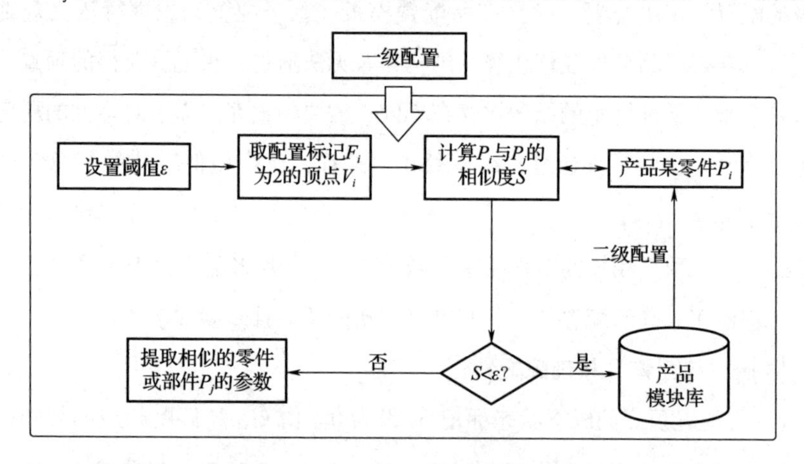

图 3.24　产品的层次配置设计方法

第4章

定制产品结构移植变异设计技术

4.1 概述

产品结构变异设计是在已有产品基型基础上，依据功构映射原理，为了满足客户个性化需求而进行的一种变结构、变拓扑的设计技术。根据设计需求，对具有部分适用的相似零件进行局部结构修改，提高零件的重用度。

目前，对产品结构变异设计的研究主要集中在基于模块组合的变异设计、基于结构单元替换的变异设计、基于进化的变异设计等方面。

在基于模块组合的变异设计方面，Tseng[37]提出了一种结合已有客户需求与预测分析，根据产品拟采用的定制方法提取变异参数，同时设计一系列产品的设计方法，其目标是提供可变型的产品模型，为针对客户个性化需求进行产品配置和快速设计提供基础。任彬等[38]提出了一种产品模糊配置与结构变异的多尺度耦合方法。该方法将多尺度耦合概念引入产品的设计中，以研究产品多尺度模糊配置设计、多尺度变异设计以及异构系统的多尺度耦合方法。Chen[39]等提出了一种开放式产品适应性设计的优化方法。该方法建立了同时考虑适应性和开放性的数学模型和算法，确定了考虑现有模块和产品的适应性产品配置的优化设计。Lei[40]等提出了一种非同构广义模块的相似性分析方法。该方法从产品生命周期管理/产品数据管理数据库中提取产品模块的结构、功能和过程信息，通过范围识别将其转换为特征向量，并通过向量匹配实现了功能和过程信息的相似性度量。该方法利用所提出的分类算法得到了函数等价类和过程等价类。相似性分析的结果可以增加产品变异的灵活性，以满足客户的个性化需求，从而直接支持产品的精确配置。

在基于结构单元替换的变异设计方面，邹纯稳等[41-42]通过融合零件及其子结构的几何、结构关联关系、功能和语义等信息，建立了零件变异物元模型。他们研究了零件变异物元模型的可拓性，分析了零件变异物元模型对产品结构变异设计的支持情况。基于零件变异物元模型，他们还开发了产品结构变异设计原型系统并进行了应用验证。为了解决自由曲面的拓扑搭接问题，他们提出了结构移植的桥接拓扑搭接方法。该方法通过对移植结构的预处理，将搭接问题进行技术转化，引入二维两点间 Hermite 插值曲线方法，通过对设计参数进行三维推广，得到 Hermite 插值曲面；将目标搭接面、参照搭接面和连接曲面所围成的封闭区域实体化，得到自由曲面拓扑搭接连接桥，实现了自由曲面的拓扑搭接。光耀等[43]研究了零件结构划分与移植结构的提取方法，该方法利用功构映射方法对产品结构进行解析，对三维模型进行虚拟划分与重组，完成了结构单元分离的可行性理解。该方法还利用包围盒确定不同结构单元的边界范围，利用分割环的方法对能够分割的移植结构进行分离，并进行原有结构约束的解除以及预处理。黄长林等[44]提出了一种基于功能结构-结构视图模型的零件族建模方法，该方法将零件变异设计的对象层次定义到有一定工程语义、表达工程功能的结构，将零件描述为由功能结构以一定的组合关系构成的可扩展网络。组成零件的功能结构通过施加空间布局约束和拼接约束建立零件族模型。该方法通过修改参数尺寸可以实现零件大小的变化，通过对功能结构的修改或替换达到零件实例结构的变异，通过提高零件变异对象的层次实现零件功能结构的变异。Das 等[45]开发了一种基于产品结构本体的装配变异设计决策支持系统。任彬等[46]提出了一种由主成分分析法提取耦合设计变量，以此建立结构变异与仿真分析的多变量耦合模型，并在此基础上进行求解，实现了结构变异与仿真分析的多变量传递与反馈；开发了集成结构变异与仿真分析的先进设计平台，并在注塑成型装备的设计开发中进行了验证。

在基于进化的结构变异设计方面，Gero[47]提出了一种进化设计过程的结构框架，该框架根据生物进化原理和遗传算法技术，采用类比方法进行基因型设计方法和设计原理的研究，并应用于结构布局设计。Fulkerson[48]提出了采用基因算法和自治代理等技术实现大批量定制生产，以响应市场的迅速变化。徐敬华等[49]基于拉格朗日插值多项式的数值微分表达式建立了非数值集合的映射规则，求得轨迹上的运动学特性关于设计参数的显式表达式。他们研究了智能计算与多目标优化在设计中的应用，实现了以复杂多目标的表达与智能计算为特征的进化设计。任尊茂等[50]提出了一种基于单层进化的产品客户化设计方法，该方法利用进化技术中的遗传、变异和交叉等方法，产生更多的变异产品设计方案。产品的结构和参数在个体中得到表达，在进化过程中产品的结构和参数得以确定，通过适应度函数评价，使进化后的设计方案满足客户的定制需求。Dou 等[51]提出了一种基于设计迭代的面向客户的产品协同定制方法。该方法利用现有产品和不断增加的产品设计方案作为有价值的产品配置知识，同时，将产品族的概念扩展到设计族，将产品个体和设计方案分别分布到不同的知识库中。该方法还利用迭代遗传算法的优点，通过设计迭代使现有产品和设计过程在定制过程中双向演化，寻求最优的产品设计方案。

上述方法主要从模块、零部件层的组合、替换与进化等方面对产品结构变异设计进行研究，对提高产品设计效率起到了重要作用。如何从零件层局部结构的细粒度出发，通过结构进化实现结构变异设计，有待进一步研究。

现有的辅助设计软件，如 Pro/E（Cero）等，着重解决了产品设计模型中的参数驱动问题，而如何根据不同的需求对零件结构局部变结构（变拓扑）还难以实现。可见，当前产品辅助设计面临亟待解决的问题为如何将参数化设计拓展到结构变异设计，以突破传统参数化设计所遵循的“变参数，不变拓扑”的局限。

4.2 结构移植的产品结构变异设计过程

结构移植的产品结构变异设计是将已有的零件结构移植到待变异设计的零件上，实现零件结构和拓扑的改变。根据产品结构移植的要求，将零件基型进行结构分解，可以得到组成零件模型的若干个零件基结构。产品结构变异设计可以转化为对零件变异基结构的移植操作，即用外部零件结构替换零件基型中的零件基结构。在产品结构移植变异中，用来替换零件基结构的外部零件结构称为移植结构，被替换的零件基结构称为零件变异基结构。

在定制产品的设计过程中引入结构变异设计技术，并合理重用相似的零件结构实例，可以达到快速设计定制产品的目的。

结构变异定制产品的基本设计流程如图 4.1 所示，其中结构变异主要参与产品定制设计的实例配置环节，其主要分为 4 个步骤：

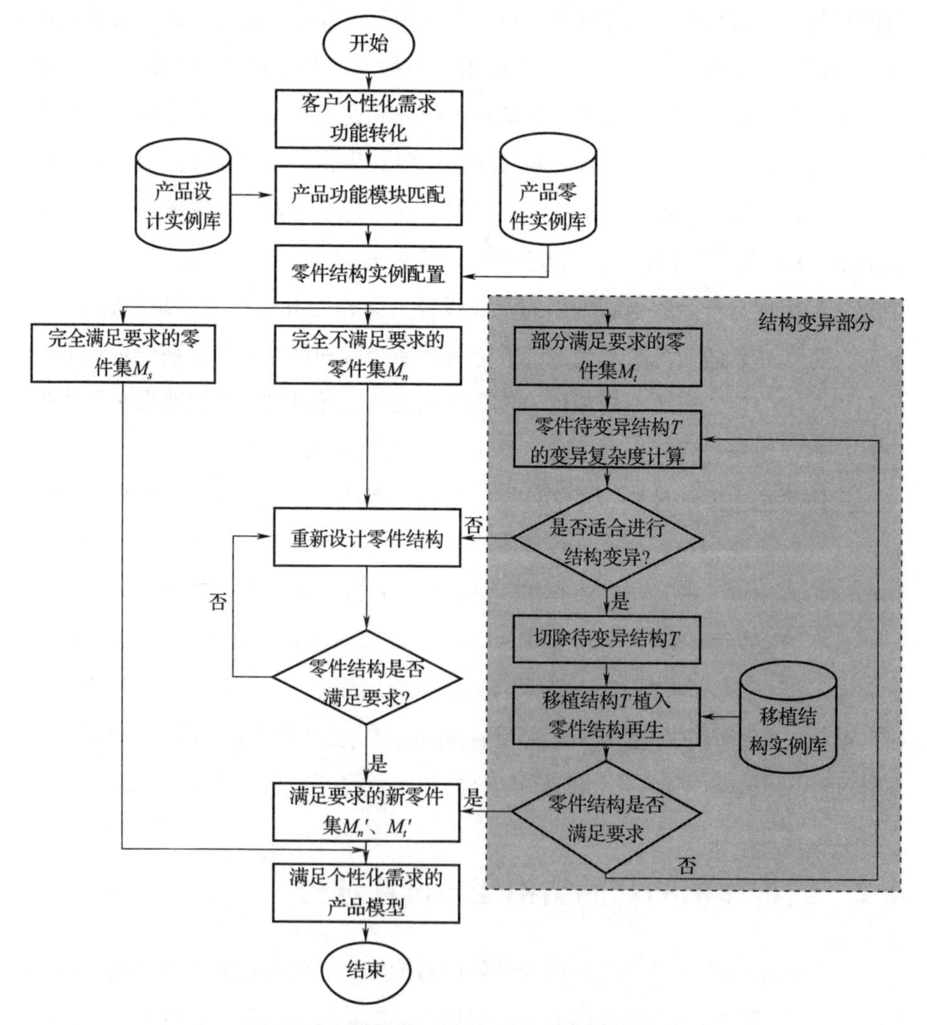

图 4.1　结构变异定制产品的基本设计流程

1）获取客户的个性化需求，并将其转化为功能要求；

2）依据功能要求从产品设计案例库中检索匹配功能模块；

3）根据模块匹配结果在产品零件实例库中选择实例进行配置；

4）对配置中完全不满足要求的零件进行重新设计，对部分满足要求的零件（或相似零件）进行结构变异设计。

零件结构变异设计的主要过程如图 4.2 所示，分为以下 4 个步骤：

1）根据待变异零件基型，确定零件变异基结构；

2）根据零件变异基结构在零件结构库中检索移植结构；

3）将移植结构加载到零件变异设计平台，运用零件变异设计的拓扑搭接方法，对移植结构进行拓扑搭接，再生得到新的零件模型；

4）当新的零件模型不满足变异设计要求时，返回步骤 2，更换移植结构，重用搭接过程，继续变异；当新的零件模型满足变异设计要求时，将变异后的零件模型加入零件实例库中，完成变异设计。

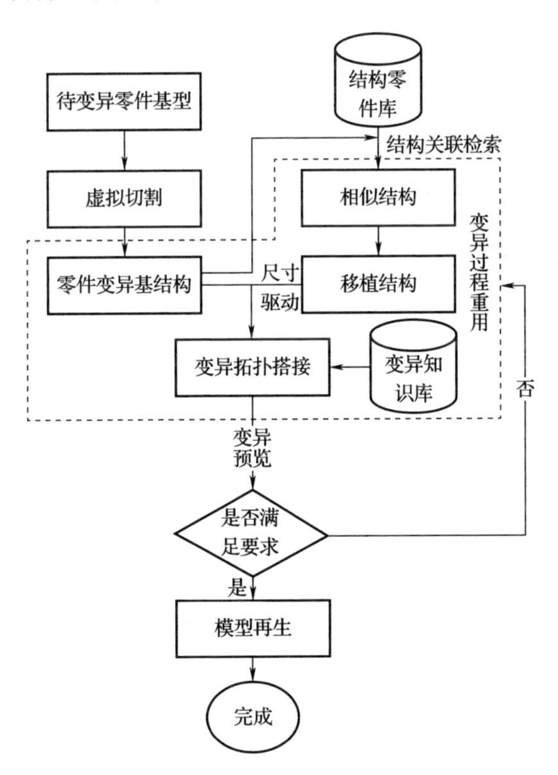

图 4.2　零件结构变异设计的主要过程

图 4. 3 中的零件基型由 3 个零件基结构组成，用移植结构 D 替换零件（变异）基结构 C，可以改变零件基型中孔槽结构的拓扑形状，实现结构变异。

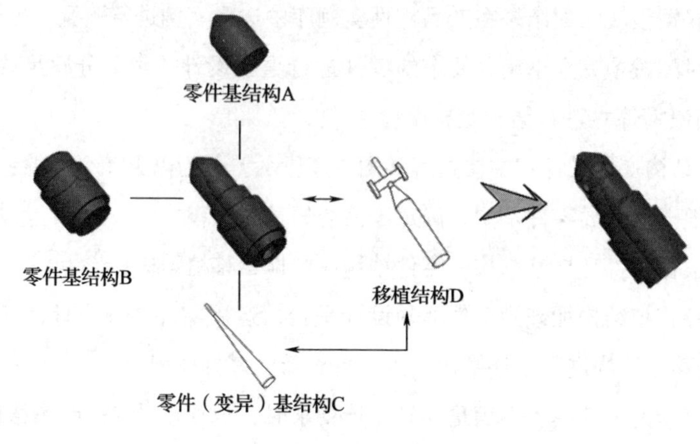

图 4. 3　零件结构变异设计示例

4. 3　结构移植的零件可变异模型

4. 3. 1　零件基结构的信息模型

(1) 结构关联关系

设 S_1、S_2 为零件基型 P 的两个零件基结构，S_1 和 S_2 间的相互关系称为结构关联关系，记作 $\boldsymbol{R}_{S_1S_2}$：

$$\boldsymbol{R}_{S_1S_2}=\begin{bmatrix} S_1\text{ 结构编号}(N_{S_1}) & S_1\text{ 欧拉操作类型}(C_{S_1}) & S_1\text{ 定位信息}(L_{S_1}) & S_1\text{ 驱动信息}(\boldsymbol{D}_{S_1}) \\ S_2\text{ 结构编号}(N_{S_2}) & S_2\text{ 欧拉操作类型}(C_{S_2}) & S_2\text{ 定位信息}(L_{S_2}) & S_2\text{ 驱动信息}(\boldsymbol{D}_{S_2}) \end{bmatrix}$$

其中，结构编号，即结构 ID，可以唯一标识零件基结构；结构的欧拉操作类型是两个零件基结构在生成零件模型时的欧拉运算类型；结构的定位信息 L_S 为结构在生成零件模型运算时，在零件坐标系中的位置信息或相对于零件基结构集中其他基结构的参照定位信息。

结构 S 的驱动信息 $\boldsymbol{D}_S$ 描述了结构的参数驱动状况，由若干个驱动参数和相应的量值组成，定义为

$$\boldsymbol{D}_S=\begin{bmatrix} S & p_1 & v_1 \\ & p_2 & v_2 \\ & \vdots & \vdots \\ & p_n & v_n \end{bmatrix} \tag{4-1}$$

式中，$v_i(i=1,2,\cdots,n)$ 为驱动参数 p_i 对应的量值。集合 $P=\{p_1,p_2,\cdots,p_n\}$ 为结构 S 的参域，集合 $V=\{v_1,v_2,\cdots,v_n\}$ 为结构 S 的量域，且 P 和 V 中的元素按顺序一一对应，则结构 S 的驱动信息可以简记为 $\boldsymbol{D}_S=(S,P,V)$。

（2）零件基结构信息模型

零件基结构信息模型包含自身的结构信息及与其关联的零件基结构间的关联信息，具体描述如下：

$$\boldsymbol{I}_S=\begin{bmatrix} \text{结构编号}(N_S) \\ \text{结构几何信息}(G_S) \\ \text{结构关联信息}(R_S) \\ \text{知识关联信息}(K_S) \end{bmatrix} \tag{4-2}$$

式中，结构关联信息 R_S 定义了当前结构的关联结构及其相互关联关系。在零件基型 P 中，与零件基结构 S 相关联的结构全体为 $S_1,S_2,\cdots,S_n$，则

$$R_S=(R_{SS_1},R_{SS_2},\cdots,R_{SS_n}) \tag{4-3}$$

4.3.2 零件基型的可变异模型

按照变异设计的要求，零件基型 N 可以分解为 n 个零件基结构 $S_1,S_2,\cdots,S_n$，定义零件基型 N 的可变异模型为

$$\boldsymbol{R}_{\mathrm{N}}=\begin{bmatrix} \text{零件基型 N} & \text{基结构信息模型 }1(c_1) & I_{S_1} \\ & \text{基结构信息模型 }2(c_2) & I_{S_2} \\ & \vdots & \vdots \\ & \text{基结构信息模型 }n(c_n) & I_{S_n} \\ & \text{产品功能描述}(c_1') & v_1' \\ & \text{产品结构描述}(c_2') & v_2' \\ & \text{产品语义描述}(c_3') & v_3' \\ & \vdots & \vdots \end{bmatrix} \tag{4-4}$$

根据零件可变异模型，可以得到零件几何模型的生成规则为

$$N=S_1\times S_2\times\cdots\times S_n \tag{4-5}$$

式中，“×”表示零件基结构间的运算关系和位置关系。零件基结构间的运算关系，前文已做介绍。零件基结构间的位置关系确定了每次欧拉操作前两个结构的相对位置，一般情况下，取两个结构的默认存在位置；在进行结构变异时，需要根据具体的约束条件确定位置关系。

4.4 结构移植的切割方法

零件变异基结构即产品结构变异设计中零件中被替换的零件基结构。如何快速有效确定零件变异基结构，是产品结构变异设计必须解决的基本问题。零件变异基结构通常是已有零件基结构的一部分，为了获得零件变异基结构，需要对零件基结构进行细分。

4.4.1 零件基结构的细分

零件基结构的细分方法主要有结构体细分法、分割环法和截面特征线细分法。

(1) 结构体细分法

结构体细分法通过切割零件基结构，从而实现零件基结构的细化和分解，获得满足要求的零件变异基结构。常用的切割结构体包括平面、圆柱体和长方体，如图 4.4 所示。

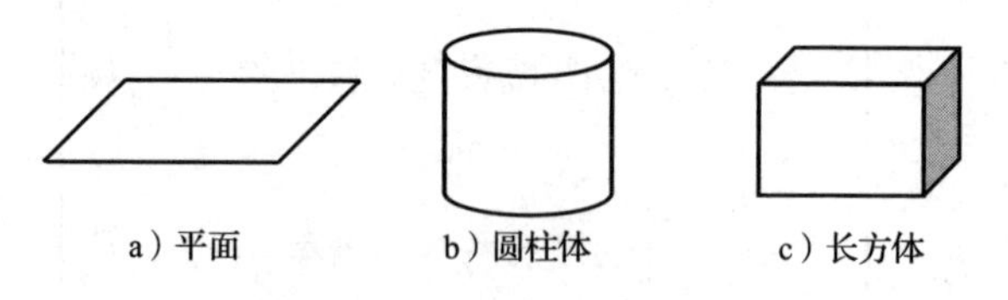

图 4.4 常用的切割结构体

1）平面切割

平面切割以平面为切割工具，按几何位置将零件基结构分解成平面两侧的

两个新的子结构，如图 4. 5 所示。

零件基结构 S 被切割面 P 分解为细分结构 S_1 和 S_2。若用“∪”“∩”“-”表示结构间的欧拉操作类型，则结构 S、S_1、S_2 间的运算关系表示为

$$S=S_1\cup S_2 \tag{4-6}$$

2）圆柱体切割

圆柱体切割以圆柱体为切割结构，将零件基结构分解为圆柱体内外两个新的子结构，主要用于挖取零件基结构上的孔、槽等特征。圆柱体切割与切割圆柱体的大小和位置有关，如图 4. 6 所示。

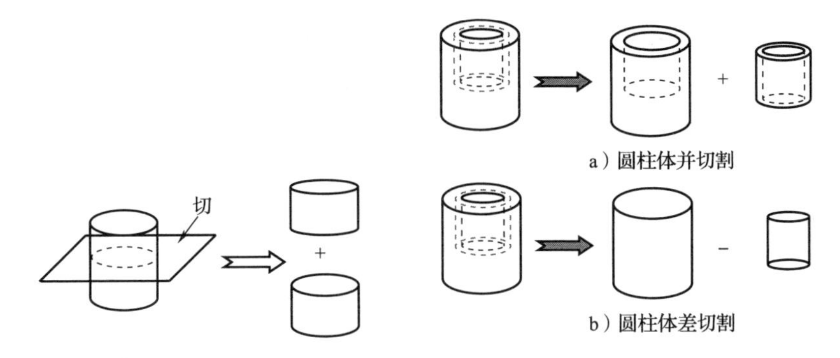

图 4. 5　零件基结构的平面切割

a）圆柱体并切割

b）圆柱体差切割

图 4. 6　零件基结构的圆柱体切割

根据被切割零件基结构与切割圆柱体的相对大小和位置关系，圆柱体切割分为并切割与差切割。从几何角度考虑，被切割零件基结构与切割圆柱体交集非空，即零件基结构的材料部分有一些在切割圆柱体的内侧，此时进行的切割称为并切割，如图 4. 6a 所示；相反，被切割零件基结构与切割圆柱体交集为空，即零件基结构的材料部分全部在切割圆柱体的外侧，此时进行的切割称为差切割，如图 4. 6b 所示。

图 4. 6a 所示为圆柱体并切割，切割结构关系为

$$S=S_1\cup S_2 \tag{4-7}$$

令切割圆柱体模型对应的几何体为 S_c，则 S_1、S_2 可以表示为

$$S_1=S-S_c,\quad S_2=S\cap S_c \tag{4-8}$$

图 4. 6b 所示的差切割，切割结构关系为

$$S=S_1-S_2 \tag{4-9}$$

式中，

$$S_1 = S \cup S_c, \quad S_2 = S_c \tag{4-10}$$

3）长方体切割

长方体切割以长方体为切割结构，对零件基结构进行切割细分，主要用于切割零件基结构中块状孔槽结构，具体的切割方式及结构关系与圆柱体切割类似。长方体切割也分为并切割和差切割，如图 4.7 所示。

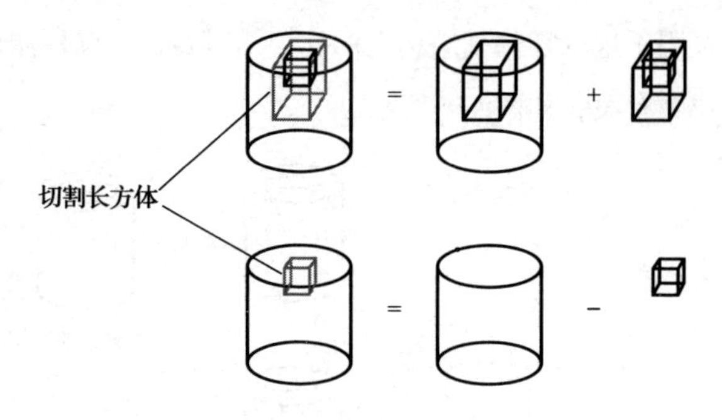

图 4.7　零件基结构的长方体切割

(2) 分割环法

将实体表面的边缘首尾顺次相连即可构成一个环，实体表面环的类别细分如图 4.8 所示。

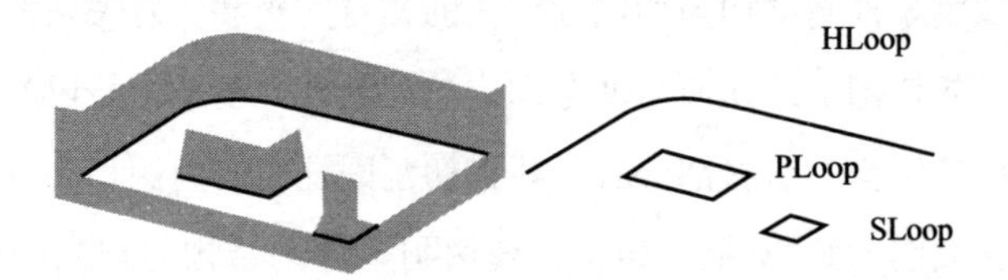

图 4.8　实体表面环的类别细分

实体表面环可分为单一环、混合环和虚拟环。

单一环（Pure Loop，PLoop）：构成环的实体边具有相同的凹凸性，可进一步细分为凸环、凹环及中性环。

混合环（Hybrid Loop，HLoop）：构成环的实体边具有不同的凹凸性，可能是几种不同类型边的组合。

虚拟环（Pseudo Loop，SLoop）：构成环的实体边具有不同的凹凸性，并且该环为开放不闭合环。

对于同一平面或圆柱面上的单一环和混合环，可直接利用这些环所在的面将零件基结构细分。对于位于不同面上的单一环和混合环，可利用该环所包围的封闭面组进行细分，同时确定该基结构的搭接信息。对于虚拟环，需要将其转化为混合环，具体转化方法为：首先创建新的平面或者曲面，将虚拟环的两个端点相连，使之成为混合环，然后进行基结构的细分。

按几何关系可将分割环分为四类，即连接、相交、共面和分离，如图 4.9 所示。

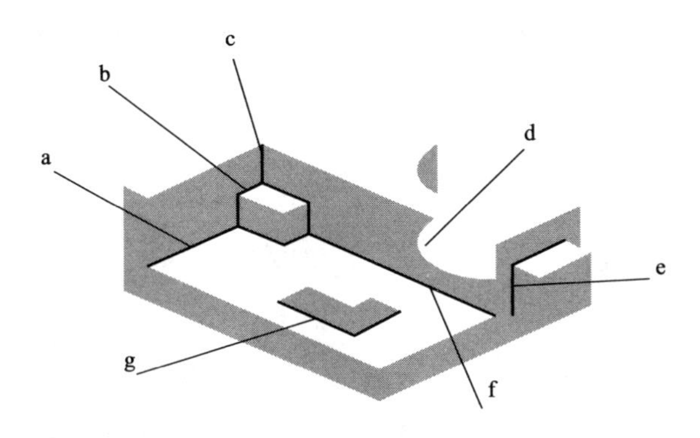

图 4.9　分割环间的关系

连接环指拥有公共顶点或边的分割环，如图 4.9 中的环 a、b、c 和 f；相交环彼此没有公共顶点或边，然而其中一个环所在面将另外一个环分成多个部分，如图 4.9 中的环 a 和 d；共面环指位于同一平面或曲面上的分割环，如图 4.9 中的环 g 和 e；分离环指没有上述任何关联的分割环，如图 4.9 中的环 c 和 g。

（3）截面特征线细分法

截面特征线细分法指利用特征线构建关键细分截面，从而实现基结构细分的方法。选取截面特征线应遵循以下原则。

原则 1：在可以使用平面切除工具时，尽量选用平面切除工具。

原则 2：截面特征线应在同一平面内。

原则 3：截面特征线所在平面应尽量与某一基准平面平行。

原则 4：在构造的自定义切割实体形状尽可能简单的情况下，其体积应尽可能小（平面切除工具除外）。

原则 5：截面特征线应尽量由零件结构上已有的边特征构成。

原则 6：自定义的截面特征线应尽量简单且与其他特征线首尾相接成封闭图形。

以上六个原则的约束强度依次减弱，当原则之间出现冲突时，按照弱原则服从强原则的顺序进行截面特征线的选择。

细分截面的生成方式可分为平移细分和旋转细分。

1）平移细分

平移细分指截面特征线沿某一方向平移一段距离形成细分截面。该细分方式适用于截面形状简单、细分部分形状规则的基结构。以某支座零件为例的平移细分如图 4.10 所示。

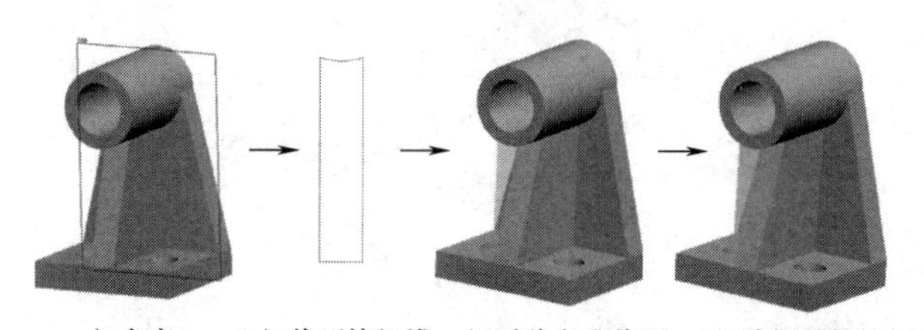

a）支座　b）截面特征线　c）平移生成截面　d）肋板基结构细分

图 4.10　某支座零件的平移细分（见彩插）

遵循截面特征线的选取原则选择截面特征线，为了使截面特征线所在平面与某基准面平行，并合理利用结构已有边特征，得到截面特征线如图 4.10b 所示。沿着该基准面法向量方向生成关键细分截面如图 4.10c 所示。按照包围盒形状应尽可能简单且体积尽可能小的原则构建其他包围面，对肋板基结构进行细分如图 4.10d 所示。

2）旋转细分

旋转细分指截面特征线绕某一旋转轴旋转一定角度形成细分截面。该细分方法适用于具有明显轴线或回转属性的零件结构。此时，细分截面生成所需的旋转轴即为该基结构的轴线。若待细分的基结构具有回转属性或依附于具有回转属性的其他基结构，则截面特征线为结构回转面的外轮廓线；若结构仅有明显轴线，则截面特征线根据实际切除情况创建，创建方法遵循截面特征线的选取原则。以某管道平衡仪为例的旋转细分如图 4. 11 所示。

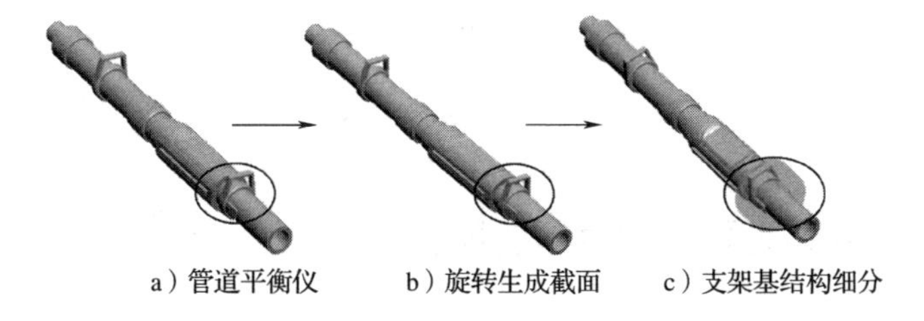

a）管道平衡仪　　b）旋转生成截面　　c）支架基结构细分

图 4. 11　某管道平衡仪的旋转细分（见彩插）

图 4. 11 中，管道平衡仪端口处支架位于具有回转属性的圆柱面上，旋转轴即为该圆柱面轴线，截面特征线为该圆柱面的剖面线，即为一条直线，生成的关键细分截面如图 4. 11b 所示。根据构建的包围盒形状简单且体积尽可能小的原则，补齐其他包围面，对支架基结构进行细分如图 4. 11c 所示。

4. 4. 2　细分结构信息模型的建立

细分结构信息包括细分结构的几何信息和驱动参数信息。细分结构的几何信息为结构切割直接获得的几何形体，细分后结构的驱动参数信息由切割结构和被切割零件基结构共同决定。

设 S 为零件基结构，S_C 为切割结构，S_1、S_2 为切割后的结构，零件基结构 S 的驱动参数集为 $P_S=\{p_{S1},p_{S2},\cdots,p_{Sm}\}$，切割结构 S_C 对应的驱动参数集为 $P_{S_C}=\{P_{S_C1},P_{S_C2},\cdots,P_{S_Cn}\}$，记 $Q=P_S\cup P_{S_C}=\{p_{S1},p_{S2},\cdots,p_{Sm},P_{S_C1},P_{S_C2},\cdots,P_{S_Cn}\}$。

通过判断参数集 Q 中的参数是否影响结构 S_1、S_2 的形状或尺寸，可获得结构 S_1、S_2 的驱动参数集。设驱动参数 $q_i\in Q$，则结构 S_1 的驱动参数确定规则为

$$q_i\in Q\Rightarrow\begin{cases}q_i\in P_{S_1}, & q_i\text{ 对结构 }S_1\text{ 有影响}\\ q_i\notin P_{S_1}, & q_i\text{ 对结构 }S_1\text{ 无影响}\end{cases}\tag{4-11}$$

同样，可以获得结构 S_2 的驱动参数确定规则。

根据上述确定规则，可获得结构 S_1、S_2 的驱动参数集的表达形式为

$$P_{S_1}=\{P_{S_11},P_{S_12},\cdots,P_{S_1r}\}$$
$$P_{S_2}=\{P_{S_21},P_{S_22},\cdots,P_{S_2t}\} \tag{4-12}$$

式中，$P_{S_1i}\in Q$，$P_{S_2j}\in Q$（$i=1,2,\cdots,r$；$j=1,2,\cdots,t$）。

4.4.3 零件基型可变异模型的再生

设零件的组成零件基结构集为 $\{S_1,S_2,\cdots,S_n\}$，对应的基结构信息模型分别为 $I_{S_1},I_{S_2},\cdots,I_{S_n}$。若零件基结构 S_i（$i=1,2,\cdots,n$）被细分得到细分结构 S_{i1} 和 S_{i2}，则零件的可变异模型结构也会发生变化。零件基结构集将变为 $\{S_1,S_2,\cdots,S_{i-1},S_{i1},S_{i2},S_{i+1},\cdots,S_n\}$，由于零件基结构集发生改变，部分基结构信息中的关联结构信息也将发生改变，得到新的零件基结构信息模型 $\{I'_{S_1},I'_{S_2},\cdots,I'_{S_{i-1}},I'_{S_{i1}},I'_{S_{i2}},I'_{S_{i+1}},\cdots,I'_{S_n}\}$。零件基型可变异模型的再生结果为

$$\boldsymbol{R}_{\mathrm{N}}=\begin{bmatrix} \text{零件基型 N} & \text{基结构信息模型 }1(c_1) & I'_{S_1} \\ & \text{基结构信息模型 }2(c_2) & I'_{S_2} \\ & \vdots & \vdots \\ & \text{基结构信息模型 }i-1(c_{i-1}) & I'_{S_{i-1}} \\ & \text{基结构信息模型 }i1(c_{i1}) & I'_{S_{i1}} \\ & \text{基结构信息模型 }i2(c_{i2}) & I'_{S_{i2}} \\ & \text{基结构信息模型 }i+1(c_{i+1}) & I'_{S_{i+1}} \\ & \vdots & \vdots \\ & \text{基结构信息模型 }n(c_n) & I_{S_n} \\ & \text{产品功能描述}(c'_1) & v'_1 \\ & \text{产品结构描述}(c'_2) & v'_2 \\ & \text{产品语义描述}(c'_3) & v'_3 \\ & \vdots & \vdots \end{bmatrix} \tag{4-13}$$

4.5　移植结构的拓扑搭接技术

4.5.1　移植结构的拓扑搭接分类

搭接面是用来连接移植结构和零件基型的参考平面，按照几何形状，分为平面搭接面、柱面搭接面、球面搭接面和自由曲面搭接面等；根据搭接面的作用，分为目标搭接面（Target Faying Surface，TFS）和参照搭接面（Reference Faying Surface，RFS）。其中，目标搭接面是待定位的零件结构上的搭接面，参照搭接面是作为参照对其他结构进行定位的基准结构上的搭接面，如图 4.12 所示。

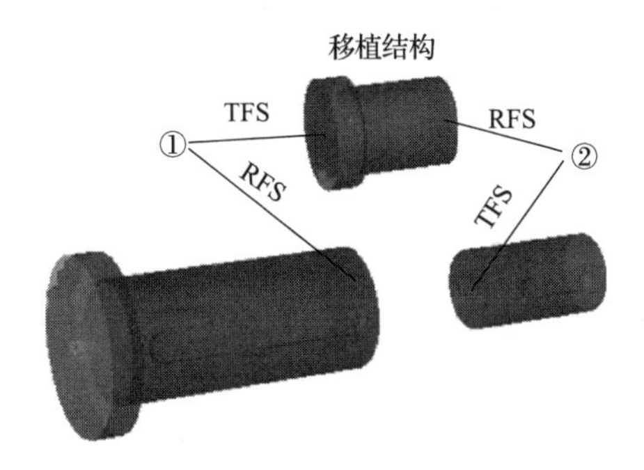

图 4.12　目标搭接面和参照搭接面

目标搭接面和参照搭接面成对地出现，构成搭接面对，在一组搭接面对中，目标搭接面和参照搭接面位于移植结构和零件基型两个结构上，但具体分布情况不恒定。在图 4.12 中，第①组搭接面对中，目标搭接面位于移植结构上，参照搭接面位于零件基型上；第②组搭接面对中，参照搭接面位于移植结构上，目标搭接面位于零件基型上。

产品结构移植的变异设计中，根据搭接面对的个数和搭接面的形状可以对移植结构的拓扑搭接进行分类，如图 4.13 所示。根据产品结构移植变异时所需的搭接面对的个数，移植结构的拓扑搭接分为单侧搭接、双侧搭接和多侧搭接。其中，双侧搭接和多侧搭接是若干个单侧搭接的聚合。

按照搭接面的几何类型，单侧搭接可分为同类型规则曲面搭接、不同类型规则曲面搭接和自由曲面搭接。其中，同类型规则曲面搭接可进一步分为平

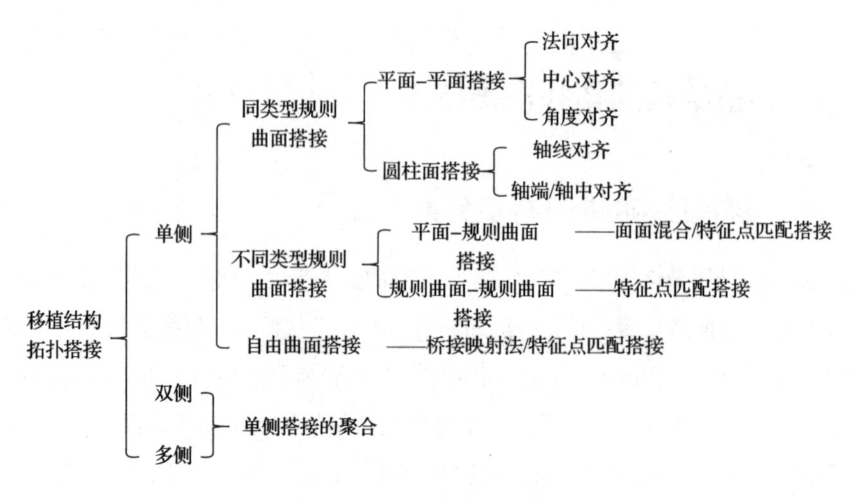

图 4.13　移植结构拓扑搭接的分类

面-平面搭接和圆柱面搭接，不同类型规则曲面搭接可进一步分为平面-规则曲面搭接和规则曲面-规则曲面搭接。

4.5.2　移植结构的拓扑搭接方法

(1) 平面-平面搭接

在一组搭接面对中，若目标搭接面和参照搭接面都是平面，则进行的移植结构拓扑搭接类型为平面-平面搭接。平面-平面搭接可通过“三相对齐”操作来实现，即法向对齐、中心对齐和角度对齐，如图 4.14 所示。

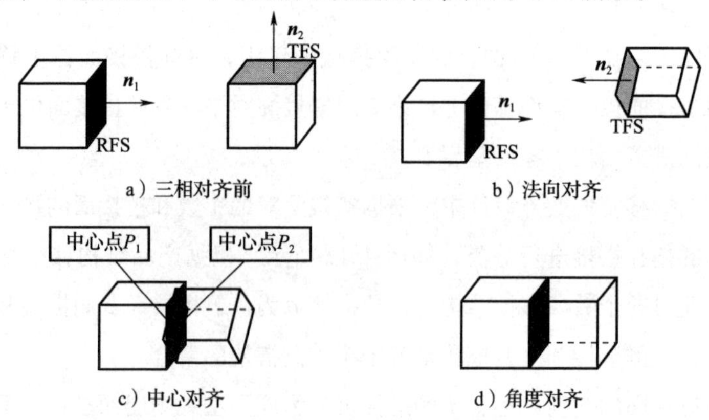

图 4.14　平面-平面搭接

1）法向对齐

法向对齐将参照搭接平面及其关联的零件基结构或移植结构进行旋转操作，使得目标搭接面与参照搭接面平行。

如图 4.14b 所示，设参照搭接面（RFS）和目标搭接面（TFS）的法向量分别为 $\boldsymbol{n}_1(x_1, y_1, z_1)$ 和 $\boldsymbol{n}_2(x_2, y_2, z_2)$。根据法向量 $\boldsymbol{n}_1$、$\boldsymbol{n}_2$ 可以确定法向对齐操作的旋转向量 $\boldsymbol{n}$ 和旋转角度 θ：

$$\boldsymbol{n}=\boldsymbol{n}_1\times\boldsymbol{n}_2=(y_1z_2-y_2z_1, x_2y_1-x_1y_2, x_1y_2-x_2y_1) \tag{4-14}$$

$$\theta=\arccos\left(\frac{\boldsymbol{n}_1\cdot\boldsymbol{n}_2}{|\boldsymbol{n}_1||\boldsymbol{n}_2|}\right)+\pi=\arccos\left(\frac{x_1x_2+y_1y_2+z_1z_2}{\sqrt{x_1^2+y_1^2+z_1^2}\sqrt{x_2^2+y_2^2+z_2^2}}\right)+\pi \tag{4-15}$$

根据图形旋转变换理论，可得法向对齐的坐标变换公式为

$$(x\quad y\quad z\quad 1)=(x_0\quad y_0\quad z_0\quad 1)\cdot\boldsymbol{R} \tag{4-16}$$

式中，$\boldsymbol{R}$ 为变换矩阵，由绕 x、y 和 z 轴的旋转分量综合确定。设 $\boldsymbol{n}'(a, b, c)$ 为 $\boldsymbol{n}$ 的单位化向量，令 $r=\sqrt{a^2+b^2}$，则 $\boldsymbol{R}$ 的矩阵运算表达式为

$$\boldsymbol{R}=\boldsymbol{R}_x\boldsymbol{R}_y\boldsymbol{R}_z\boldsymbol{R}_y^{-1}\boldsymbol{R}_x^{-1} \tag{4-17}$$

其中，

$$\boldsymbol{R}_x=\begin{pmatrix}1 & & & \\ & c/r & b/r & \\ & -b/r & c/r & \\ & & & 1\end{pmatrix},\quad \boldsymbol{R}_y=\begin{pmatrix}r & 0 & a & 0\\ 0 & 1 & 0 & 0\\ -a & 0 & r & 0\\ 0 & 0 & 0 & 1\end{pmatrix},\quad \boldsymbol{R}_z=\begin{pmatrix}\cos\theta & \sin\theta & & \\ -\sin\theta & \cos\theta & & \\ & & 1 & \\ & & & 1\end{pmatrix}$$

2）中心对齐

中心对齐将目标搭接面及其关联的零件基结构或移植结构进行平移操作，使得目标搭接面与参照搭接面相切。在定制产品中，结构连接处的两个截面的中心一般重合，因此，中心对齐一般取目标搭接面和参照搭接面的几何中心作为对齐顶点，并根据对齐顶点确定平移向量。

在图 4.14c 中，设参照搭接面和目标搭接面的中心点分别为 $P_1(x_1, y_1, z_1)$ 和 $P_2(x_2, y_2, z_2)$，则平移向量为

$$\boldsymbol{v}(T_x, T_y, T_z)=\overrightarrow{P_2P_1}=P_1-P_2=(x_1-x_2, y_1-y_2, z_1-z_2) \tag{4-18}$$

根据图形平移变换理论，得到中心对齐的坐标变换公式为

$$(x \quad y \quad z \quad 1)=(x_0 \quad y_0 \quad z_0 \quad 1)\begin{pmatrix}1 & & & \\ & 1 & & \\ & & 1 & \\ T_x & T_y & T_z & 1\end{pmatrix}$$

$$=(x_0 \quad y_0 \quad z_0 \quad 1)\begin{pmatrix}1 & & & \\ & 1 & & \\ & & 1 & \\ x_1-x_2 & y_1-y_2 & z_1-z_2 & 1\end{pmatrix} \tag{4-19}$$

3）角度对齐

通过法向对齐和中心对齐，目标搭接面及其目标结构得到了法向的定位约束，角度对齐通过径向旋转，确定目标搭接面及目标结构的径向约束，图 4. 14d 为图 4. 14c 经过角度对齐操作的结果。

图 4. 15 为经过法向对齐和中心对齐后的一组矩形搭接面对。对于目标搭接面和参照搭接面都是矩形的搭接面，搭接时一般要求保证目标矩形搭接面的长边、短边与参照矩形搭接面的长边、短边分别相互平行。在满足搭接面的长短边分别平行或对齐时，仍然有两种情况可供选择，此时一般根据移植结构和零件基型的拓扑结构、机械强度等产品设计知识综合确定最终的对齐方案。

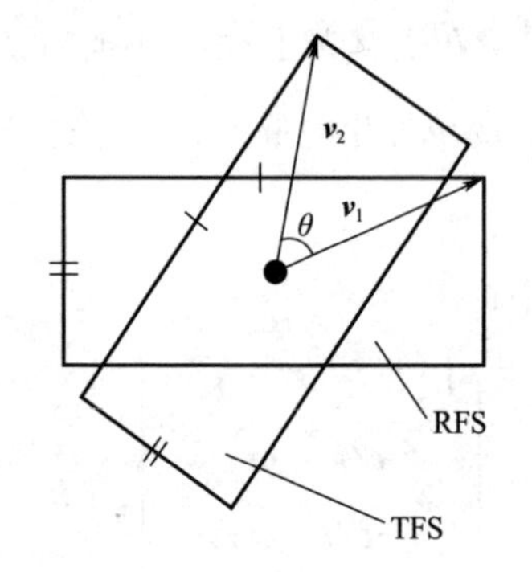

图 4. 15　经过法向对齐和中心对齐后的矩形搭接面对

在图 4. 15 中，若已确定对齐方案为按照图中单划线和双划线所表示的搭接面对的边分别对齐，设目标搭接面和参照搭接面的共同中心点为 $P(x,y,z)$，则由搭接面中心点和顶点坐标可得到分别位于目标搭接面和参照搭接面上的中心点到相应顶点的方向向量 $\boldsymbol{v}_1(x_1,y_1,z_1)$、$\boldsymbol{v}_2(x_2,y_2,z_2)$。根据向量 $\boldsymbol{v}_1$、$\boldsymbol{v}_2$，可确定角度对齐的旋转角度 θ，角度对齐的旋转向量则直接取参照搭接面中心点 P 处的法向量。

$$\begin{aligned}\theta &= \arccos\left(\frac{\boldsymbol{v}_1 \cdot \boldsymbol{v}_2}{|\boldsymbol{v}_1|\,|\boldsymbol{v}_2|}\right)\\ &= \arccos\left(\frac{x_1x_2+y_1y_2+z_1z_2}{\sqrt{x_1^2+y_1^2+z_1^2}\sqrt{x_2^2+y_2^2+z_2^2}}\right)\end{aligned} \tag{4-20}$$

角度对齐是平面-平面搭接“三相对齐”方法的最后一步，此时必须考虑向量 $\boldsymbol{n}$ 的始点坐标 $P(x,y,z)$。同法向对齐操作，根据图形旋转变换理论，可得角度对齐的坐标变换公式为

$$(x \quad y \quad z \quad 1)=(x_0 \quad y_0 \quad z_0 \quad 1)\cdot \boldsymbol{R} \tag{4-21}$$

变换矩阵 $\boldsymbol{R}$ 的矩阵运算表达式为

$$\boldsymbol{R}=\boldsymbol{T}_P\boldsymbol{R}_x\boldsymbol{R}_y\boldsymbol{R}_z\boldsymbol{R}_y^{-1}\boldsymbol{R}_x^{-1}\boldsymbol{T}_P^{-1} \tag{4-22}$$

式中，

$$\boldsymbol{T}_P=\begin{pmatrix}1&&&\\&1&&\\&&1&\\-x&-y&-z&1\end{pmatrix},\quad \boldsymbol{R}_x=\begin{pmatrix}1&&&\\&c/r&b/r&\\&-b/r&c/r&\\&&&1\end{pmatrix},$$

$$\boldsymbol{R}_y=\begin{pmatrix}r&0&a&0\\0&1&0&0\\-a&0&r&0\\0&0&0&1\end{pmatrix},\quad \boldsymbol{R}_z=\begin{pmatrix}\cos\theta&\sin\theta&&\\-\sin\theta&\cos\theta&&\\&&1&\\&&&1\end{pmatrix}$$

非矩形搭接面的角度对齐操作处理方法类似，也是根据搭接面、移植结构及零件基型的结构性质和设计知识来确定旋转角度，以参照搭接面在中心点处的法向量为旋转向量，确定角度对齐的坐标变换公式，进行角度对齐操作，完成平面-平面搭接。

（2）圆柱面搭接

圆柱面搭接指目标搭接面和参照搭接面都是圆柱侧表面的结构拓扑搭接。圆柱面搭接通过提取圆柱搭接面的轴线信息，确定相关操作数据，进行轴线对齐及轴端/轴中对齐操作，实现移植结构与零件基型间的拓扑搭接。

为了满足圆柱面搭接的要求，圆柱面的轴线结构矩阵定义为

$$\boldsymbol{A}=\begin{pmatrix}\text{方向向量}(\boldsymbol{n})\\ \text{轴线始点}(P_{\mathrm{S}})\\ \text{轴线终点}(P_{\mathrm{E}})\\ \text{柱面半径}(r)\end{pmatrix} \tag{4-23}$$

轴线的方向向量与轴线始点、轴线终点间满足：

$$\boldsymbol{n}=\overrightarrow{P_{\mathrm{S}}P_{\mathrm{E}}}=P_{\mathrm{E}}-P_{\mathrm{S}} \tag{4-24}$$

1）轴线对齐

轴线对齐根据目标圆柱搭接面和参照圆柱搭接面确定旋转角度和旋转向量，对目标搭接面及其关联结构进行旋转操作，使目标圆柱搭接面与参照圆柱搭接面的轴线平行。

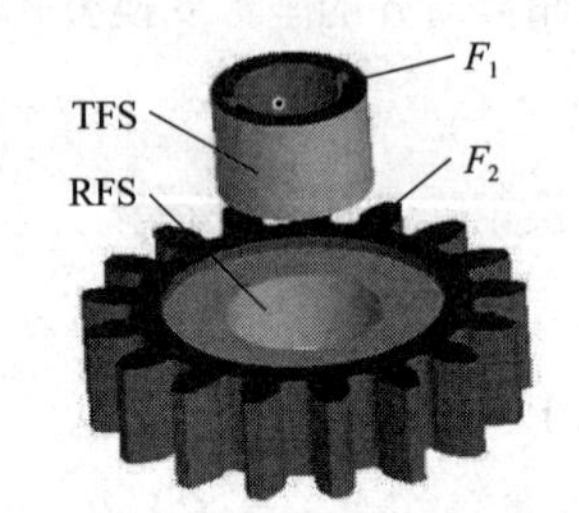

图 4.16　齿轮键槽结构移植变异的圆柱面搭接

图 4.16 为齿轮键槽结构移植变异的圆柱面搭接，由参照圆柱搭接面和目标圆柱搭接面可分别得到相应的轴线结构矩阵 $\boldsymbol{A}_1$ 和 $\boldsymbol{A}_2$ 为

$$\boldsymbol{A}_1=\begin{pmatrix}\boldsymbol{n}_1(x_1,y_1,z_1)\\ P_{\mathrm{S1}}(x_{P_{\mathrm{S1}}},y_{P_{\mathrm{S1}}},z_{P_{\mathrm{S1}}})\\ P_{\mathrm{E1}}(x_{P_{\mathrm{E1}}},y_{P_{\mathrm{E1}}},z_{P_{\mathrm{E1}}})\\ r_1\end{pmatrix},\quad \boldsymbol{A}_2=\begin{pmatrix}\boldsymbol{n}_2(x_2,y_2,z_2)\\ P_{\mathrm{S2}}(x_{P_{\mathrm{S2}}},y_{P_{\mathrm{S2}}},z_{P_{\mathrm{S2}}})\\ P_{\mathrm{E2}}(x_{P_{\mathrm{E2}}},y_{P_{\mathrm{E2}}},z_{P_{\mathrm{E2}}})\\ r_2\end{pmatrix} \tag{4-25}$$

根据 $\boldsymbol{A}_1$、$\boldsymbol{A}_2$ 中的方向向量 $\boldsymbol{n}_1$、$\boldsymbol{n}_2$，可以确定轴线对齐旋转向量 $\boldsymbol{n}$ 和旋转角度 θ：

$$\begin{aligned}\boldsymbol{n}=\boldsymbol{n}_1\times\boldsymbol{n}_2&=\begin{vmatrix}i & j & k\\ x_1 & y_1 & z_1\\ x_2 & y_2 & z_2\end{vmatrix}\\ &=(y_1z_2-y_2z_1,x_2y_1-x_1y_2,x_1y_2-x_2y_1)\end{aligned} \tag{4-26}$$

$$\begin{aligned}\theta&=\arccos\left(\frac{\boldsymbol{n}_1\cdot\boldsymbol{n}_2}{|\boldsymbol{n}_1|\,|\boldsymbol{n}_2|}\right)\\ &=\arccos\left(\frac{x_1x_2+y_1y_2+z_1z_2}{\sqrt{x_1^2+y_1^2+z_1^2}\sqrt{x_2^2+y_2^2+z_2^2}}\right)\end{aligned} \tag{4-27}$$

设 $\boldsymbol{n}'(a,b,c)$ 为 $\boldsymbol{n}$ 的单位化向量，并令 $r=\sqrt{a^2+b^2}$，则轴线对齐操作的坐标变换公式为

$$[x\quad y\quad z\quad 1]=[x_0\quad y_0\quad z_0\quad 1]\cdot\boldsymbol{R} \tag{4-28}$$

变换矩阵 $\boldsymbol{R}$ 的矩阵运算表达式为

$$\boldsymbol{R}=\boldsymbol{R}_x\boldsymbol{R}_y\boldsymbol{R}_z\boldsymbol{R}_y^{-1}\boldsymbol{R}_x^{-1} \tag{4-29}$$

式中，

$$\boldsymbol{R}_x=\begin{pmatrix}1&&&\\&c/r&b/r&\\&-b/r&c/r&\\&&&1\end{pmatrix},\quad \boldsymbol{R}_y=\begin{pmatrix}r&0&a&0\\0&1&0&0\\-a&0&r&0\\0&0&0&1\end{pmatrix},\quad \boldsymbol{R}_z=\begin{pmatrix}\cos\theta&\sin\theta&&\\-\sin\theta&\cos\theta&&\\&&1&\\&&&1\end{pmatrix}$$

2）轴端/轴中对齐

轴线对齐操作实现了目标圆柱搭接面与参照圆柱搭接面的轴向平行，目标结构仍然需要在轴向上进一步定位。

首先分析机械零件的结构特点，不同零件基结构上进行连接的圆柱面在轴线方向上存在两种情况：圆柱面的端面中心对齐和圆柱面的轴线中心对齐。这两种情况对应到移植结构拓扑搭接上分别为目标圆柱搭接面轴线的端点与参照圆柱搭接面轴线的端点对齐，以及目标圆柱搭接面轴线的中点与参照圆柱搭接面轴线的中点对齐，即轴端对齐和轴中对齐。

轴端对齐或轴中对齐操作通过对目标搭接面及其关联结构进行平移操作，完成移植结构与零件基型的拓扑搭接。

图 4.16 中，若以 F_1 和 F_2 作为参照平面，即要求 F_1 和 F_2 对齐，则可通过轴端对齐操作实现。

根据搭接面轴线矩阵 $\boldsymbol{A}_1$、$\boldsymbol{A}_2$ 和 F_1、F_2，可确定轴端对齐平移向量 $\overrightarrow{Q_1Q_2}$，其中 Q_1 和 Q_2 分别为向量的始点和终点：

步骤 1：if $P_{S1}\in F_1 \Rightarrow Q_2=P_{S1}$

else if $P_{E1}\in F_1 \Rightarrow Q_2=P_{E1}$

步骤 2：if $P_{S2}\in F_2 \Rightarrow Q_1=P_{S2}$

else if $P_{E2}\in F_2 \Rightarrow Q_1=P_{E2}$

步骤 3：$\overrightarrow{Q_1Q_2}=Q_2-Q_1$

对于图 4.16 中的齿轮键槽结构移植变异，若要求目标圆柱搭接面与参照圆柱搭接面的轴线段中点对齐，即进行轴中对齐操作，则直接取目标圆柱搭接面轴线段中点和参照圆柱搭接面轴线段中点作为平移向量 $\overrightarrow{Q_1Q_2}$ 的始点和终点，即

$$
\begin{aligned}
Q_1&=\left(\frac{x_{P_{S2}}+x_{P_{E2}}}{2},\frac{y_{P_{S2}}+y_{P_{E2}}}{2},\frac{z_{P_{S2}}+z_{P_{E2}}}{2}\right)\\
Q_2&=\left(\frac{x_{P_{S1}}+x_{P_{E1}}}{2},\frac{y_{P_{S1}}+y_{P_{E1}}}{2},\frac{z_{P_{S1}}+z_{P_{E1}}}{2}\right)\\
\overrightarrow{Q_1Q_2}&=Q_2-Q_1
\end{aligned}
\tag{4-30}
$$

上述方法确定了轴端对齐或轴中对齐的平移向量 $\overrightarrow{Q_1Q_2}$，设 $\overrightarrow{Q_1Q_2}$ 的坐标为 (T_x,T_y,T_z)，则轴端对齐和轴中对齐的坐标变换公式为

$$
[x\quad y\quad z\quad 1]=[x_0\quad y_0\quad z_0\quad 1]\begin{pmatrix}1 & & & \\ & 1 & & \\ & & 1 & \\ T_x & T_y & T_z & 1\end{pmatrix}
\tag{4-31}
$$

（3）平面-规则曲面搭接

平面-规则曲面搭接指在一组搭接面对中，一个搭接面为平面，另一个为规则曲面的移植结构拓扑搭接。规则曲面一般包括圆柱面、锥面、球面和环面，这里主要根据圆柱面与球面的几何性质，研究平面与圆柱面和球面间的拓扑搭接。

平面与圆柱面或球面的拓扑搭接可用滚球曲面混合操作来实现。滚球曲面混合指运用圆球面在目标搭接面和参照搭接面间滚动，在滚动过程中其表面所经过的区域就形成一个曲面，这个曲面包括了平面-规则曲面搭接的混合曲面。滚球曲面混合操作的关键参数是混合半径，即混合球面的半径，混合半径过大或过小都可能导致混合操作失败。

根据滚动曲面混合的定义，得到平面与球面和圆柱面的搭接如图 4.17 所示。

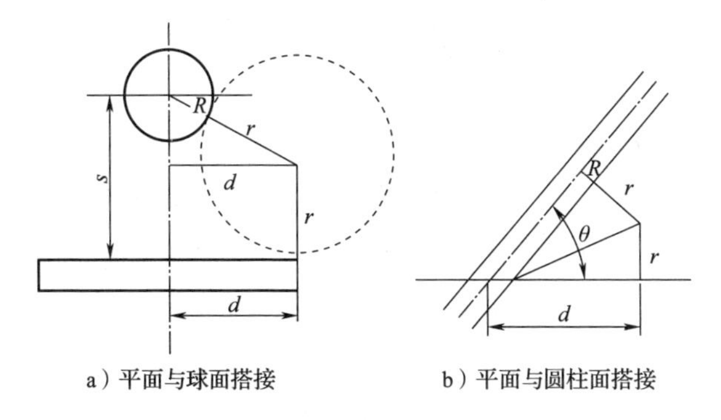

a）平面与球面搭接　　b）平面与圆柱面搭接

图 4. 17　平面-规则曲面搭接

图 4. 17a 为平面与球面搭接或平面与轴线与其平行的圆柱面的拓扑搭接。在图 4. 17a 中，s 为球心或圆柱轴线到平面的距离，R 为球面或圆柱面的半径，r 为待确定混合球面的半径。由图 4. 17a 中的直角三角形可以求得：

$$r=\frac{s^2+\delta^2-R^2}{2(s+R)} \tag{4-32}$$

当 $\delta=d$ 时，r 取最大值：

$$r_{\max}=\frac{s^2+d^2-R^2}{2(s+R)} \tag{4-33}$$

当 $\delta=0$ 时，r 取最小值：

$$r_{\min}=\frac{s-R}{2} \tag{4-34}$$

因此，平面与球面或平面与轴线与其平行的圆柱面的拓扑搭接的混合半径取值区间为 $\left[\frac{s-R}{2},\frac{s^2+d^2-R^2}{2(s+R)}\right]$。

图 4. 17b 为平面与轴线与其成角度 θ 的圆柱面的拓扑搭接，R 为圆柱面的半径，d 为圆柱轴线与平面交点到平面边界的最小距离。此时，混合半径的取值下限没有限制，即 $r_{\min}\to 0$；通过求解三角形，可以确定混合半径的最大取值为

$$r_{\max}=(d-r/\sin\theta)\tan(\theta/2) \tag{4-35}$$

因此，平面与轴线与其成角度 θ 的圆柱面的拓扑搭接的混合半径取值区间为 $(0,(d-r/\sin\theta)\tan(\theta/2)]$。

特征点匹配搭接方法将针对不同类型规则曲面搭接和自由曲面搭接分别做具体介绍。

(4) 自由曲面搭接

一组搭接面对中存在一个搭接面为自由曲面，则进行的拓扑搭接称为自由曲面搭接。由于自由曲面没有固定的方程，也不具备规则曲面的一些性质，因此若采用曲面混合搭接，其混合半径的确定将极其复杂。针对自由曲面搭接，提出了映射桥接法。

1）自由曲面搭接的预处理

在运用映射桥接法进行自由曲面搭接时，需要对目标搭接面及其关联结构进行预处理。预处理操作主要根据变异前零件基结构的几何位置特点，综合运用平移、旋转等变换操作，使目标搭接面与参照搭接面得到初步定位。

设 F_1、F_2 为自由曲面搭接中的参照搭接面和目标搭接面，预处理操作就是通过对移植结构进行矩阵变换操作，使目标搭接面与参照搭接面相切。这里的相切是广义相切，可以是 F_1、F_2 绝对相切，也可以是 F_1、F_2 的包围盒在某个侧面上相切。具体的切点位置及相切侧面情况，根据变异前零件变异基结构和零件基型的形状、位置信息及变异需求等设计知识综合确定。

2）桥接过渡区域的确定

图 4.18a 分别将目标搭接面（TFS）和参照搭接面（RFS）向桥接过渡平面投影，得到目标过渡区域（Target Transition Area，TTA）和参照过渡区域（Reference Transition Area，RTA）；图 4.18b 根据投影得到的目标过渡区域和参照过渡区域，对二者进行求交运算，得到的相交区域即为桥接过渡区域（Bridge Transition Area，BTA）。

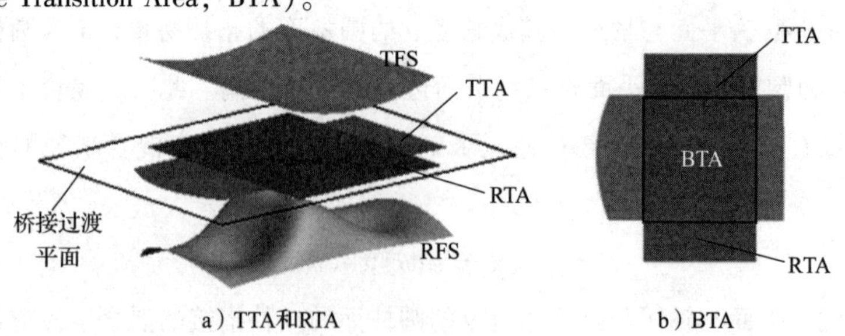

图 4.18　自由曲面搭接的桥接过渡区域

桥接过渡平面的选取、曲面向平面投影和区域求交是桥接过渡区域的三个基本技术要素。其中，曲面向平面投影主要将曲面的轮廓曲线向平面区域投影，并根据轮廓曲线在平面上的投影曲线确定曲面在平面上的投影区域。曲面向平面投影及区域求交运算，现有方法已相对成熟，这里对桥接过渡平面的选取原则进行介绍。

自由曲面搭接的预处理已经实现了目标搭接面及目标结构的初步定位，并且使目标搭接面的包围盒与参照搭接面相切。若目标搭接面与参照搭接面直接相切，则直接取二者的公共切面作为桥接过渡平面。

对于目标搭接面和参照搭接面的包围盒在某个坐标平面方向上相切的情况，令参照搭接面和目标搭接面的包围盒分别为 $B_1(x_{1\min}, x_{1\max}, y_{1\min}, y_{1\max}, z_{1\min}, z_{1\max})$ 和 $B_2(x_{2\min}, x_{2\max}, y_{2\min}, y_{2\max}, z_{2\min}, z_{2\max})$。不妨设二者的包围盒在 z 方向上相切且 B_1 在 z 方向的下坐标等于 B_2 在 z 方向上的上坐标，即 $z_{1\max}=z_{2\min}$。

令 $z_0=z_{1\max}$，则桥接过渡平面的方程为

$$z=z_0 \tag{4-36}$$

同样，对于 B_1 和 B_2 在 x、y 方向上相切的桥接过渡平面分别为 $x=x_0$ 和 $y=y_0$，其中 x_0、y_0 为在相应方向上的 B_1、B_2 的等值边界。

3）连接桥的生成

如图 4.19 所示，将桥接过渡区域向目标搭接面和参照搭接面上进行反向投影，可以得到分别位于目标搭接面和参照搭接面上的目标搭接区域和参照搭接区域。

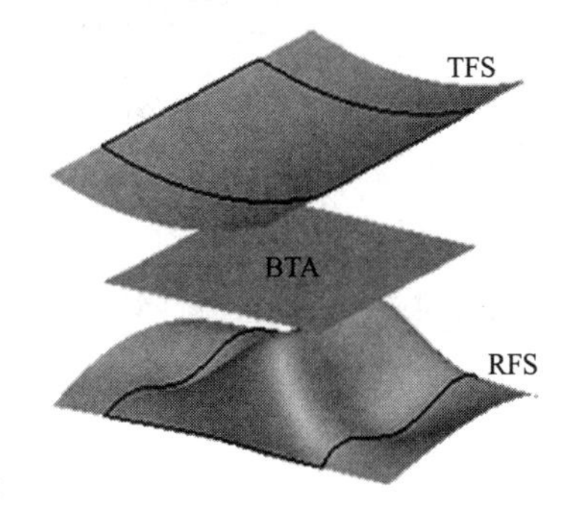

图 4.19　自由曲面搭接的搭接区域

目标搭接区域和参照搭接区域分别位于目标搭接面和参照搭接面上，一般也是自由曲面，不能按照规则搭接面的方法进行拓扑搭接。为了进一步拓扑搭接，对目标搭接区域和参照搭接区域进行网格化处理，将目标搭接区域和参照搭接区域上的各个网格匹配成对，以各配对网格为端面建立广义棱柱，并将各广义棱柱进行布尔并操作，得到连接桥，完成自由曲面搭接。

为了保证广义棱柱的正确生成，目标搭接区域和参照搭接区域上的网格要

求一一对应。由于目标搭接区域和参照搭接区域中含有自由曲面，而且对自由曲面直接进行网格划分时，网格的粒度和数量不易控制，因此难以保证目标搭接区域网格与参照搭接区域网格的匹配成对。为了解决上述问题，这里通过对过渡搭接区域进行四边形网格划分，将过渡区域上的所有网格一一投影到目标搭接区域和参照搭接区域上的方法进行投影映射。该方法可以得到目标搭接区域和参照搭接区域的划分网格，并自动进行同源配对。

如图 4.20a 所示，对过渡搭接区域进行四边形网格划分，得到网格集合 M 为

$$M=\{m_1,m_2,\cdots,m_n\} \tag{4-37}$$

M 共包含 n 个网格，$m_i(i=1,2,\cdots,n)$ 为第 i 个网格。m_i 的 4 个顶点集合记为

$$V_{m_i}=\{P_{m_i1},P_{m_i2},P_{m_i3},P_{m_i4}\} \tag{4-38}$$

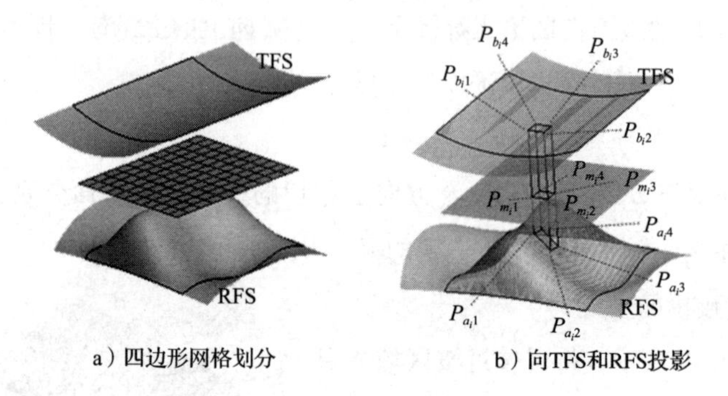

图 4.20　搭接区域网格划分

如图 4.20b 所示，将网格 $m_i(i=1,2,\cdots,n)$ 向参照搭接区域和目标搭接区域上投影，分别得到网格 a_i、b_i。设参照搭接区域和目标搭接区域上的网格集合分别为 A、B，则

$$A=\{a_1,a_2,\cdots,a_n\} \tag{4-39}$$

$$B=\{b_1,b_2,\cdots,b_n\} \tag{4-40}$$

a_i、b_i 的顶点均由 m_i 的顶点投影得到，顶点集合分别为

$$V_{a_i}=\{P_{a_i1},P_{a_i2},P_{a_i3},P_{a_i4}\} \tag{4-41}$$

$$V_{b_i}=\{P_{b_i1},P_{b_i2},P_{b_i3},P_{b_i4}\} \tag{4-42}$$

式中，P_{a_ij} 和 $P_{b_ij}(i=1,2,\cdots,n;\ j=1,2,3,4)$ 分别为网格 m_i 的顶点 P_{m_ij} 在参照

搭接区域和目标搭接区域上的投影。

将网格集合 A 中的成员 a_i 与网格集合 B 中的成员 b_i 进行配对，可得（a_i,b_i），则目标搭接区域与参照搭接区域的网格配对为（a_1,b_1），（a_2,b_2），…，（a_n,b_n）。

如图4.20b所示，基于配对网格（a_i,b_i）（$i=1,2,\cdots,n$）及顶点集合 V_{a_i}、V_{b_i}，以网格 a_i、b_i 为端面，构造4个侧面 $P_{a_i1}P_{a_i2}P_{b_i2}P_{b_i1}$、$P_{a_i2}P_{a_i3}P_{b_i3}P_{b_i2}$、$P_{a_i3}P_{a_i4}P_{b_i4}P_{b_i3}$ 和 $P_{a_i4}P_{a_i1}P_{b_i1}P_{b_i4}$，建立广义棱柱 S_i。合并各广义棱柱，得到自由曲面搭接的连接桥（如图4.21所示）为

$$S=S_1\cup S_2\cup\cdots\cup S_n \tag{4-43}$$

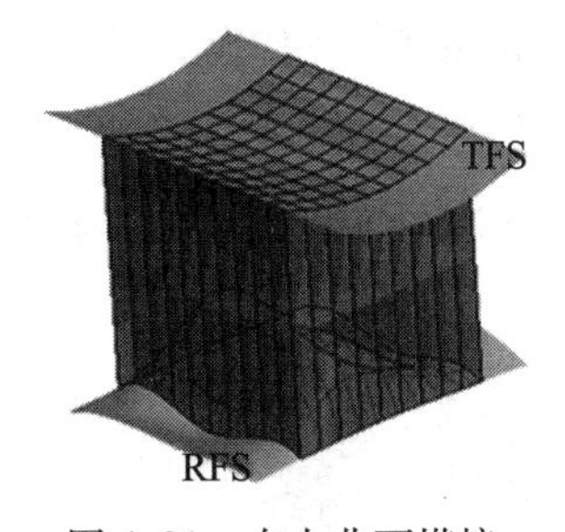

图4.21　自由曲面搭接的连接桥

（5）特征点匹配搭接（规则曲面-规则曲面搭接）

特征点匹配搭接主要用于搭接面类型不移植的情况。对移植结构搭接面进行必要的修正，使之与零件模型上的搭接面类型一致，进而选取搭接面上的特征点，通过相应特征点匹配实现移植结构的拓扑搭接。

1）移植结构预处理

通常情况下，从结构模型上进行布尔减运算得到需要的面类型比在结构模型上进行布尔加运算得到需要的面类型简单，因此移植结构搭接区域的尺寸可以稍微“过盈”，以便进行移植结构的修正“裁剪”，修正工具即为零件模型上的搭接面。

以零件模型上的搭接面作为修正工具，对移植结构进行修正的主要步骤如下。

步骤1：拟合零件模型的搭接面。拟合得到的面称为拟合面，形成拟合面后建立拟合面的局部坐标系。

步骤2：将零件模型与移植结构间的定位约束转换为坐标转换公式，对拟合面进行平移旋转变换，使其位于搭接完成时搭接面相对于移植结构的位置。注意，此处移植结构不进行坐标变换。

步骤3：将移植结构看作新的零件，依据变换后的拟合面构造切除实体的工具，对移植结构进行修正“裁剪”，达到改变移植结构搭接面的目的。

以齿轮泵泵体上的底座搭接为例，进行移植结构的预处理，拟合泵体搭接

面，并建立拟合面局部坐标系，如图 4.22 所示。

移植结构预处理是在移植结构上进行布尔运算，拟合面进行平移旋转变换的整个过程中移植结构不动，步骤 2 应在移植结构所在的坐标系下进行。根据移植结构与零件模型间的定位约束得到的坐标转换公式，也应是该坐标系下的转换公式。以零件模型所在的坐标系为基坐标系，记为 $O-xyz$，记移植结构坐标系为 $Q'-x'y'z'$，如图 4.23 所示。

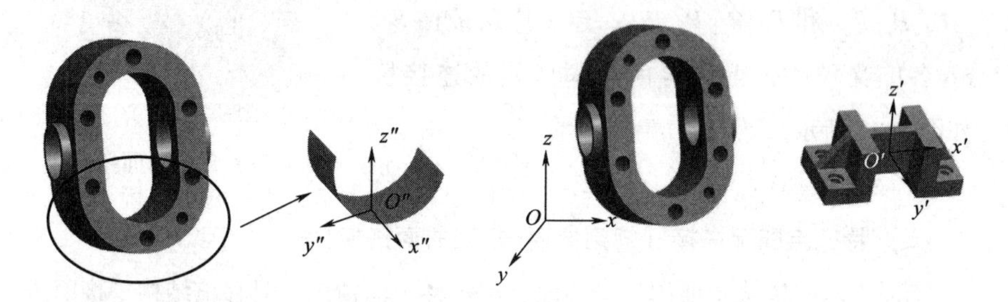

图 4.22　齿轮泵泵体搭接面拟合及拟合面局部坐标系

图 4.23　齿轮泵泵体及底座坐标系

基坐标系中坐标 $P(X,Y,Z)$ 到移植结构坐标系坐标 $P(X',Y',Z')$ 的计算公式为

$$[X' \quad Y' \quad Z' \quad 1]=[X \quad Y \quad Z \quad 1]\cdot T_n \cdot T_x \cdot T_y \cdot T_z \tag{4-44}$$

式中，

$$T_n=\begin{pmatrix}1 & 0 & 0 & 0\\ 0 & 1 & 0 & 0\\ 0 & 0 & 1 & 0\\ x-x' & y-y' & z-z' & 1\end{pmatrix},\quad T_x=\begin{pmatrix}1 & 0 & 0 & 0\\ 0 & \cos\alpha & \sin\alpha & 0\\ 0 & -\sin\alpha & \cos\alpha & 0\\ 0 & 0 & 0 & 1\end{pmatrix},$$

$$T_y=\begin{pmatrix}\cos\beta & 0 & -\sin\beta & 0\\ 0 & 1 & 0 & 0\\ \sin\beta & 0 & \cos\beta & 0\\ 0 & 0 & 0 & 1\end{pmatrix},\quad T_z=\begin{pmatrix}\cos\gamma & \sin\gamma & 0 & 0\\ -\sin\gamma & \cos\gamma & 0 & 0\\ 0 & 0 & 1 & 0\\ 0 & 0 & 0 & 1\end{pmatrix}$$

坐标系转换完成后，在移植结构坐标系下进行拟合面的平移旋转变换，设拟合面和移植结构的对齐顶点分别为 $P_1(x_1',y_1',z_1')$、$P_2(x_2',y_2',z_2')$，则平移向量为

$$\overrightarrow{P_1P_2}=(x_2'-x_1',y_2'-y_1',z_2'-z_1') \tag{4-45}$$

拟合面平移坐标变换公式为

$$T_s=\begin{pmatrix}1 & 0 & 0 & x_2'-x_1' \\ 0 & 1 & 0 & y_2'-y_1' \\ 0 & 0 & 1 & z_2'-z_1' \\ 0 & 0 & 0 & 1\end{pmatrix} \tag{4-46}$$

设拟合面上参考面的法向量或轴线方向向量为 $\boldsymbol{n}_1(x_1',y_1',z_1')$，移植结构上对应参考面的法向量或对应轴线方向向量为 $\boldsymbol{n}_2(x_2',y_2',z_2')$，则拟合面旋转向量 $\boldsymbol{n}$ 为

$$\boldsymbol{n}=\boldsymbol{n}_1\times\boldsymbol{n}_2=(y_2'z_1'-y_1'z_2',x_2'z_1'-x_1'z_2',x_2'y_1'-x_1'y_2') \tag{4-47}$$

拟合面旋转角度 θ 为

$$\theta=\arccos\left(\frac{\boldsymbol{n}_2\cdot\boldsymbol{n}_1}{|\boldsymbol{n}_2||\boldsymbol{n}_1|}\right)\arccos\left(\frac{x_2'x_1'+y_2'y_1'+z_2'z_1'}{\sqrt{x_2'^2+y_2'^2+z_2'^2}\sqrt{x_1'^2+y_1'^2+z_1'^2}}\right)+\pi \tag{4-48}$$

泵体拟合面经过一系列平移旋转变换后，在底座上的位置如图 4.24 所示。

遵循构造的包围盒形状尽可能简单且体积尽可能小的原则补齐包围面，实体化进行布尔减运算，得到修正后的底座如图 4.25 所示。

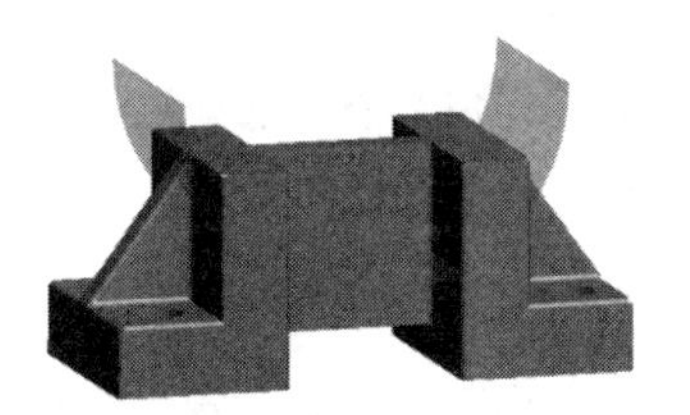

图 4.24　泵体拟合面变换后在底座上的位置

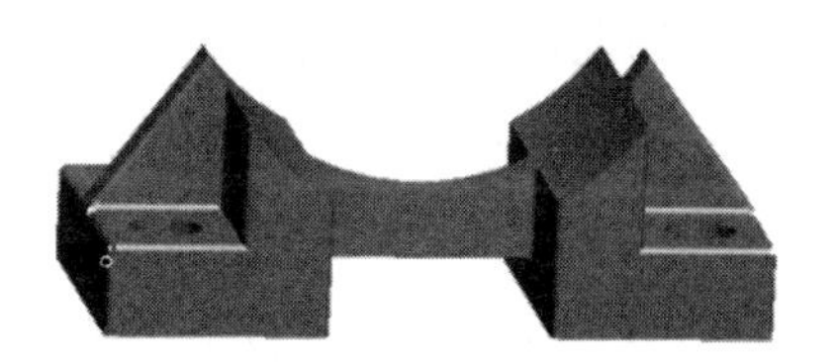

图 4.25　修正后的底座

2）特征点选取

选取的特征点应具备一定的定位特殊性，诸如拟合面上的对齐顶点、基准面与拟合面上边特征的交点、拟合面自身的特征点等。图 4.26 为一些拟合面的特征点选取。

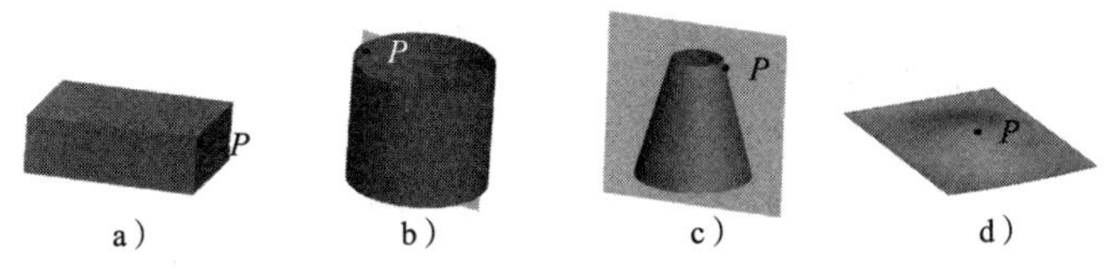

图 4.26　不同拟合面的特征点选取

空间上不共面的 4 个点可以确定一个实体的位置，因此，只需选取拟合面上不共面的 4 个特征点。记在移植结构坐标系中位于移植结构上的拟合面特征点集为 $\{P_1',P_2',P_3',P_4'\}$。若移植结构与零件模型间的搭接面不止一个，则尽可能保证每个拟合面上至少有一个特征点。若拟合面超过 4 个，则在其中形状较为简单的 4 个拟合面上选取特征点。

3）特征点匹配

位于移植结构上的拟合面特征点选取完成后，记拟合面坐标系下特征点集为 $\{P_1'',P_2'',P_3'',P_4''\}$，基坐标系下位于零件模型上的对应特征点集为 $\{P_1,P_2,P_3,P_4\}$。记移植结构局部坐标系下移植结构上的特征点坐标值为 (X',Y',Z')，拟合面局部坐标系下拟合面上的特征点坐标值为 (X'',Y'',Z'')，基坐标系下零件模型上的特征点坐标值为 (X,Y,Z)。当拟合面位于移植结构上时，通过拟合面局部坐标系与移植结构局部坐标系间的变换矩阵运算，可得到拟合面局部坐标系下特征点的坐标值，矩阵运算公式为

$$[X'' \quad Y'' \quad Z'' \quad 1]=[X' \quad Y' \quad Z' \quad 1]\cdot T_n'\cdot T_x'\cdot T_y'\cdot T_z' \tag{4-49}$$

式中，T_n'、T_x'、T_y'、T_z'分别为拟合面局部坐标系与移植结构局部坐标系间转换的平移变换矩阵，以及绕 x、y、z 轴的旋转变换矩阵。

当拟合面位于零件模型上时，经过基坐标系与拟合面局部坐标系间的变换矩阵运算，即可得到基坐标系下零件模型上特征点坐标值，矩阵运算公式为

$$[X \quad Y \quad Z \quad 1]=[X'' \quad Y'' \quad Z'' \quad 1]\cdot T_n''\cdot T_x''\cdot T_y''\cdot T_z'' \tag{4-50}$$

式中，T_n''、T_x''、T_y''、T_z''分别为基坐标系与拟合面局部坐标系间转换的平移变换矩阵，以及绕 x、y、z 轴的旋转变换矩阵。

将齿轮泵底座拟合面上的特征点坐标值进行两次坐标系变换，即可得到泵体上的对应特征点坐标值，如图 4.27 所示。

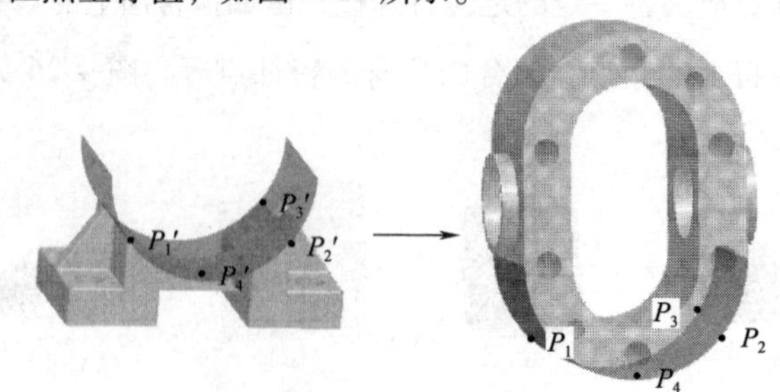

图 4.27　泵体上的对应特征点

得到泵体上的对应特征点后，将底座拟合面上的特征点与泵体上的特征点一一匹配，完成底座与泵体的拓扑搭接，如图 4. 28 所示。

图 4. 28　特征点匹配搭接

4. 6　关联与回溯的变异设计过程重用方法

4. 6. 1　变异设计过程的状态空间求解

可以用状态空间来描述变异设计过程的全部状态及其之间的相互关系。

(1) 状态空间的回溯求解理论

将设计问题 P 建模为状态空间 E：

$$
\begin{aligned}
&E=\{(x_1,x_2,\cdots,x_n)\mid x_i\in S_i,i=1,2,\cdots,n\}\\
&S_i=[x_i(1),x_i(2),\cdots,x_i(m_{i-1}),x_i(m_i)]\\
&m_i=|S_i|\\
&(x_1,x_2,\cdots,x_i)\in D\Rightarrow(x_1,x_2,\cdots,x_j)\in D\\
&(x_1,x_2,\cdots,x_j)\notin D\Rightarrow(x_1,x_2,\cdots,x_i)\notin D\\
&\exists j<i\ \&\ i,j\in[1,n]
\end{aligned}
\tag{4-51}
$$

式中，$(x_1,x_2,\cdots,x_n)$ 为 n 元组，x_i 为第 i 个状态变量，S_i 为状态变量 x_i 的有限定义域，D 为具有完备性的约束集（分为显约束和隐约束）。

通过带权有序检索树的构造和遍历，把在 E 中求 P 的所有解转化为在带权有序检索树 T 中搜索 P 的所有解。构造方法为①从根开始，让 T 第 $i(i=1,2,\cdots,n)$ 层的每一个节点都有 m_i 个儿子；②这 m_i 个儿子到其双亲的边，按从左到右的次序，分别带权 S_i，宽度优先（breadth-first）构造 T。遍历方法为①从 T 的根出发，深度优先（depth-first）搜索 T，依次搜索满足约束条件的前缀 1 元组（x_1）、前缀 2 元组（x_1,x_2），前缀 i 元组（$x_1,x_2,\cdots,x_i$）；②直到 $i=n$ 为止，通过获得满足回溯条件的某个状态的回溯点，可实现比枚举法更高效率地求解问题。

由图 4.29 可知，对于任意的 $0\leqslant i\leqslant n$，E 的一个 i 元组（$x_1,x_2,\cdots,x_i$）对应 T 中的一个状态节点，T 的根到该节点的路径上依次的 i 条边的权分别为 $x_1,x_2,\cdots,x_i$，则满足全部约束的叶子节点是 P 的解。

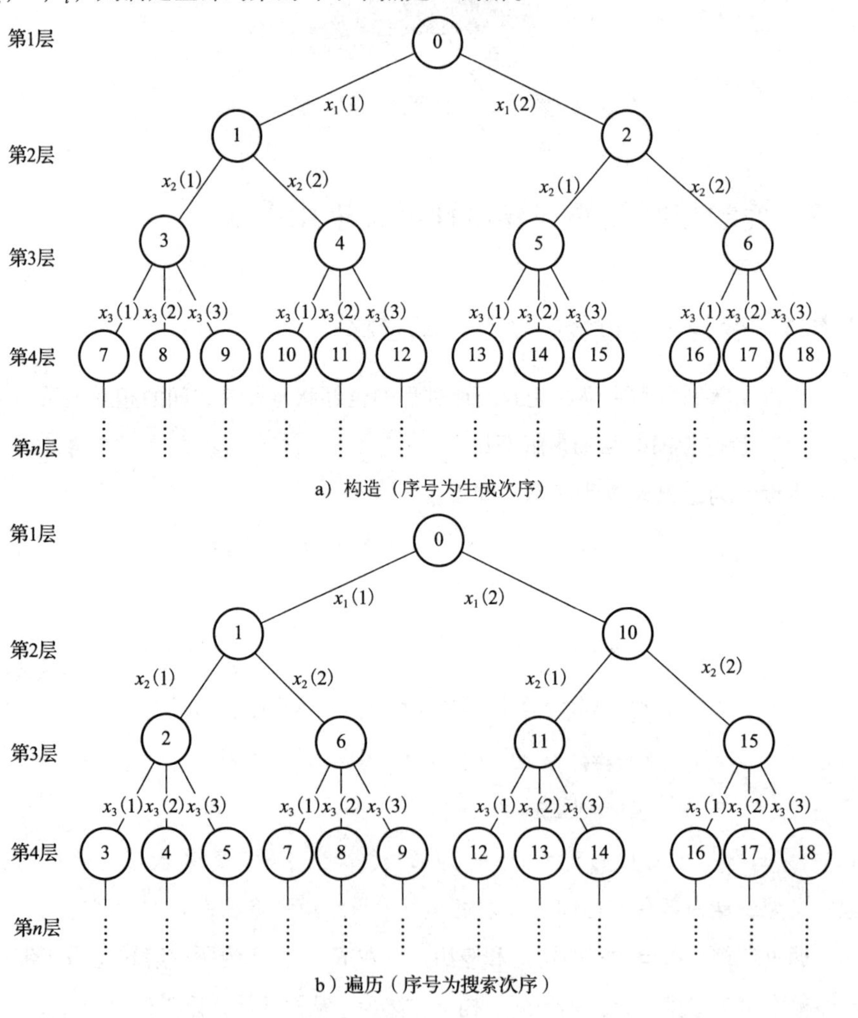

图 4.29　带权有序检索树的构造与遍历

（2）变异设计过程的状态空间

通过移植的替换式与桥搭式拓扑搭接，该方法可突破传统参数化设计遵循“变参数，不变拓扑”的局限。结构变异设计的实现过程如图 4.30 所示，具体步骤如下。

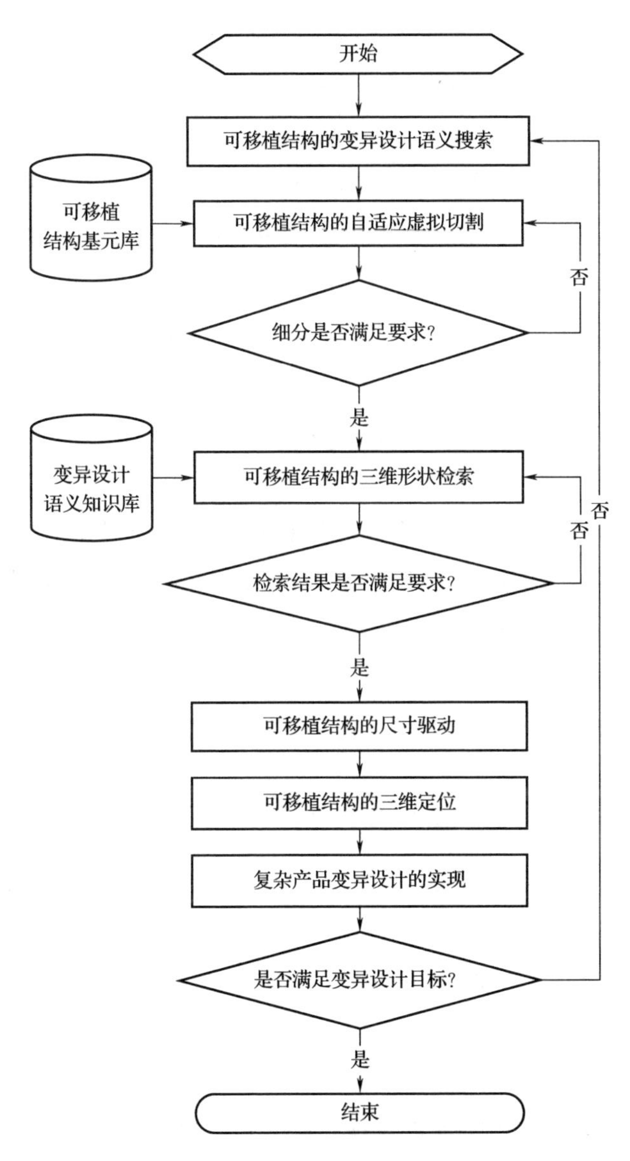

图 4.30　结构变异设计的实现过程

步骤1：从可移植结构库中检索可移植结构的变异设计语义。

步骤2：通过平面、圆柱、圆锥、圆台、棱柱、棱锥和棱台等自适应虚拟切割体，获取可移植结构。

步骤3：从可移植结构库中检索出与查询结构三维形状相似的结构，按照相似度从大到小排序，以供变异设计重用设计结果。

步骤4：搜索变异连接面，通过可移植结构间搭接面的几何和拓扑信息确定放缩比例，实现可移植结构的尺寸驱动。

步骤5：按变异设计的语义要求，实现法向对齐、中心对齐和角度对齐。

步骤6：通过对可移植结构库中的三维几何模型进行布尔运算，完成产品结构变异设计。

引入最少变量的有序集合，用一个六元组的状态空间来表示变异设计问题：

$$\begin{aligned} &E=\{(x_1,x_2,x_3,x_4,x_5,x_6)\mid x_i\in S_i,i\in[1,6]\}\\ &D\subseteq E \end{aligned} \tag{4-52}$$

式中，$x_i(i=1,2,\cdots,6)$ 为变异设计状态变量；x_1 为可移植结构的变异设计语义检索结果，值 S_1 为获得拓扑搭接结构；x_2 为可移植结构的自适应虚拟切割，值 S_2 为切割方式；x_3 为可移植结构的三维形状相似性检索，值 S_3 为相似结构；x_4 为可移植结构的尺寸驱动，值 S_4 为驱动比例；x_5 为可移植结构的三维定位，值 S_5 为变换矩阵；x_6 为产品结构变异设计的实现，值 S_6 为完成标记。

4.6.2 变异设计过程的关联与回溯

通过变异设计语义的添加和检索，将变异设计过程前后关联，由变权有序检索树进行深度优先搜索，实现变异设计过程的回溯。

(1) 变异设计语义的添加与检索

变异设计语义用于描述实体的非几何和非拓扑信息，既可以是独立数据类型，也可以是两个或多个实体之间的几何约束。

可移植结构的数据结构主要有构造实体几何（Constructive Solid Geometry, CSG）、分解模型（Decomposition Model, DM）和边界表示（Boundary Representation, B-Rep）。其中，B-rep 数据结构按“体-面-环-边-点”的层次，记

录了构成实体的所有几何元素的几何信息及其相互连接的拓扑关系，便于在数据结构的任意部分附加各种非几何信息，为可移植结构添加变异设计语义。可移植结构用B-Rep数据结构表达，其拓扑元素 E 包括点（vertex）、边（edge）、共边（coedge）、线（wire）、环（loop）、面（face）、子壳（subshell）、壳（shell）、块（lump）和体（body），其语义添加Add通过对 E 附加非几何信息实现。可移植结构的变异设计语义检索Retrieval通过遍历当前可移植结构的关联对象实现。首先遍历获得所有语义，其次得到语义所关联的拓扑层次，最后根据语义内容和拓扑层次的匹配输出语义搜索结果。

对可移植结构 G 或其拓扑元素 E 添加语义 R 得到 G'，根据语义 T 从可移植结构库 K 检索可获得 G' 及其拓扑元素 E 为

$$\begin{aligned}&\mathrm{Add}(G,R):G\rightarrow G'\\&\mathrm{Add}(E,R):G\rightarrow G'\\&\mathrm{Retrieval}(K,R):K\rightarrow G'\\&\mathrm{Retrieval}(G',R):G'\rightarrow E\end{aligned}\tag{4-53}$$

（2）变异设计语义的继承与变迁

在变异设计过程中，当可移植结构发生变异行为时，对变异设计语义进行抛弃、保持、复制和自定义处理，实现变异设计语义随变异设计行为的继承与变迁。

可移植结构的变异设计行为分为分割、融合和变换三种，其中变换又包括平移、旋转、缩放和镜射等实体操作。分割、融合行为都发生在可移植结构进行布尔操作的过程中，分割行为在分割开始的时候被调用，融合行为在布尔操作接近结束的时候被调用：

$$\begin{aligned}&\mathrm{split}:A\xrightarrow{H}B+C\\&\mathrm{merge}:B+C\xrightarrow{H}A\\&\mathrm{trans}:D\xrightarrow{H}R_{4\times 4}\cdot D\end{aligned}\tag{4-54}$$

式中，split、merge和trans分别为分割、融合和变换行为，H 为语义变化方式。

可移植结构在三种变异行为下不同的语义变化方式如图4.31所示。

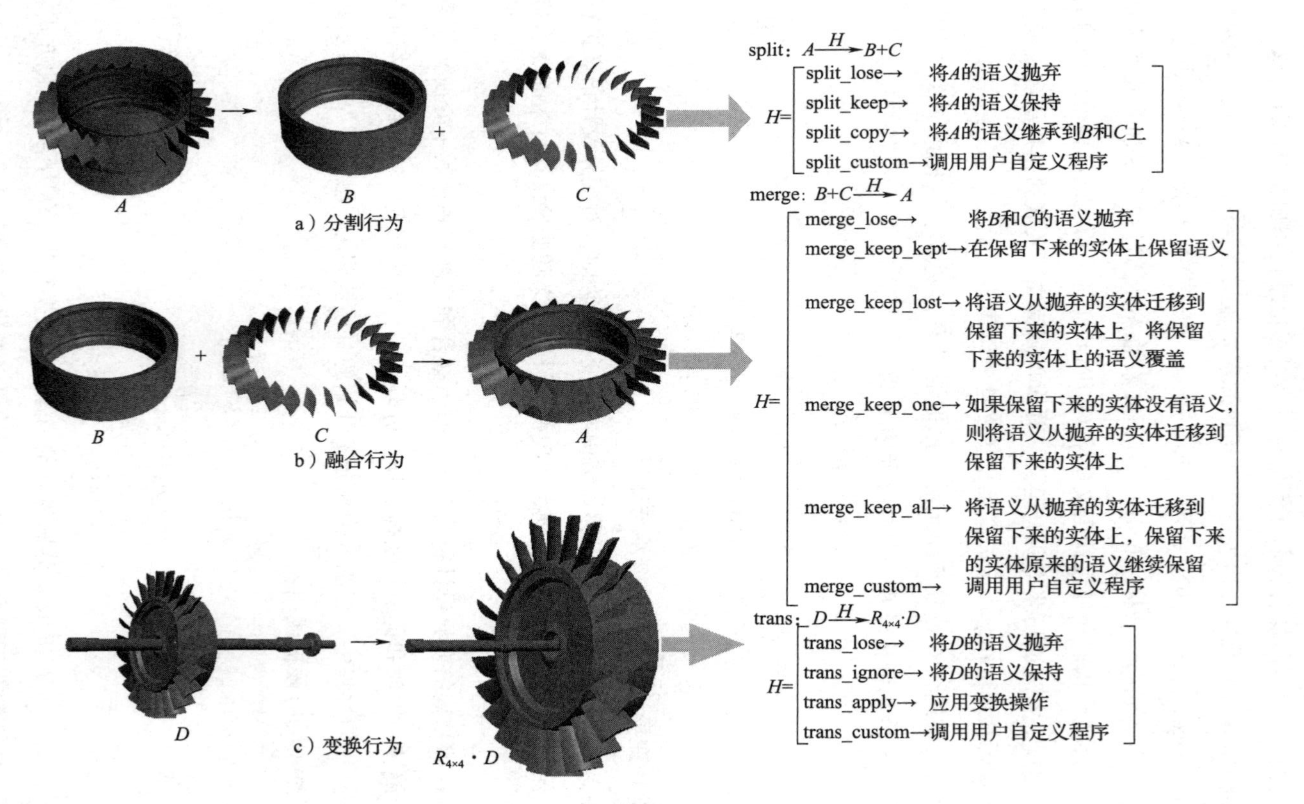

图4.31　可移植结构在三种变异行为下不同的语义变化方式

以某可移植结构在分割、变换变异行为中的语义继承和变迁为例进行说明：

$$\begin{aligned}
&\text{Step1} \quad R = \text{语义} \\
&\text{Step2} \quad H_1 = \text{split_keep} \\
&\text{Step3} \quad \text{Add}(A, R): A \to A' \\
&\text{Step4} \quad \text{split}: A' \xrightarrow{H_1} B + C \\
&\text{Step5} \quad \text{Retrieval}(K, R): K \to B \\
&\text{Step6} \quad H_2 = \text{trans_lose} \\
&\text{Step7} \quad \text{Add}(B, R): B \to B' \\
&\text{Step8} \quad \text{trans}: B \xrightarrow{H_2} R_{4\times4} \cdot B' \\
&\text{Step9} \quad \text{Retrieval}(B', R): B' \to \varnothing
\end{aligned} \tag{4-55}$$

式（4-55）的过程可描述为

步骤1：指明变异设计语义 R。

步骤2：指明语义 R 随变异设计行为的变化方式 H_1。

步骤3：对某可移植结构 A 添加语义 R，使其变为 A'。

步骤4：可移植结构 A'在分割变异中变为 B 和 C。

步骤5：以语义 R 检索结构库 K，获得可移植结构 B，说明语义 R 按要求 H_1 从 A'继承到分割后的实体 B 上。

步骤6：指明语义 R 随变异设计行为的变化方式 H_2。

步骤7：对某可移植结构 B 添加语义 R。

步骤8：可移植结构 B 在变换变异中变为 B'。

步骤9：以语义 R 检索结构库 B'，得到空集，说明语义 R 在从 B 到 B'的变异中已按 H_2 要求被抛弃。

同理，可得其他变异方式。

（3）变异设计过程的关联与回溯

通过不断检索变异设计语义，将离散的设计过程前后关联，并通过深度优先搜索变异设计问题的六元组状态空间树，对设计过程进行回溯。对于有限状态空间，回溯总是可以终止的。变异设计过程的状态空间树如图4.32所示。

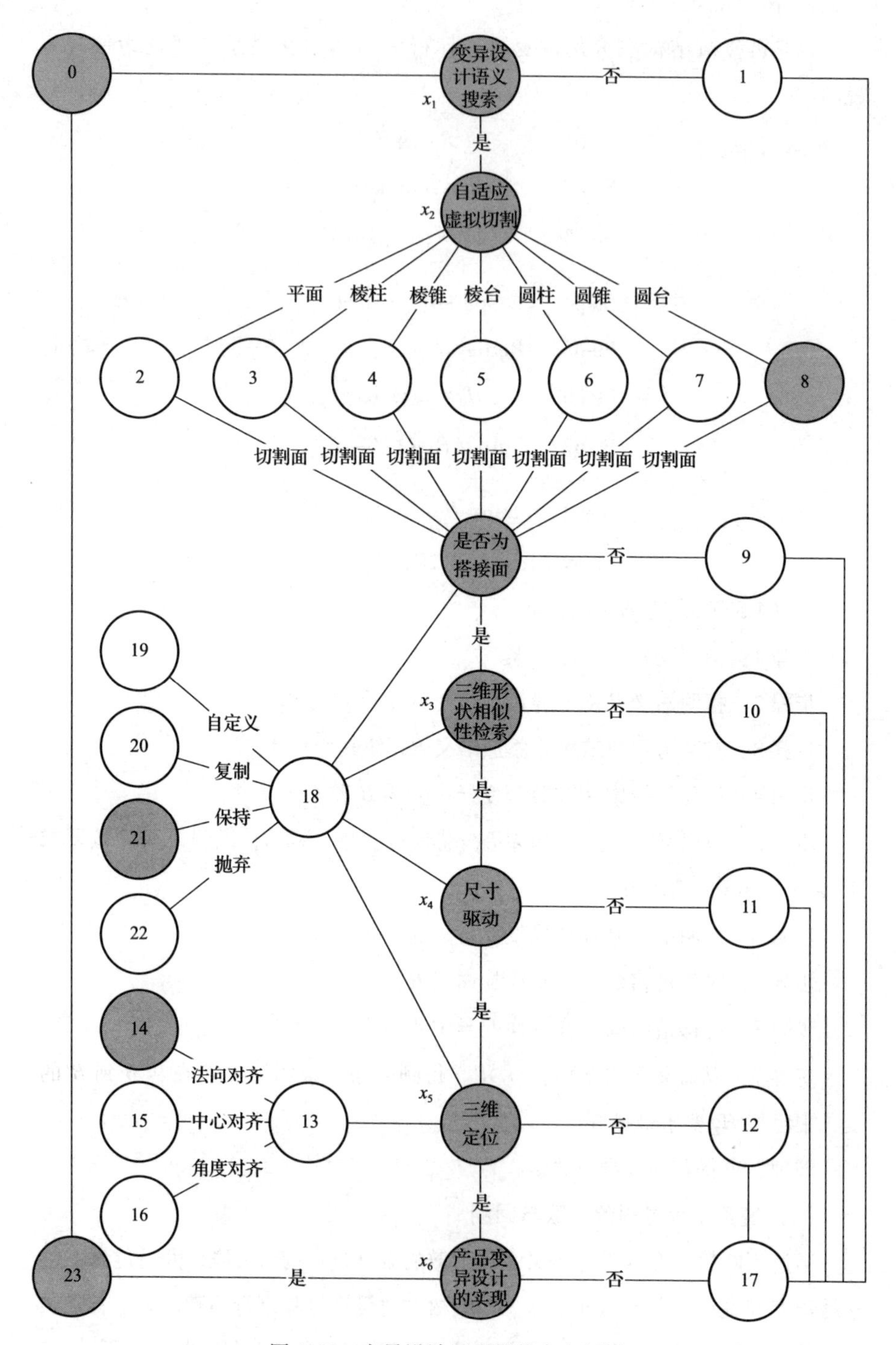

图 4.32　变异设计过程的状态空间树

根据产品结构变异设计的初始状态，可以确定适用的操作及导致的下一个变异设计状态，再确定适用的操作，把所有适用的操作继续应用于每个状态，回溯获得把初始状态变换为目标状态的操作序列，通过变异设计过程的关联与回溯实现变异设计过程重用。

4.6.3　关联与回溯的产品变异过程重用

关联与回溯的产品变异过程重用系统主要包括 5 个模块：①产品多粒度可移植结构库；②变异设计语义的添加和检索；③可移植结构的自适应虚拟切割；④可移植结构的三维相似性搜索；⑤产品结构变异设计过程的关联与回溯。具有变异设计过程知识响应功能的系统的界面如图 4.33 和图 4.34 所示。

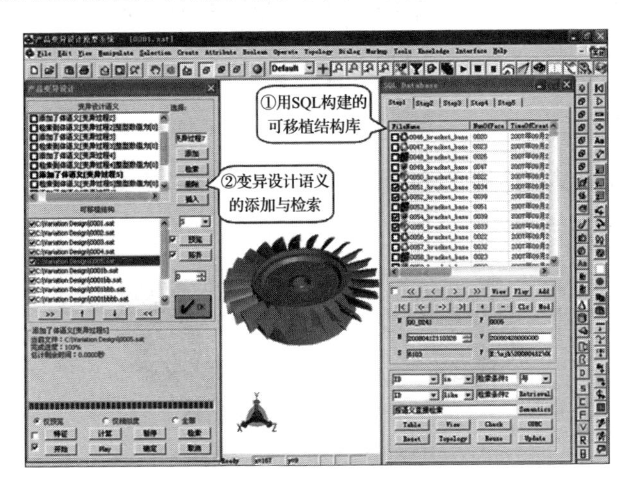

图 4.33　具有变异设计过程知识响应功能的系统的界面（一）

压气机转子具有旋转阵列与复杂曲面特征，其设计效率的高低关系到整个产品的设计进程。选择第三级转子的共 25 个叶片，对其添加变异设计语义，并定义其设计语义变换方式为

$$H=\begin{pmatrix} \text{split\_keep} \\ \text{trans\_apply} \\ \text{merge\_lose} \\ box.\ z=70 \end{pmatrix} \tag{4-56}$$

式（4-56）表明，叶片在虚拟切割后，添加的可变异语义被继承到切割后

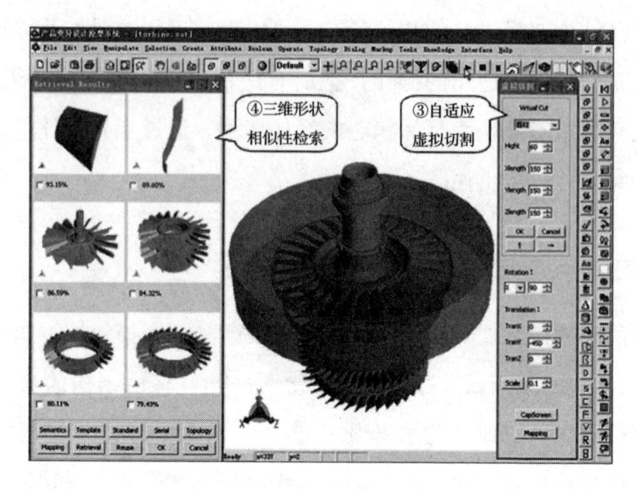

图 4.34　具有变异设计过程知识响应功能的系统的界面（二）

的结构上，完成变异设计后该语义即被抛弃。叶片的旋转阵列具有半径为35mm 的几何约束。

通过检索可移植结构库，获得三维形状相似的结构，实现单个叶片的变异设计，如图 4.35 所示。

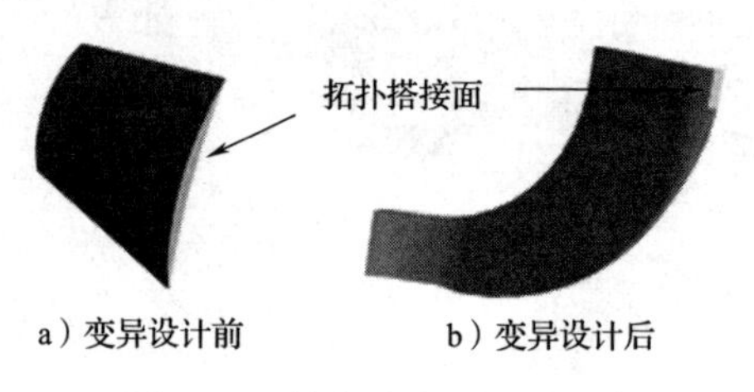

图 4.35　单个叶片的变异设计

通过深度优先搜索获得把初始状态变换为目标状态的操作序列，不断遍历变权有序检索树，共得到 25 个解，这说明单个叶片的变异设计过程被重用 25 次。可见，通过重用变异设计过程可以显著提高变异设计的效率。通过重用变异设计过程实现旋转阵列结构的变异，压气机第三级转子变异设计过程重用如图 4.36 所示。

变异前后叶片的旋转阵列圆的半径都为 35mm，这说明变异设计完成后仍然满足几何约束，达到了变异设计的目的。由图 4.36 可知，该变异设计方法可克服传统参数化设计遵循的“变参数，不变拓扑”的局限，实现“既变参

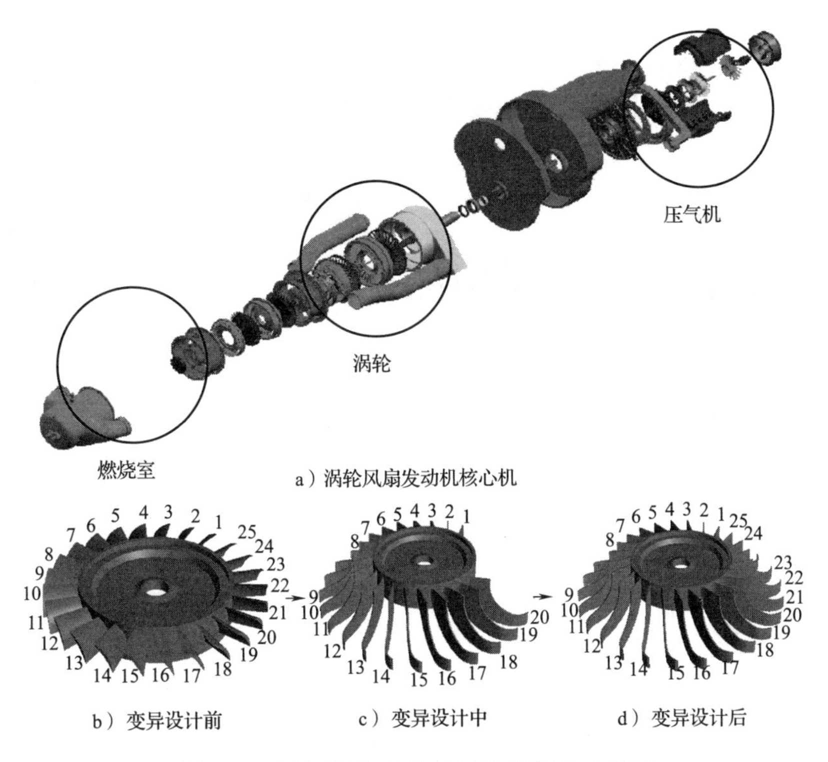

a）涡轮风扇发动机核心机

b）变异设计前　c）变异设计中　d）变异设计后

图 4.36　压气机第三级转子变异设计过程重用

数，又变拓扑”，有利于产品的快速响应设计。

以产品结构变异设计过程的重用为目标，本节提出了基于关联与回溯的产品结构变异设计重用方法。该方法具有以下特点：

1）通过对可移植结构添加变异设计语义，使其可以通过检索语义不断获得待变异结构，而且语义可随变异设计行为进行变迁，从而将离散的设计过程前后关联。

2）建立了变异设计过程的状态空间的带权有序检索树，并进行深度优先搜索，回溯获得从初始状态到终止状态的操作序列，遍历完成后，即可实现已有变异设计过程的重用。

3）该方法将传统参数化设计发展到变异设计，使产品造型设计更接近设计者思维，在变异设计中将设计重用对象由静态的、孤立的设计结果拓展为动态的、连续的设计过程，在更大程度上实现了设计资源、经验和知识的重用。

第5章 ‖

定制产品性能预测技术

5.1 概述

定制产品关键性能的预测有助于缩短产品设计周期、降低样机制造成本、提高产品设计质量。产品性能预测主要有理论分析、仿真分析和数据驱动等方法。

在基于理论分析的性能预测方面，Barakat 等[52]基于描述地面-空气换热器热行为的一维瞬态传热模型，建立了雾化系统冷却势的预测模型，将地面-空气换热器与雾化冷却系统作为一种新型的混合冷却系统，对燃气轮机进气冷却系统进行性能预测。Rathod 等[53]提出了基于功率优化的非线性模型的预测控制器，设计了一种超热跟踪控制器，对汽轮机发电的有机兰金循环余热回收系统的性能进行预测。Roberge 等[54]提出了一种基于热冰传感器的风电场有效液体含水量预测方法，根据液态水含量参数对风力机防冰系统的热行为和效率的影响，对风力机防冰系统的性能进行预测。有学者提出了基于优选小波包与马氏距离的滚动轴承性能退化门控循环单元预测方法，利用小波包分解法提取滚动轴承数据的能量特征，构造了退化趋势的预测模型，研究了滚动轴承的性能退化趋势预测问题。还有学者基于高斯过程回归代理模型的典型导弹气动性能构建了快速预测方法，以导弹外形参数和攻角作为模型输入，升力系数、阻力系数和力矩系数作为模型输出，对导弹的气动性能进行预测。

在基于仿真分析的性能预测方面，Gjika 等[55]根据轴承的偏心比收敛计算轴承载荷，建立了滚珠轴承套筒-挤压膜阻尼器的静态和动态性能预测方程，以及系统增压器机壳-高速平衡器夹具的有限元结构动力学模型，对涡轮增压器轴承系统振动进行预测性能管理。Peng 等[56]基于集中质量离散模型建立了电梯多自由度系统的振动方程，分析了系统的振动特性，得到了系统的固有频率和模态，以及自由振动方程和受迫振动方程的理论解，分析了电梯正常运行和紧急制动条件下的振动性能预测问题。Zhang 等[57]基于赫兹接触理论，建立了滚动导轨靴的非线性模型，并结合赫兹接触理论与 Bouc-Wen 迟滞模型，建立了电梯轿厢系统的非线性振动模型，采用随机摄动法和伪激励法对随机参数和随机激励进行了转换；以两自由度高速电梯轿厢系统为研究对象，分析了在参数变化和导轨不平顺的情况下电梯的水平振动响应。Liu 等[58]建立了气流和导向系统联合作用下的水平振动模型，研究了井道气流对轿厢系统固有频率的影响，通过轿厢-井道 Fluent 静态模型分析了气动载荷与轿厢水平位移、偏角和运行速度的关系，求解了气动载荷系数。Yang 等[59]在研究导轨激励和空气扰动基础上，基于拉格朗日原理建立了四自由度电梯横向振动模型，使用 Newmark-β 方法分析了不同工况下空气扰动状况对轿厢横向振动性能的影响。有学者提出了一种基于 Newton-Raphson 迭代法的静态气膜雷诺润滑方程和箔片受力方程求解方法，并采用折合系数法和小扰动法，推导了厚顶箔轴承的动态刚度系数与动态阻尼系数，研究了厚顶箔轴承间隙、波箔宽度和顶箔质量对厚顶箔轴承动静态特性预测问题。还有学者基于控制方程提出了叶轮出口设计方法，有效降低了对经验参数的依赖且避免了计算的反复迭代，通过数值模拟分析了几何参数对叶轮气动性能的影响，研究了燃料电池汽车用涡轮机叶轮的性能预测问题。

在基于数据驱动的性能预测方面，Kumar 等[60]在发动机不同负载条件下，利用不同体积混合癸醇的试验数据，建立了基于 R2 和 gt 响应面模型的各响应的回归方程，研究了棕榈生物柴油和癸醇混合物作为压缩点火发动机三元混合物的性能问题，并利用人工神经网络和响应面模型对三元共混体系中的癸醇比例进行了预测和优化。Zhang 等[61]提出了基于贝叶斯优化和自动机器学习的隧道掘进机性能预测方法，研究了神经网络的结构、超参数和训练过程的优化，实现了对隧道掘进机性能的准确预测。Feng 等[62]提出了一种基于大数据和深度学习的隧道掘进机性能预测方法，利用深度置信网络研究了进给率、刀具旋转速度、扭矩和推力对掘进性能的影响，并引入了场切深指数来量化油田掘进机的性能。有学者利用既有风洞试验结果校核了涡激振动响应的 CFD 计算模型，使用优化的径向基神经网络进行训练，建立了钢-混Ⅱ型裸梁的开口率和宽高比两个形状参数与涡激振动响应的预测模型，并对钢-混Ⅱ型裸梁主梁断面涡激振动进行了预测。有学者结合渐近均匀化方法、小波变换方法和机器学习的性能预测方法，通过离线多尺度建模建立了混杂复合材料的热传导性能材料数据库，并利用小波变换方法对离线的材料数据库进行预处理，构建了人工神经网络和支持向量回归的混杂复合材料等效热传导性能预测模型。有学者利用最小二乘归纳式迁移学习方法，结合离心式水泵扬程性能曲线特征，通过最小二乘方式提取迁移知识，建立了多工况下的迁移模型，再通过最小二乘支持向量机方法的反向求解实现了对离心式水泵的性能预测。有学者基于分解-模糊粒化与优化极限学习机构建了轴承性能退化趋势模糊粒化预测模型，利用平滑先验分析提取了轴承性能退化指标序列的趋势项及波动项，利用信息粒化方法对波动项进行了模糊信息粒化，利用趋势项及粒化后的波动项数据进行了回归预测，提高了滚动轴承性能退化指标的预测精度。基于生成对抗网络性能参数的扩增方法，通过网格搜索算法确定了生成器与判别器的优化参数，研究了飞机辅助动力装置性能退化参数的扩增方法。

基于理论分析的性能预测，需要结合产品相关理论，对研究问题进行分析，构建性能预测理论模型，并通过有限元仿真、动力学仿真进行性能预测验证。传统的预测方法理论基础要求高，精度预测误差大。仿真分析方法多用于对理论分析模型进行验证，但仿真模型存在建模难度大、模型复杂、关键因素难以模拟等问题。利用新兴的机器学习、深度学习技术，对产品关键性能相关数据进行深度挖掘，构建黑箱式预测模型。数据驱动的性能预测方法降低了对相关专业知识的要求，并实现了预测精度的提升。但是，黑箱式预测模型缺乏可解释性，对训练数据特征分布比较敏感，并且面临样本获取难度大的问题。

如何实现定制产品关键性能的可信预测是提高产品质量、实现高品质设计亟待解决的技术难点，其关键在于对产品多模态数据进行深度挖掘。本章首先研究多源数据的多模态关联，实现产品数据的降维去噪以及多模态特征提取；其次构建数据迁移学习预测模型，实现历史实测数据与计算机仿真数据的样本融合；最后构建基于深度学习的性能预测模型，实现多源数据驱动的定制产品关键性能可信预测。

5.2　多源数据的多模态关联

5.2.1　多模态数据处理

实现多源数据的特征提取需要对多模态数据进行统一格式化表示与数据预处理，包括多模态数据降维与去噪。数据降维的方法可以分为线性与非线性，常见的线性方法包括主成分分析与线性判别分析。但由于传感器之间的并行工作必然使得信号数据之间呈现出高度的非线性特性；非线性映射方法也称为流形学习，常见的流形学习方法可按照保留的特征类型分为保留局部特征的方法与保留全局特征的方法。常见的保留局部特征的方法有局部线性嵌入（Locally Linear Embedding，LLE）、拉普拉斯特征映射等。常见的保留全局特征的方法包括有核化线性降维、多维标度法等。

利用LLE对数据进行降维操作，LLE利用设定的权重系数保持原始数据集结构不变，将高维数据集映射到低维坐标系中，以得到低维特征。具体算法步骤如下。

步骤1：选取数据点 $X(i)$ 的近邻点个数 k 以及嵌入维数 d，并计算 $X(i)$ 与其余任意点 $X(j)$ 之间的欧式距离。

步骤2：定义误差函数为

$$\min\varepsilon(w)=\sum_{i=1}^{n}\left|X(i)-\sum_{j=1}^{k}w_{ij}X(j)\right|^{2} \tag{5-1}$$

式中，w_{ij} 为 $X(i)$ 的第 j 个近邻点的权重系数且 $\sum_{j=1}^{k} w_{ij}=1$。

步骤 3：定义重构误差函数为

$$\min\varepsilon(\varphi)=\sum_{i=1}^{n}\left|Y(i)-\sum_{j=1}^{k}WY(j)\right|^2 \tag{5-2}$$

重构误差函数的约束条件为 $\frac{1}{n}\sum_{i=1}^{k}Y(i)Y(i)^{\mathrm{T}}=\boldsymbol{I}$（$\boldsymbol{I}$ 为 n 维单位矩阵）。

多模态数据通过传感器输入则必然会引入噪声，由于测量工具发生的隐式错误或是在批处理、收集数据时引入的随机错误导致噪声无法避免，因此传感器输入的数据包含真实数据和噪声信息。而噪声信息不仅会增加数据量也会加大计算量，影响数据收敛和模型的准确度，在利用模型进行数据分析前使用去噪方法尽可能降低噪声是十分必要的。噪声可通过来源、分布和大小 3 个主要特征进行表述。目前，数据去噪的方法大致可以分为 6 类：异常值填补法、基于距离检测法、基于统计学检测法、基于分布的异常值检测法、基于密度聚类法及基于信号能量和信号结构的方法。

小波去噪方法是常用的基于信号能量的去噪方法，对降维后的数据利用小波去噪方法进行去噪，主要包括小波分解、阈值处理和小波重构。

1）小波分解。选择合适的小波基函数和分解尺度 J，对噪声信号 $s(t)$ 进行分解，得到最大尺度下的尺度系数 $c_{j,k}$ 和若干小波系数 $d_{j,k}$，其中 $d_{j,k}$ 随着分解层数的增加逐渐减小。分解式为

$$s(t)=\sum_{k\in Z}c_{j,k}\varphi_{j,k}(t)+\sum_{j=1}^{J}\sum_{k\in Z}d_{j,k}\phi_{j,k}(t) \tag{5-3}$$

$$c_{j,k}=<f(t),\ \varphi_{j,k}(t)>=\int_{-\infty}^{\infty}f(t)\varphi_{j,k}(t)\,\mathrm{d}t \tag{5-4}$$

$$d_{j,k}=<f(t),\ \phi_{j,k}(t)>=\int_{-\infty}^{\infty}f(t)\phi_{j,k}(t)\,\mathrm{d}t \tag{5-5}$$

式中，$\varphi_{j,k}(t)$ 为尺度函数，$\phi_{j,k}(t)$ 为小波函数。

2）阈值处理。保留最大尺度下的尺度系数 $c_{j,k}$，根据选取的阈值函数和阈值，处理各尺度下的小波系数 $d_{j,k}$，得到估计小波系数 $\widehat{\omega_{J,k}}$。

3）小波重构。将处理后的小波系数 $\widehat{\omega_{J,k}}$ 与保留的尺度系数 $c_{j,k}$ 进行小波逆变换，获得去噪后的估计信号 $\widehat{x(t)}$。

5.2.2 多模态特征提取

信号的特征提取主要有小波特征提取法、统计特征提取法和形态特征提取法 3 类。小波特征提取法主要通过时频的双向分析，在时频域中找到各类信号的不同，一般使用离散小波变换提取波形特征，其中的经验模态分解方法将复杂的数据信号分解为有限数量的本征模函数，然后利用 Hilbert 变换获得信号的特征参数。小波变换则是选择合适的小波基进行小波变换，得到相应细节，小波包变换将信号分解为不同频段的信号，对频段各异的信号进行分析。统计特征提取法通过大量同类信号进行统计分析，使用相关统计量分析各类信号的不同，主成分分析从原有特征向量通过线性变换得到新特征向量，独立分量分析寻找线性坐标系统使得产生的信号相互统计独立，高阶统计量将信号对数特征进行泰勒展开而后对不同阶数的累积量进行分析。形态特征提取法利用各类波形存在的自身结构特征，例如时间跨度与幅值分析。

利用小波包变换对信号特征进行连续分解，从而生成小波包分解树，这种树是一个完整的二进制树。由传感器输入的信号数据在小波变换基础上经过去噪处理后在每一级信号分解时除了对低频子带进一步分解，也对高频子带进一步分解，最后通过最小化代价函数计算出最优的信号分解路径。

记小波包变换中父小波为 $\mu_0^0(t)$，母小波为 $\mu_1^0(t)$，则

$$\begin{cases}\mu_{2n}^{L-1}(t)=\sum_k h_k\mu_n^L(t-k),\ \mu_n^L(t-k)=\mu_n^{L-1}(2t-k)\\ \mu_{2n+1}^{L-1}(t)=\sum_k g_k\mu_n^L(t-k),\ \mu_n^L(t-k)=\mu_n^{L-1}(2t-k)\end{cases} \tag{5-6}$$

式中，h_k、g_k 的定义同小波变换，μ 为小波包。

5.3 仿真与实测数据的迁移学习预测建模

5.3.1 数据迁移学习

迁移学习是机器学习的一个重要分支，迁移学习的基本思想是应用相关领域的数据，将相关领域的有用知识“迁移”到目标领域中，以解决目标领域

中的学习任务。而迁移学习利用少量的目标领域数据来判断相关性，容易出现过度拟合，使泛化误差较大。为了避免以上问题，可以借鉴半监督思想，主要通过引入更多的目标领域数据来解决以上问题。

迁移预测模型构建分为迁移知识、迁移技术和迁移状态三个部分。迁移知识是研究哪些知识在领域或任务之间是可以迁移的，知识对于个体领域或任务都具有特殊性，在不同问题领域间存在着共同知识，这样可以帮助改善目标任务的性能。迁移技术是确认知识可迁移后，构造一般或特殊的算法来实现迁移。迁移状态指的是何种场合运用何种迁移技术进行迁移。同样，对于在某种场合下知识不能迁移也需要辨识。在某些情况下，当源领域与目标领域不相关，强制迁移不会成功，还有可能损害其性能，造成负迁移。

迁移技术的问题涉及迁移模型的具体构建，迁移学习分为归纳式迁移学习、直推式迁移学习和无监督迁移学习三类。在归纳式迁移学习中，目标任务不同于源域任务，即使源域和目标域是相同的，也需要根据目标域中有标记的数据构建迁移学习预测模型。在直推式迁移学习中，源域任务和目标任务是相同的，但源域和目标域是不同的，此时目标域没有或者很少有标记过的数据，而源域则有较多的标记数据，需要根据源域和目标域的同类相似标签构建非线性映射模糊预测模型。无监督迁移学习与归纳式迁移学习相似，目标任务和源域任务不同，但与源域任务有关。迁移的问题还涉及迁移方法的具体实现，迁移方法分为基于特征表示的迁移学习、基于实例的迁移学习、基于参数的迁移学习和基于相关知识的迁移学习。根据需要进行迁移学习的知识，选取相应的迁移学习方法，同时参考定制产品不同设计阶段迁移学习预测的需求。

5.3.2 仿真与实测数据融合

产品性能的可信预测离不开多源数据的支撑，但从各数据源及采样终端获取的多源数据，由于维度、容量和格式等差异，往往存在异常情况，最终导致部分数据无法直接集成应用。数据清洗是从各数据源获取的多源数据中检测出不一致、空缺、遗漏或有明显错误的数据，并加以修正，使之成为可使用数据的过程。数据清洗的关键是异常数据检测，异常数据的类型包括空值数据、无用特征及噪声。

令仿真数据为源域数据 $\mathcal{D}_S$，实测数据为目标域数据 $\mathcal{D}_T$。源域和目标域的样本空间和任务相同（$\mathcal{X}_{S_u}=\mathcal{X}_T$，$\mathcal{Y}_S=\mathcal{Y}_T$），但是边缘分布条件不同（$P(x_S)\neq P(x_T)$，$Q(y_S|x_S)\neq Q(y_T|x_T)$）。特征迁移学习（Feature Based Transfer Learning，FBTL）任务是最小化 $P(x_S)$ 和 $P(x_T)$、$Q(y_S|x_S)$ 和 $Q(y_T|x_T)$ 之间的分布差异，实现对源域知识的学习、$\mathcal{D}_S$ 和 $\mathcal{D}_T$ 间的数据融合及 $\mathcal{D}_T$ 小样本数据的扩充。

通常用最大均值差异（Maximum Mean Discrepancy，MMD）来度量域间数据的分布差异：

$$\mathrm{MMD}(X_1,X_2)=\left\|\frac{1}{n_1}\sum_{i=1}^{n_1}\phi(x_{1i})-\frac{1}{n_2}\sum_{j=1}^{n_2}\phi(x_{2j})\right\|_{\mathrm{H}}^2 \tag{5-7}$$

式中，$\phi(\cdot)$ 为源域空间和 Hilbert 空间 H 的非线性映射方程。

令 C 为 $\mathcal{D}_S$ 和 $\mathcal{D}_T$ 中的类别数，$\mathcal{D}_T=[\mathcal{D}_T^1,\mathcal{D}_T^1,\cdots,\mathcal{D}_T^C]$，$\mathcal{D}_{S_u}=[\mathcal{D}_S^1,\mathcal{D}_S^1,\cdots,\mathcal{D}_S^C]$。FBTL 的目标是构建特征变换矩阵 $\boldsymbol{A}\in\mathbb{R}^{d\times p}$，使得 $\boldsymbol{A}^{\mathrm{T}}\boldsymbol{X}_S$ 和 $\boldsymbol{A}^{\mathrm{T}}\boldsymbol{X}_T$ 之间的分布差异最小。

（1）边缘分布

对 $\mathcal{D}_S$ 和 $\mathcal{D}_T$ 域中相同类别的样本的边缘分布 $P(x_S)$ 和 $P(x_T)$ 的差异进行 MMD 度量：

$$D_m(P(x_S),P(x_T))=\left\|\frac{1}{n_S}\sum_{i=1}^{n_S}\boldsymbol{A}^{\mathrm{T}}x_i-\frac{1}{n_T}\sum_{i=1}^{n_T}\boldsymbol{A}^{\mathrm{T}}x_i\right\|_{\mathrm{H}}^2 \tag{5-8}$$

式中，n_S 和 n_T 分别是 $\mathcal{D}_S$ 和 $\mathcal{D}_T$ 中样本的数量。则

$$D_m(P(x_S),P(x_T))=\mathrm{tr}(\boldsymbol{A}^{\mathrm{T}}\boldsymbol{X}\boldsymbol{M}_m\boldsymbol{X}^{\mathrm{T}}\boldsymbol{A}) \tag{5-9}$$

式中，$\boldsymbol{X}=\mathbb{R}^{d\times(n_S+n_T)}$ 为综合 $\mathcal{D}_S$ 和 $\mathcal{D}_T$ 域的输入矩阵，$\boldsymbol{M}_m=\mathbb{R}^{(n_S+n_T)\times(n_S+n_T)}$ 为 MMD 矩阵，且

$$\boldsymbol{M}_{m_{ij}}=\begin{cases}\dfrac{1}{n_Sn_S}, & x_i,x_j\in D_S\\[2ex] \dfrac{1}{n_Tn_T}, & x_i,x_j\in D_T\\[2ex] \dfrac{-1}{n_Sn_T}, & \text{其他}\end{cases} \tag{5-10}$$

(2) 条件分布

由于 $Q(y_S|x_S)$ 和 $Q(y_T|x_T)$ 难以用数学式表达，在伪标签和真实标签的基础上，利用 $Q(x_{Su}|y_S=c)$ 和 $Q(x_T|y_T=c)$ 来计算条件分布情况：

$$D_c(Q(x_S^c),Q(x_T^c)) = \left\| \frac{1}{n_S^c}\sum_{x_i\in D_S^c} A^T x_i - \frac{1}{n_T^c}\sum_{x_j\in D_T^c} A^T x_j \right\|_H^2 \tag{5-11}$$

式中，n_S^c 和 n_T^c 分别是 $\mathcal{D}_S$ 和 $\mathcal{D}_T$ 中第 c 类样本的数量，则

$$\begin{aligned} D_c(Q(x_S),Q(x_T)) &= \sum_{c=1}^{C} D_c(Q(x_S^c),Q(x_T^c)) \\ &= \mathrm{tr}(\boldsymbol{A}^T\boldsymbol{X}\boldsymbol{M}_c\boldsymbol{X}^T\boldsymbol{A}) \end{aligned} \tag{5-12}$$

式中，$\boldsymbol{M}_c=\mathbb{R}^{(n_S+n_T)\times(n_S+n_T)}$ 为 MMD 矩阵，且

$$\boldsymbol{M}_{c_{ij}} = \begin{cases} \dfrac{1}{n_S n_S}, & x_i,x_j\in D_S^c \\ \dfrac{1}{n_T n_T}, & x_i,x_j\in D_T^c \\ \dfrac{-1}{n_S n_T} & \begin{cases} x_i\in D_S^c, x_j\in D_T^c \\ x_i\in D_T^c, x_j\in D_S^c \end{cases} \\ 0, & \text{其他} \end{cases} \tag{5-13}$$

(3) 优化目标

综合考虑 $\mathcal{D}_S$ 和 $\mathcal{D}_T$ 中各分类样本的边缘分布与条件分布差异，特征迁移的目标函数为

$$\mathrm{Dist} = \alpha\,\mathrm{tr}\left(\boldsymbol{A}^T\boldsymbol{X}\sum_{c=1}^{C}\boldsymbol{M}_c\boldsymbol{X}^T\boldsymbol{A}\right) + \beta\,\mathrm{tr}(\boldsymbol{A}^T\boldsymbol{X}\boldsymbol{M}_m\boldsymbol{X}^T\boldsymbol{A}) + \lambda\|\boldsymbol{A}\|_F^2 \tag{5-14}$$

式中，λ 为正则化参数，$\|\cdot\|_F^2$ 是 F-范数，α 和 β 为权衡边缘分布与条件分布差异的权重系数。定制产品的仿真和实测数据（源域与目标域）之间存在相似关系，因此令 $\alpha>\beta$，使条件分布自适应占更大的比重。基于广义瑞利熵，对目标函数进行优化：

$$\begin{aligned} &\min \quad \mathrm{Dist} \\ &\text{s.t.} \quad \begin{aligned} &\boldsymbol{A}^T\boldsymbol{X}\boldsymbol{H}\boldsymbol{X}^T\boldsymbol{A}=\boldsymbol{I} \\ &\alpha+\beta=1,\alpha>\beta \end{aligned} \end{aligned} \tag{5-15}$$

令 $\phi=[\phi_1,\phi_2,\cdots,\phi_d]$ 为拉格朗日乘子，则 Dist 的拉格朗日函数为

$$L=\alpha \mathrm{tr}\left(\boldsymbol{A}^{\mathrm{T}}\boldsymbol{X}\sum_{c=1}^{C}\boldsymbol{M}_c\boldsymbol{X}^{\mathrm{T}}\boldsymbol{A}\right)+\beta\mathrm{tr}(\boldsymbol{A}^{\mathrm{T}}\boldsymbol{X}\boldsymbol{M}_m\boldsymbol{X}^{\mathrm{T}}\boldsymbol{A})+\lambda\|\boldsymbol{A}\|_F^2+ \mathrm{tr}((\boldsymbol{I}-\boldsymbol{A}^{\mathrm{T}}\boldsymbol{X}\boldsymbol{H}\boldsymbol{X}^{\mathrm{T}}\boldsymbol{A})\phi) \tag{5-16}$$

式中，$\boldsymbol{H}=\boldsymbol{I}-\frac{1}{n}\boldsymbol{I}$。令 $\frac{\partial L}{\partial \boldsymbol{A}}=0$，得到特征分解如下：

$$\left(\boldsymbol{X}\left(\alpha\sum_{c=1}^{C}\boldsymbol{M}_c+\beta\boldsymbol{M}\right)\boldsymbol{X}^{\mathrm{T}}+\lambda\boldsymbol{I}\right)\boldsymbol{A}=\boldsymbol{X}\boldsymbol{H}\boldsymbol{X}^{\mathrm{T}}\boldsymbol{A}\phi \tag{5-17}$$

求解式（5-17）得到最优变换矩阵 $\boldsymbol{A}$。通过 $\boldsymbol{Z}=\boldsymbol{A}^{\mathrm{T}}\boldsymbol{X}$，实现 $\mathcal{D}_{\mathrm{S}}$ 和 $\mathcal{D}_{\mathrm{T}}$ 的数据对齐，以及满足机器学习样本特征的同分布条件，从而通过特征迁移实现 $\mathcal{D}_{\mathrm{S}}$ 和 $\mathcal{D}_{\mathrm{T}}$ 的数据融合。

5.3.3　仿真与实测数据的迁移学习预测模型

定制产品的性能可信预测离不开历史实测数据和计算仿真数据等多源数据，但多源数据由于维度、容量和格式等差异，无法直接集成应用，因此在构建定制产品迁移学习预测模型之前，需要对源域和目标域的多源数据构建数据多模态关联。即对不同产品仿真和历史实测多源数据，通过分析各模态数据之间的关系来实现各模态数据之间的相互补充、学习，以提高应用的准确率和查全率，使得各模态数据之间可以相互跨越、相辅相成。

当样本容量不足时，使用机器学习方法进行训练，容易因学习不足导致欠拟合。可以直接将两种样本进行混合训练，这样虽然增加了样本的容量，但是由于特征耦合，又容易因过度学习导致过拟合现象。本节提出一种基于双层网络的迁移学习预测模型，可实现仿真与实测样本的融合及产品性能预测，如图 5.1 所示。

预测模型由内、外两层网络组成，分别使用仿真样本和实测样本进行模型训练，其中仿真样本容量为 n'，实测样本容量为 n。预测模型的内层网络由 k' 层前馈神经网络组成，包括一层输出层、一层输入层和多层隐藏层。内层网络的初始化参数为随机初始化。网络训练数据为 $D'=\{(x'_i,y'_i)\}_{i=1}^{n'}(x'\in R^{d'},d'$ 为样本特征维度)，其中随机 m' 个数据作为训练集，$D'_{\mathrm{train}}=\{(x'_i,y'_i)\}_{i=1}^{m'}$，剩余

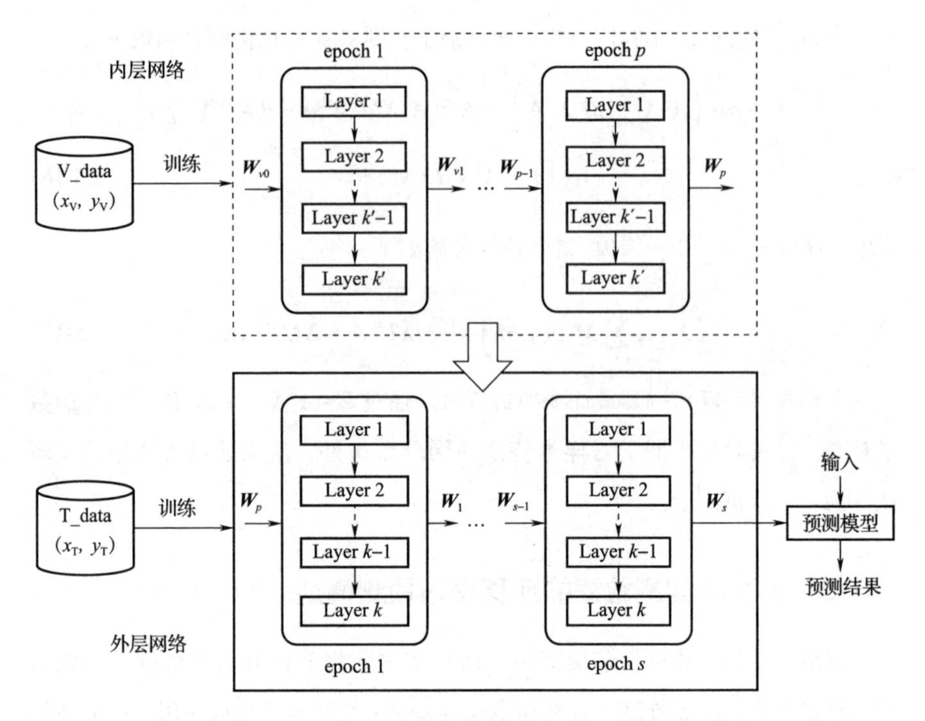

图 5.1　基于双层网络的迁移学习预测模型

$n'-m'$个数据作为验证集，$D'_{\text{test}}=\{(x'_i,y'_i)\}_{i=1}^{n'-m'}$。$m'$为满足式（5-18）的最小整数：

$$m'/n'\geqslant 75\% \tag{5-18}$$

输入层节点数为 d'（与样本特征维数相同），输出层节点数为 1，隐藏层激活函数为 Sigmoid 函数和 RELU 函数的组合。假设网络的输出 $\bar{y}$ 为

$$\bar{y}=h(z=\omega x'+b,g(z)) \tag{5-19}$$

式中，$g(z)$ 为激活函数，ω 为权值参数，b 为偏差参数。则预测的均方误差为

$$\text{err}=\frac{1}{2}\sum_{i=1}^{m}(\bar{y}_i-y_i)^2 \tag{5-20}$$

利用梯度下降原理进行参数更新：

$$\omega_i=\omega_{i-1}-\alpha\frac{\partial \text{err}}{\partial \omega_i}$$

$$b_i = b_{i-1} - \alpha \frac{\partial \mathrm{err}}{\partial b_i} \tag{5-21}$$

式中，α 为学习率，$\alpha=0.1$。

经过多代训练得到一组能使网络收敛的参数 ω'。

预测模型的外层网络由 k 层网络组成，$k \leqslant k'$，外层网络的初始化参数为内层网络预训练得到的 ω。训练样本集使用实测数据 $D=\{(x_i, y_i)\}_{i=1}^{n}$，经过训练得到收敛的网络。内层、外层网络使用不同的数据处理同一任务。内层网络利用大量的仿真数据进行预训练，外层网络利用真实小样本对预训练参数进行微调，实现仿真与实测样本的融合，并利用融合数据进行产品关键性能的预测。

5.4 产品设计与性能分析集成方法

5.4.1 产品设计与仿真的集成信息模型

产品设计与仿真的集成信息模型是指存在于产品设计、仿真分析异构系统中的多维度、多层次信息，主要包括产品的几何拓扑信息、零部件约束信息、零件载荷信息及产品知识等。在产品研发过程中，这些信息并不是单向恒定进行调用，经常会出现多次反复调用，信息间也不是沿某一固定模式单向流动，而是随时交叉进行传递，产品设计与仿真的集成信息模型的结构组成如图5.2所示。

（1）几何拓扑信息

几何拓扑信息包括模型几何信息、模型拓扑结构信息、有限元网格信息等。模型几何信息是一组表达产品形状的图形数据，是设计工作的主要对象和结果。它从维度上可分为二维模型几何信息和三维模型几何信息，从层次结构上可分为点信息、线信息、面信息和体信息。模型拓扑结构信息是用来表达产品与零件之间层次结构关系的信息（EBOM），可分为层次数据模型和产品逻辑结构模型。层次数据模型是对按照层次结构组织起来的事物的模拟，记录的是存储事物或事物间关系的基本数据单位。父子关系是层次数据模型中最基本

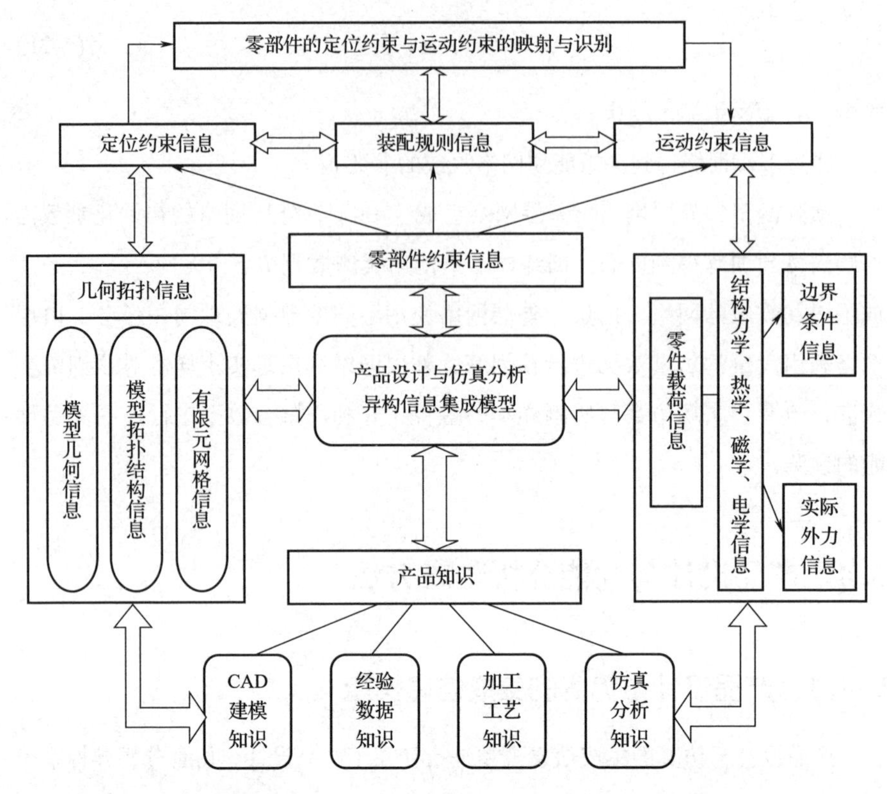

图 5.2　产品设计与仿真的集成信息模型的结构组成

的数据关系，利用父子关系可以构成树形结构的层次数据模型。产品逻辑结构模型是由产品的零部件按照装配关系组成的树形结构。典型的产品逻辑结构模型有装配体、子装配体、零件、面及面片。

有限元网格信息是由一系列离散的节点按照一定规则生成的数据矩阵，包括数值数据和几何数据两部分。它从维度上可分为二维有限元网格和三维有限元网格，从节点结构上可分为三角有限元网格和四边形有限元网格，从单元类型上又可分为梁（Beam）网格单元、杆（Spar）网格单元、壳（Shell）网格单元、2D 实体网格单元、3D 实体网格单元等。

（2）零部件约束信息

零部件的约束是多体动力学仿真虚拟装配（VA）的重要信息。零部件约束信息是装配体零件与零件之间的关系描述。该描述蕴涵了装配零部件间存在的定位关系、装配规则与装配动作。从上述定义可知，零部件约束信息包括定位约束、装配规则与运动约束。零部件的定位是通过约束来实现的。定位约束信息包含约束的类型和参数、约束作用的两个零件、约束层次，以及约束几何元素（点、线或面）的类型和信息。约束类型分为贴合、贴合偏移、对齐、对齐偏移、重合、定角、相切和坐标系8种。装配规则信息指的是产品在安装、拆卸、回收等过程中所遵守的规范与准则。运动约束信息指的是运动零件相对于基准零件的运动受限情况。零部件的运动约束可分为平动约束和转动约束两种。

零部件的定位约束与运动约束并不是相互独立的，而是相互关联的。零部件的定位约束与运动约束的映射与识别是CAD系统与多体动力学仿真系统信息集成的关键所在。

（3）零件载荷信息

零件载荷信息是多体动力学仿真有限元分析必不可少的信息。多体动力学仿真有限元分析需要对零件（模型）施加载荷。零件载荷信息可分为边界条件信息（Boundary Information）和实际外力信息（External Force Information）两大类。在不同研究领域载荷的类型见表5.1。

表5.1　不同研究领域载荷的类型

领域	载荷
结构力学	位移、集中力、分布力、重力
热学	温度、热流率、热源、对流
磁学	磁声、磁通量、磁源密度
电学	电位、电流、电荷、电荷密度
流体力学	速度、压力

以特性而言，载荷可分为5类：力（集中载荷），如在模型中被指定的力和力矩；表面载荷，如在结构分析中的压力；体积载荷，如在结构分析中的温度；惯性载荷，如重力和重力加速度、角速度和角加速度；耦合场载荷，是上述载荷的一种特殊情况，从一种分析得到的结果作为另一种分析的载荷。零件载荷信息的转化与自动施加是多体动力学仿真有限元分析系统信息集成的关键。

(4) 产品知识

产品知识包括 CAD 建模知识、仿真分析知识、加工工艺知识、经验数据知识。CAD 建模知识包括设计手册、建模规范、功能特征、性能特征、零件实体特征（几何特征、材料特征、工艺特征等）、装配特征（装配方向、装配面、装配关系等）、精度特征（尺寸公差、形位公差、粗糙度等）等产品对象知识，以及设计意图、设计目录、设计公式等设计过程知识。仿真分析知识包括几何特征、结构特征、强度特征、刚度特征、速度特征、加速度特征、多体动力学仿真知识（材料设置、运动约束设置、作用力设置等）、有限元知识（单元类型、材料属性、网格划分、网格细化、载荷边界条件施加等），以及在仿真分析过程中所需要的公式等。加工工艺知识包括加工工艺数据（如加工方法、余量、切削用量、机床、刀具、夹具、量具、热处理、表面处理、材料、工时、成本核算等多方面信息）、工艺信息模型（生成工艺零件的规程）等，以及工艺抉择、抉择过程控制（工艺抉择逻辑、抉择习惯、加工方法的选择排序规则等）、工序分配、公差分配等过程知识。经验数据知识包括成功案例、经验取值、关键数据等各种经验知识。

5.4.2 继承与转化的多体动力学仿真动态建模

CAD 与 CAE[㊀]往往在异构系统平台上分别进行，使得零件结构特征与仿真约束之间的隐性关联变得十分复杂，难以形成零件结构修改与动力学约束变更的双向驱动。实际应用中，设计的几何结构模型一旦修改，往往需要对仿真模型的动力学约束进行重新设置，影响仿真建模的效率。针对上述问题，本节提出了基于继承与转化的多体动力学仿真动态建模的方法，对动力学约束与实体模型约束结构隐性关联进行分析，建立多体动力学仿真拓扑构型，实现多体动力学仿真模型的动态继承与转化。

(1) 多体动力学仿真的拓扑构型

多体动力学仿真动态建模基于约束的拓扑建模，它以惯性构件作为拓扑节点，通过构件间约束关系的建立，实现构件间的连接，完成模型的拓扑构建。

㊀ CAE，Computer Aided Engineering，计算机辅助工程。——编辑注

惯性构件是具有确定位置姿态和惯性特征的动力学计算对象，可通过惯性参数及位姿矩阵进行具体表述。

构件间的约束关系包括运动约束、力元约束和外力约束 3 种。运动约束表征构件之间的运动限制；力元约束表征构件之间的力学作用；外力约束是假设去除了施力构件的力元约束。约束通过约束参数、约束点位姿矩阵及约束简型进行表述。

约束简型是表征物理约束属性的几何形体，是实体模型结构功能和位姿的约简。运动约束简型一方面表征构件的运动受限情况，另一方面与对应的实体模型结构位姿相一致。力元约束简型和外力约束简型表征构件的受力情况，与对应的实体模型结构位姿相一致。

不同约束对应的约束简型，见表 5.2。其中：

1）Tf（Rf）表示构件不受平动（转动）约束，其位置用坐标 Tf（Rf）表示；

2）Vtc（Vrc）表示构件仅一个方向受平动（转动）约束，用矢量 Vtc（Vrc）表示；

3）Vtf（Vrf）表示构件仅一个方向不受平动（转动）约束，用矢量 Vtf（Vrf）表示；

4）Tc（Rc）表示构件各方向均受平动（转动）约束，其位置用坐标 Tc（Rc）表示。

表 5.2　不同约束对应的约束简型

约束类型		转动简型	平动简型	约束类型		转动简型	平动简型
运动约束	固定约束 JF	Rc	Tc	力元约束	弹簧 TS	Rf	Vtc
	转动约束 JR	Vrf	Tc		扭簧 RS	Vrc	Tf
	万向节约束 JK	Vrc	Tf		轴套力 BS	Rf	Vtc
	球铰约束 JS	Rf	Tc		接触力 CS	Rf	Vtc
	移动约束 JT	Rc	Vtf	外力约束	重力 FG	Rf	Vtc
	圆柱约束 JC	Vrf	Vtf		单作用力 FS	Rf	Vtc
	平面约束 JP	Vrf	Vtc		单作用力矩 FT	Vrc	Tf

多体动力学仿真模型可约简成拓扑构型。拓扑构型是指连接构件上的约束作用点形成构件的动力学框架，并通过约束简型表征构件的动力学约束特征。

图 5.3 所示为由 Part1、Part2、Part3 零件组成的拓扑构型，通过构件上的约束作用点的连接，形成构件的动力学特征链；通过约束的两个作用点的连接，形成约束的动力学特征链。

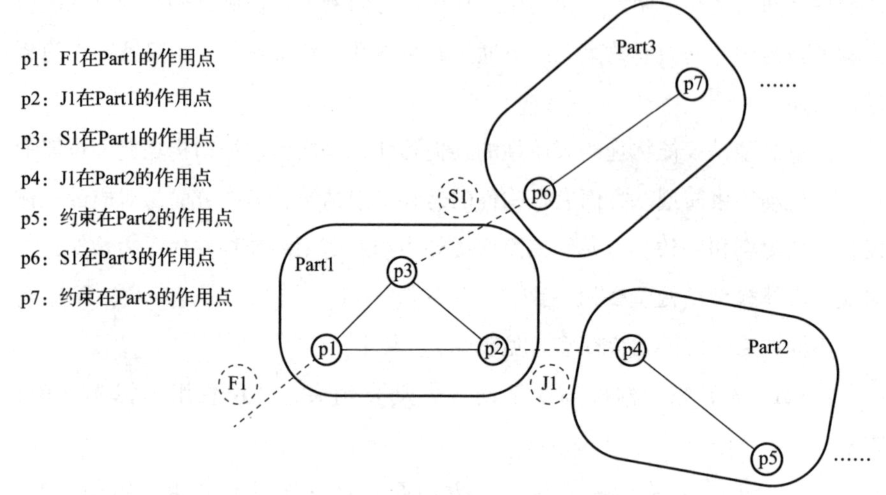

图 5.3　多体系统的拓扑构型

（2）基于拓扑构型的仿真模型约束继承

拓扑构型一方面表征构件在动力学仿真分析中的约束状况，另一方面反映构件对应零件的结构特征，与实体模型具有拓扑映射关系。

1）构件是抽象化的零件实体模型，其惯性参数通过实体模型的几何形状及密度设置自动求解，其位姿与零件实体模型相一致，取实体模型的建模参考系在绝对坐标系中的位姿作为构件的基准参考系。

2）构件上的约束在实体模型上均有具体结构相对应，这种结构称为约束结构。约束结构与约束简型具有映射关系。

3）力元约束作为动力学约束的一种，一方面在其作用构件所对应的零件上有对应的约束结构，另一方面又对应具体的零件实体模型。

4）外力约束是去除施力构件的力元，在其作用构件所对应的零件上有约束结构对应。

根据约束简型的不同类型，建立不同的实体约束结构检索规则见表 5.3。

表 5.3　约束结构检索规则

约束类型		转动简型	平动简型	继承检索规则
运动约束	固定约束 JF	Rc	Tc	∅
	转动约束 JR	Vrf	Tc	轴线与 Vrf 重合的圆柱面
	万向节约束 JK	Vrc	Tf	轴线与 Vrc 重合的实体组
	球铰约束 JS	Rf	Tc	中心与 Rf 重合的球面
	移动约束 JT	Rc	Vtf	∅
	圆柱约束 JC	Vrf	Vtf	轴线与 Vrf（Vtf）重合的圆柱面
	平面约束 JP	Vrf	Vtc	法矢与 Vrf（Vtc）重合的平面
力元约束	弹簧 TS	Rf	Vtc	轴线与 Vtc 重合的实体
	扭簧 RS	Vrc	Tf	轴线与 Vrc 重合的实体
	轴套力 BS	Rf	Vtc	轴线与 Vtc 重合的实体组
	接触力 CS	Rf	Vtc	轴线与 Vtc 重合的两接触面
外力约束	重力 FG	Rf	Vtc	∅
	单作用力 FS	Rf	Vtc	轴线与 Vtc 重合的实体
	单作用力矩 FT	Vrc	Tf	轴线与 Vrc 重合的实体

依照约束结构与约束简型的映射关系，利用约束简型在实体模型中进行约束结构的检索，建立必要的关联，实现模型结构与模型多体动力学约束的双向驱动。当约束结构发生改动时，拓扑构型根据继承检索规则，沿动力学特征链遍历模型，自动继承实体模型信息，实现驱动约束简型的转化。

(3) 基于拓扑构型的仿真模型动态转化

当构件结构特征不变时，其约束之间的相对位姿关系保持不变，其动力学分析特征保持不变。为此，在构件上任意选取基准参考系，对构件上的约束作用点进行统一描述。

设构件的基准参考系的位姿矩阵为

$$\boldsymbol{P}_i=\begin{pmatrix} p_{xx} & p_{xy} & p_{xz} & p_x \\ p_{yx} & p_{yy} & p_{yz} & p_y \\ p_{zx} & p_{zy} & p_{zz} & p_z \\ 0 & 0 & 0 & 1 \end{pmatrix}$$

则构件上约束的位姿矩阵记为

$$C_{ij}=P_iA_{ij} \tag{5-22}$$

式中，$A_{ij}=\begin{pmatrix} a_{xx} & a_{xy} & a_{xz} & a_x \\ a_{yx} & a_{yy} & a_{yz} & a_y \\ a_{zx} & a_{zy} & a_{zz} & a_z \\ 0 & 0 & 0 & 1 \end{pmatrix}$为约束位姿相对于构件位姿的偏置矩阵。

当构件位姿发生改变时，构件的新位姿矩阵记为

$$P_i'=B_iP_i \tag{5-23}$$

式中，$B_i=\begin{pmatrix} b_{xx} & b_{xy} & b_{xz} & b_x \\ b_{yx} & b_{yy} & b_{yz} & b_y \\ b_{zx} & b_{zy} & b_{zz} & b_z \\ 0 & 0 & 0 & 1 \end{pmatrix}$为构件原位姿到新位姿的变换矩阵。

此时，构件上约束的位姿变为

$$C_{ij}'=P_i'A_{ij}=B_iP_iA_{ij}=B_iC_{ij} \tag{5-24}$$

可见，当构件位姿发生改变时，根据零件新位姿和原位姿，可以求取位姿变换矩阵为

$$B_i=P_i'P_i^{-1} \tag{5-25}$$

然后根据 $C_{ij}'=B_iC_{ij}$，便可求取作用于该构件上的约束的新位姿。当构件拓扑构型改变时，作用其上的约束的偏置矩阵发生改变，记为

$$A_{ij}'=E_{ij}A_{ij} \tag{5-26}$$

式中，$E_{ij}=\begin{pmatrix} e_{xx} & e_{xy} & e_{xz} & e_x \\ e_{yx} & e_{yy} & e_{yz} & e_y \\ e_{zx} & e_{zy} & e_{zz} & e_z \\ 0 & 0 & 0 & 1 \end{pmatrix}$为约束的偏置矩阵变换矩阵。

（4）多体动力学仿真的动态建模

多体动力学仿真的动态建模是模型信息继承和转化的过程。新模型利用原模型生成拓扑构型，完成自身的拓扑变更检测，生成拓扑变更表，同时对原模型信息进行简单的继承。然后，根据模型的结构变动，生成相应的偏置变换矩阵和位姿变换矩阵，利用拓扑变更表，对原模型进行转化，自动生成新的仿真

模型。所以，实现模型的继承和转化需要经历拓扑构型构造和模型自动检测调整两个阶段，如图 5.4 所示。

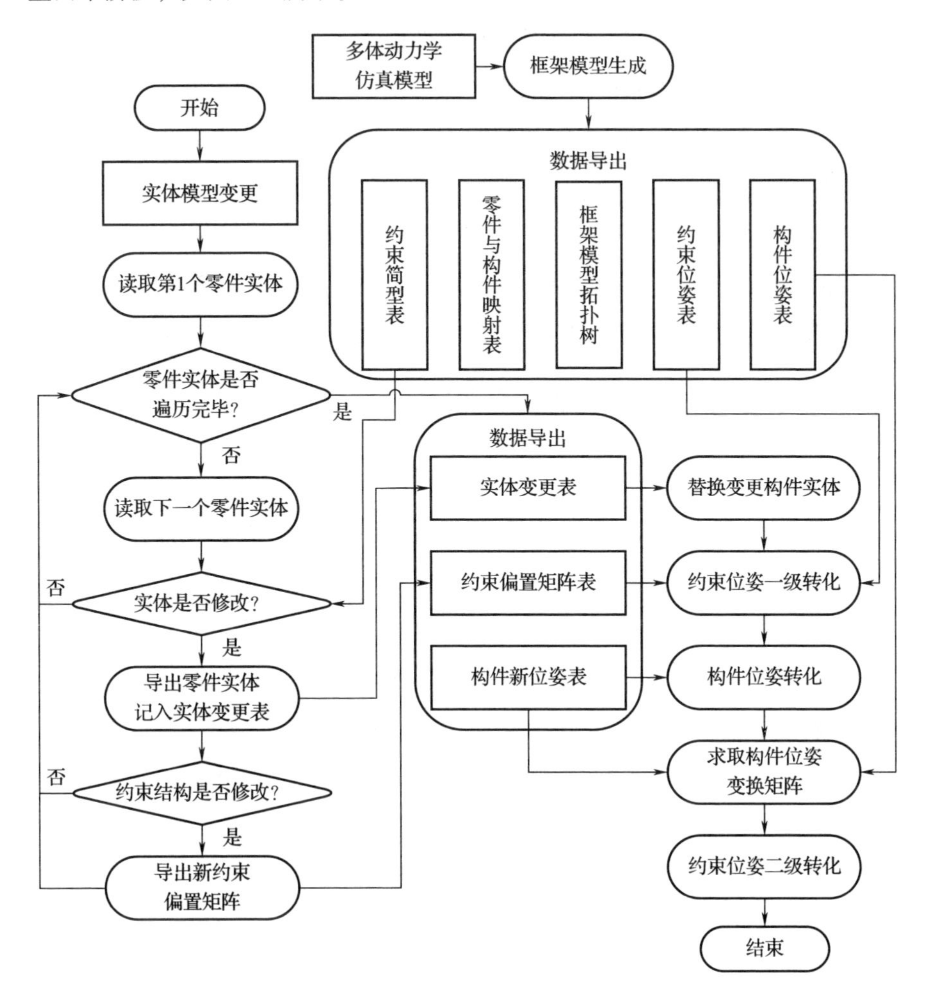

图 5.4　多体动力学仿真模型动态转化

5.5　定制产品性能的预测流程与实现

5.5.1　定制产品性能的预测流程

传统性能预测方法预测精度低、模型构建难度大、理论基础要求高，为了解决上述问题，定制产品性能预测需要关注如何解决定制产品小样本、如何解决仿真数据与实测数据的融合、性能可信预测等问题。

定制产品的性能预测流程包括：构建待预测性能产品的计算机仿真模型；求解仿真模型，生成大容量、高品质的计算机仿真数据；进行仿真数据与实测数据的多源异构融合；构建性能预测模型，利用融合后的高保真度数据训练模型，并实现性能可信预测。

下面以高速电梯轿厢与井道气流双向气固耦合振动性能预测为例，分析过程主要分为三步：第一步是根据电梯配置结果，获取轿厢及电梯井道的几何结构和物理参数，构建轿厢系统动力学模型和井道气流流场模型；第二步是根据第一步构建的动力学模型和流场模型，构建两者交界面之间的网格映射关系和数据映射关系；第三步是采用预测-校正的迭代方法，求解动力学模型和流场模型，计算轿厢振动状态和气流流场状态并更新网格，使得两者之间的网格保持一致性。井道气流-轿厢结构气固耦合振动性能预测过程如图 5.5 所示。

(1) 构建轿厢系统动力学模型和井道气流流场模型

根据高速电梯配置过程生成的轿厢系统结构、几何参数和物理参数等，对导轨、滚动导靴、导流罩、曳引机、曳引绳、绳头弹簧、减震弹簧、轿厢架、轿厢壁、门控系统等部件进行适当简化，忽略非关键部件对轿厢振动的影响，导入关键部件物理参数。根据 Lagrange 理论构建轿厢振动模型，并建立轿厢系统动力学方程，选择合适的求解器求解轿厢系统动力学方程。根据需求获取得到的电梯井道几何参数及电梯轿厢布置需求，构建电梯井道三维几何模型和轿厢系统几何模型。根据井道气流流场特点划分网格，设置井道气流模型入口参数、出口参数及井道壁和轿厢壁气流滑移条件，选择合适的湍流模型描述井道气流流场参数，选择求解器，设置初始化参数，并保证轿厢系统动力学模型求解器和井道气流流场模型求解器时间步的统一。

(2) 井道气流-轿厢系统交界域网格映射关系和数据映射关系

根据第 1 步构建的轿厢系统动力学模型和井道气流流场模型，对每个结构单元根据节点三个坐标轴方向的最大和最小坐标，建立一个包络方盒，使其正好包含此结构单元的所有节点，从而建立一个包含单元在内的桶区域，再经过

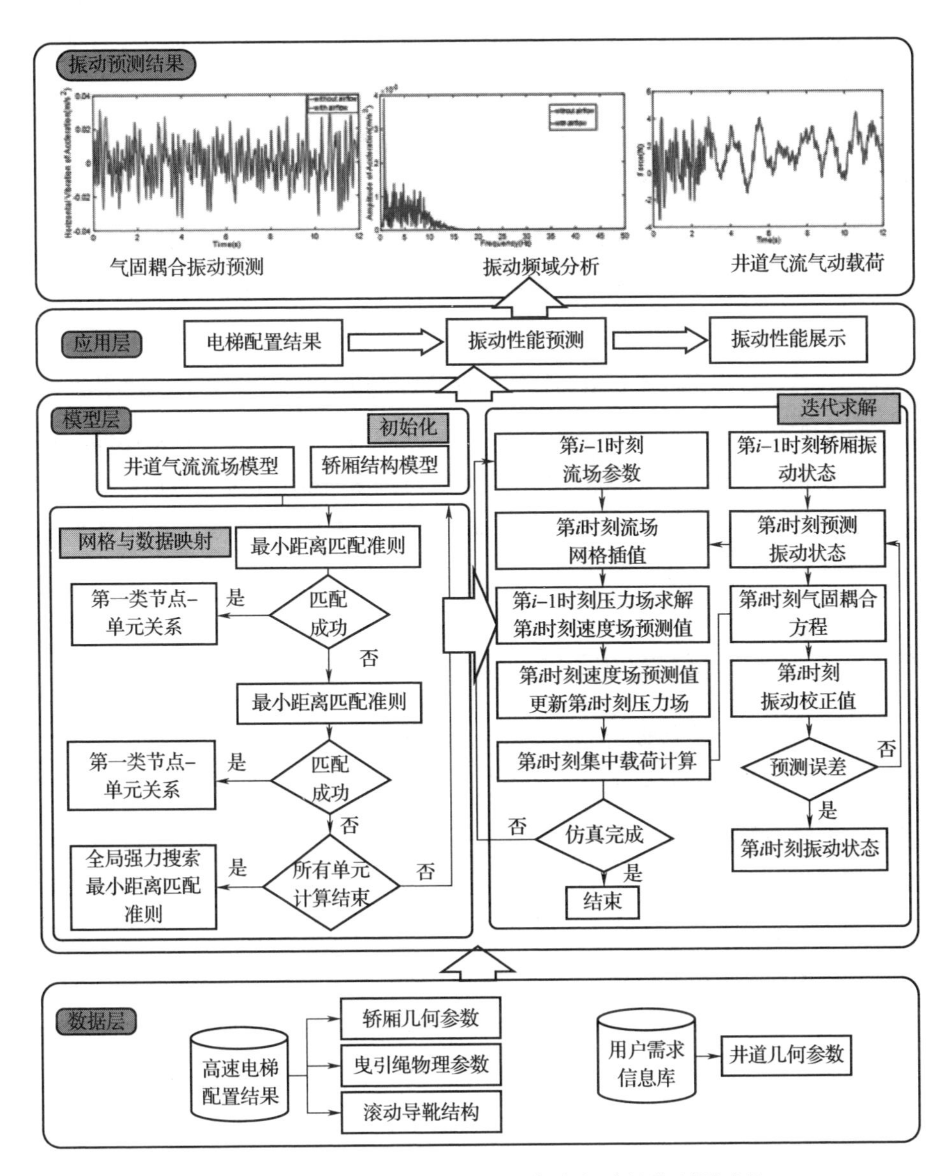

图 5.5 井道气流-轿厢结构气固耦合振动性能预测过程

适当放大将其周围的流体节点包含在内。采用最小距离准则，建立节点和单元之间的初步关系，如果一个轿厢结构节点到某个气流流体（结构）单元平面（或曲面、单元边）的距离最小，则该节点和单元匹配；对于少数不能用最小距离准则匹配的特殊节点，采用最近位置准则进行匹配，如果一个轿厢结构节点到某个气流流体节点位置小于某个极小的容差，则两个节点匹配。建立节点与单元边之间的匹配关系后，根据该点在单元边上的投影点进行数值插值，作为该节点的近似数据，并确定数据映射关系的权重，从而建立轿厢结构与井道气流的网格映射关系和数据映射关系。

（3）预测-校正迭代求解和网格更新方法

在建立网格映射和数据映射关系后，为保证振动性能预测的精度，需要消除两个求解器之间的滞后性，采用预测-校正迭代的方式，直到两个求解器都收敛。在迭代过程中，需要根据轿厢系统动力学模型求解器的结果调整井道流场中轿厢的位姿和运动状态，根据第 2 步建立的网格映射关系，确定轿厢结构网格关键部位振动状态。通过插值法确定气流流场网格的形变，以适应更新后的轿厢结构网格变化，同时可以减少网格计算，提高计算效率，保证计算精度，准确预测轿厢结构振动性能。

5.5.2 定制产品性能的可信预测

定制产品性能预测的可信度取决于仿真数据与实测数据的保真度、多源数据融合的可信度及预测模型的预测精度。由于定制产品的定制化特点，用于性能预测的样本容量较小，需要构建高保真度仿真模型，生成容量大、保真度高的计算机仿真样本，用以扩充训练样本。由于仿真样本与实测样本间存在保真度差异，需要通过仿真实测数据的多源融合，提高样本可用性。通过构建深度性能预测模型，利用融合数据训练，增强模型的预测能力。

本节以轿厢水平振动性能可信预测为例，提出了基于气固耦合模型的水平振动预测模型及求解方法。基于时间离散化的思想，对井道气流与轿厢之间的耦合作用时间 t 按照有限小的步长进行离散，井道气流流场模型和轿厢动力学模型采用统一的时间步，忽略井道气流作用下的轿厢形变。为了准确反映井道气流流场特性与轿厢振动状态之间的交互关系，采用预测-校正迭代的方式求解井道气流和轿厢振动状态之间的耦合问题，将预测或修正之后的轿厢振动状态带入井道气流流场模型中，利用 Laplace 修正法调整轿厢在井道气流流场中的位姿，采用半隐式 CBS 算法求解 NS 方程，计算井道气流作用在轿厢的力和力矩，并采用 Newmark-β 法求解轿厢系统动力学方程。轿厢水平振动气固耦合方程的求解流程如图 5.6 所示。

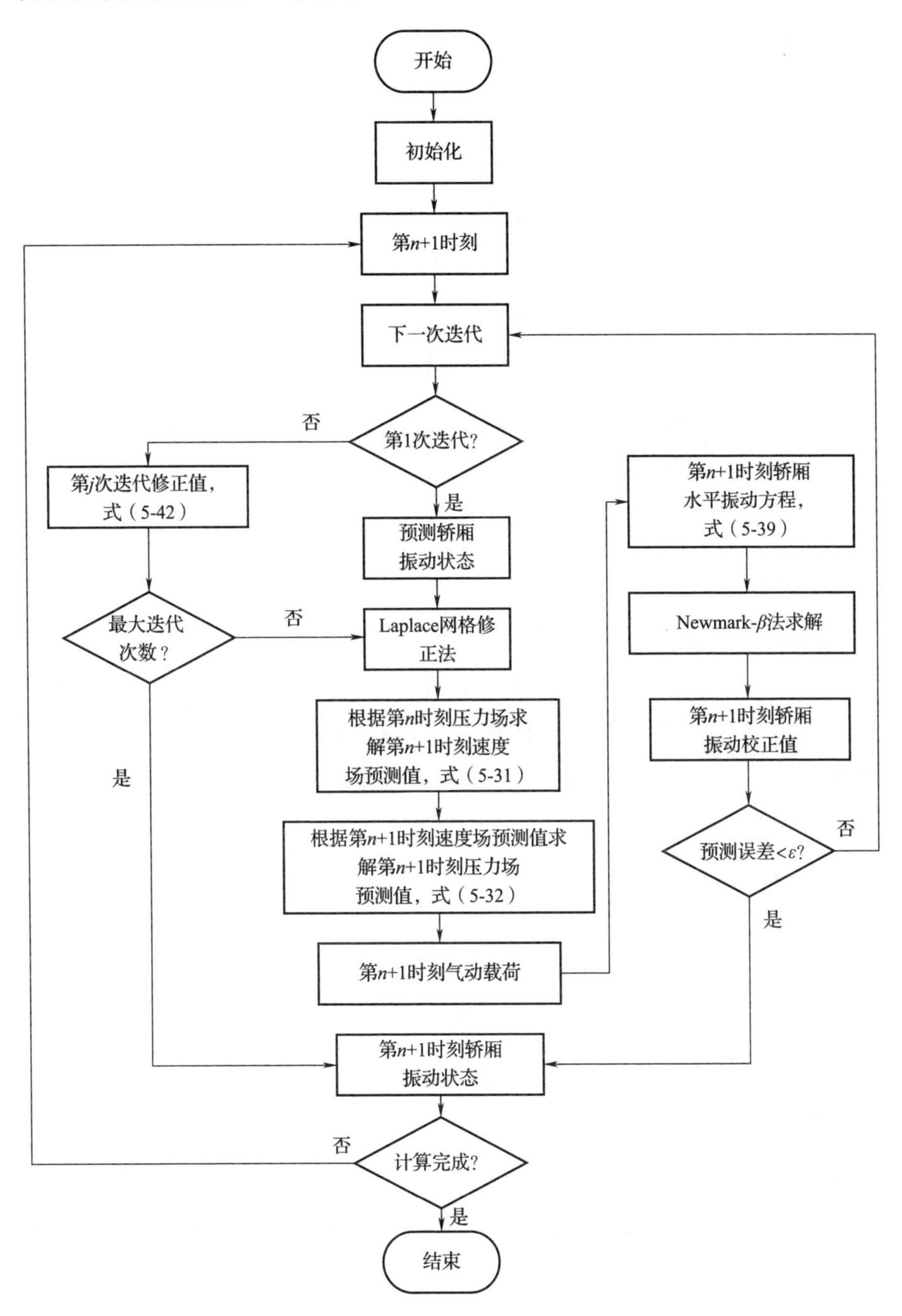

图 5.6　轿厢水平振动气固耦合方程的求解流程

步骤 1：假设已知第 n 时刻轿厢的运动状态及流场状态，使用线性插值法预测第 $n+1$ 时刻轿厢的运动状态，如式（5-27）：

$$
\begin{aligned}
a_s^e &= 2a_s^n - a_s^{n-1} \\
\dot{j}_s^e &= 2\dot{j}_s^n - \dot{j}_s^{n-1} \\
v_s^e &= v_s^{n-1} + 2\Delta t a_s^n \\
w_s^e &= w_s^{n-1} + 2\Delta t \dot{j}_s^n \\
x_s^e &= x_s^{n-1} + 2\Delta t v_s^n \\
R_s^e &= R_s^{n-1} + 2\Delta t w_s^n
\end{aligned}
\tag{5-27}
$$

步骤 2：使用预测值 x_s^e、R_s^e 更新流场中轿厢位姿，并更新流体网格。当井道气流流场与轿厢边界域发生改变时，令交界域网格所有节点位移满足 Laplace 方程，求出网格节点随轿厢振动而产生的协调位移。Laplace 修正算法的边界问题可以表示为式（5-28）：

$$
\begin{gathered}
\nabla \cdot [\nabla(1+\gamma)\boldsymbol{q}] = \Delta(1+\gamma)\boldsymbol{q} = 0 \\
\boldsymbol{q} = g \mid_{\Gamma_m}, \quad \boldsymbol{q} = 0 \mid_{\Gamma_f}
\end{gathered}
\tag{5-28}
$$

式中，$\boldsymbol{q}$ 为井道气流 CFD 模型网格位移向量，g 为井道气流-轿厢交界域网格位移，γ 为井道气流 CFD 模型网格变形控制参数，Γ_m 为井道气流 CFD 模型网格移动边界，Γ_f 为井道气流 CFD 模型网格固定边界。γ 的定义见式（5-29）：

$$
\gamma = \frac{1 - \dfrac{\Delta_{\min}}{\Delta_{\max}}}{\Delta^e / \Delta_{\max}}
\tag{5-29}
$$

式中，Δ^e、$\Delta_{\min}$ 和 $\Delta_{\max}$ 分别表示当前计算网格的面积、网格系统中最小网格和最大网格的面积。

已知第 n 时刻井道气流网格节点位置 $\boldsymbol{q}^n$，根据式（5-28）求出当前时间步内的网格位移增量 $\tilde{\boldsymbol{q}}^{n+1}$ 后，根据式（5-30）可以得到第 $n+1$ 时刻新的网格节点位置 $\boldsymbol{q}^{n+1}$：

$$
\boldsymbol{q}^{n+1} = \boldsymbol{q}^n + \tilde{\boldsymbol{q}}^{n+1}
\tag{5-30}
$$

步骤3：以第 n 时刻的压力场计算第 $n+1$ 时刻流场域及交界域气流速度的辅助速度场，见式（5-31）：

$$\frac{v_i^* - v_i^n}{\Delta t} + (v_i^n \cdot \nabla) v_i^* + \frac{1}{\rho}\nabla p_i^n = \mu \Delta v_i^n, i \in \Omega_f$$

$$v_i^* = v_s^e(t) + w_s^e(t) \times (r(t) - x_s(t)), i \in \Gamma \tag{5-31}$$

步骤4：使用流场域气流辅助速度场 v_i^* 更新第 $n+1$ 时刻压力场 Δp_i^*，见式（5-32）：

$$\Delta p_i^* = \frac{1}{\Delta t}\frac{\partial v_i^*}{\partial x_i}, i \in \Omega_f$$

$$-\frac{1}{\rho}(\nabla p_i^* - \mu \Delta v_i^*)$$

$$= a_s^e(t) + j_s^e(t) \times [r^e(t) - x_s^e(t)] + w_s^e(t) \times \{w_s^e(t) \times [r^e(t) - x_s^e(t)]\}, i \in \Gamma \tag{5-32}$$

步骤5：利用压力场 p_i^* 求解流场速度校正值，见式（5-33）：

$$\frac{v_i^{n+1} - v_i^*}{\Delta t} = -\frac{\partial p_i^*}{\partial x_i},\ x_i \in \Omega_f \tag{5-33}$$

求解式（5-33）得到气流流场速度 v_i^{n+1}，并计算井道气流气动载荷 F_f^*。

步骤6：将气动载荷 F_f^* 带入轿厢系统动力学方程，采用 Newmark-β 法求解动力学方程，应用广义均值定理，第 $n+1$ 时刻轿厢振动速度的校正值见式（5-34）：

$$v_s^* = v_s^n + (1-\gamma)\Delta t a_s^n + \gamma \Delta t a_s^* \tag{5-34}$$

同理，第 $n+1$ 时刻轿厢运动位移的校正值为

$$r_s^* = r_s^n + \Delta t v_s^n + \frac{1}{2}(\Delta t)^2 a_s^{n+\beta} \tag{5-35}$$

式中，$a_s^{n+\beta} = (1-2\beta) v_s^n + 2\beta a_s^*$，且 $0 \leqslant \beta \leqslant 1$，则

$$r_s^* = r_s^n + \Delta t v_s^n + (\Delta t)^2 \left(\left(\frac{1}{2} - \beta\right) a_s^n + \beta a_s^*\right) \tag{5-36}$$

由式（5-36）可知：

$$a_s^* = \frac{1}{\beta(\Delta t)^2}(r_s^* - r_s^n) - \frac{1}{\beta \Delta t} v_s^n - \left(\frac{1}{2\beta} - 1\right) a_s^n \tag{5-37}$$

将式（5-37）代入式（5-34），则

$$v_s^* = v_s^n + (1-\gamma)\Delta t a_s^n + \frac{\gamma}{\beta\Delta t}(r_s^* - r_s^n) - \frac{\gamma}{\beta}v_s^n - \left(\frac{\gamma}{2\beta} - \gamma\right)\Delta t a_s^n \tag{5-38}$$

将轿厢系统动力学方程式进行时间离散化，可得：

$$m_s a_s^* + c_s v_s^* + k_s r_s^* = F_s^* + F_f^* \tag{5-39}$$

将式（5-36）和式（5-37）代入式（5-39），经过简单转换可得：

$$\left(\frac{1}{\beta(\Delta t)^2}m_s + \frac{\gamma}{\beta\Delta t}c_s + k_s\right)r_s^*$$
$$= F_s^* + F_f^* + m_s\left(\frac{1}{\beta(\Delta t)^2}r_s^n + \frac{\gamma}{\beta\Delta t}v_s^n + \left(\frac{1}{2\beta} - 1\right)a_s^n\right) + c_s\left(\frac{\gamma}{\beta\Delta t}r_s^n + \left(\frac{\gamma}{\beta} - 1\right)v_s^n + \left(\frac{\gamma}{2\beta} - 1\right)\Delta t a_s^n\right) \tag{5-40}$$

求解式（5-40）得到轿厢第 $n+1$ 时刻轿厢水平振动位移校正值 r_s^*。同理，根据式（5-37）和式（5-38）可以求得第 $n+1$ 时刻轿厢水平振动速度 v_s^* 和加速度校正值 a_s^*。

步骤 7：根据式（5-41）判断轿厢运动状态的预测误差是否满足阈值。

$$e_a = \frac{|a_s^* - a_s^e|}{|a_s^*|} < \varepsilon, e_j = \frac{|j_s^* - j_s^e|}{|j_s^*|} < \varepsilon, e_v = \frac{|v_s^* - v_s^e|}{|v_s^*|} < \varepsilon,$$
$$e_w = \frac{|w_s^* - w_s^e|}{|w_s^*|} < \varepsilon, e_x = \frac{|x_s^* - x_s^e|}{|x_s^*|} < \varepsilon, e_R = \frac{|R_s^* - R_s^e|}{|R_s^*|} < \varepsilon \tag{5-41}$$

如果满足式（5-41），则 a_s^*、j_s^*、v_s^*、w_s^*、x_s^* 和 R_s^* 即为第 $n+1$ 时刻电梯的运动状态；否则根据式（5-42）更新轿厢的运动状态，重复步骤 2~7 直到满足式（5-41）或达到最大迭代次数，则以式（5-42）作为第 $n+1$ 时刻电梯的运动状态。

$$a_s^{n+1} = \frac{a_s^n + a_s^*}{2}$$

$$j_s^{n+1} = \frac{j_s^n + j_s^*}{2}$$

$$v_s^{n+1} = \frac{v_s^n + v_s^*}{2}$$

$$w_s^{n+1} = \frac{w_s^n + w_s^*}{2}$$

$$x_s^{n+1}=\frac{x_s^n+x_s^*}{2}$$

$$R_s^{n+1}=\frac{R_s^n+R_s^*}{2} \tag{5-42}$$

5.5.3　基于数字孪生模型的性能预测

近年来，数字孪生技术凭借多学科集成及高保真虚实映射，在产品全生命周期研究中得到了广泛的应用。随着数据挖掘和机器学习技术的发展，数字孪生技术为研究产品性能预测提供了新的研究方向。利用仿真模型的振动性能预测方法，存在理论基础要求高、难度大、模型复杂、关键因素难以用数学表示等难点，上述原因造成了传统预测方法难度大、仿真结果误差大、精确度低等问题。

本节以定制产品电梯为例，介绍基于数字孪生模型的性能预测方法。

电梯产品是典型的定制产品，具有定制化、型号多、结构相似等特点，这就导致了电梯振动性能预测数据种类多但样本容量少的问题。针对上述高速电梯振动预测中的问题与难点，本节提出了一种基于迁移学习的电梯振动性能预测数字孪生框架，该框架由三部分组成，即数字层、实体层及两者之间的数据接口层，如图 5.7 所示。

该框架在数字层构建了由历史实测数据和计算机仿真数据驱动的数字孪生模型，并利用对电梯产品数字样机的动力学分析，进行轿厢系统水平振动仿真，获得数字孪生数据。数据接口层利用振动测试仪、坐标测量仪、振动传感器等，对实际电梯产品关键部件进行数据监测，获取实测数据，实现了物理样机与数字孪生体的数据连接。孪生数据中实测数据和仿真数据存在品质上的差异，为了实现孪生数据驱动的电梯水平振动性能预测，本节提出了基于迁移学习的孪生数据融合方法。

（1）基于数字样机的轿厢系统水平振动动力学模型

电梯轿厢系统的水平振动会影响乘坐的舒适性，引起轿厢系统水平振动的主要因素为导向系统制造和安装误差造成的导轨不平度。电梯轿厢和导轨系统主要由 T 型导轨、滚动导靴、轿厢架、轿厢、上下导流罩、减振橡胶和减振弹

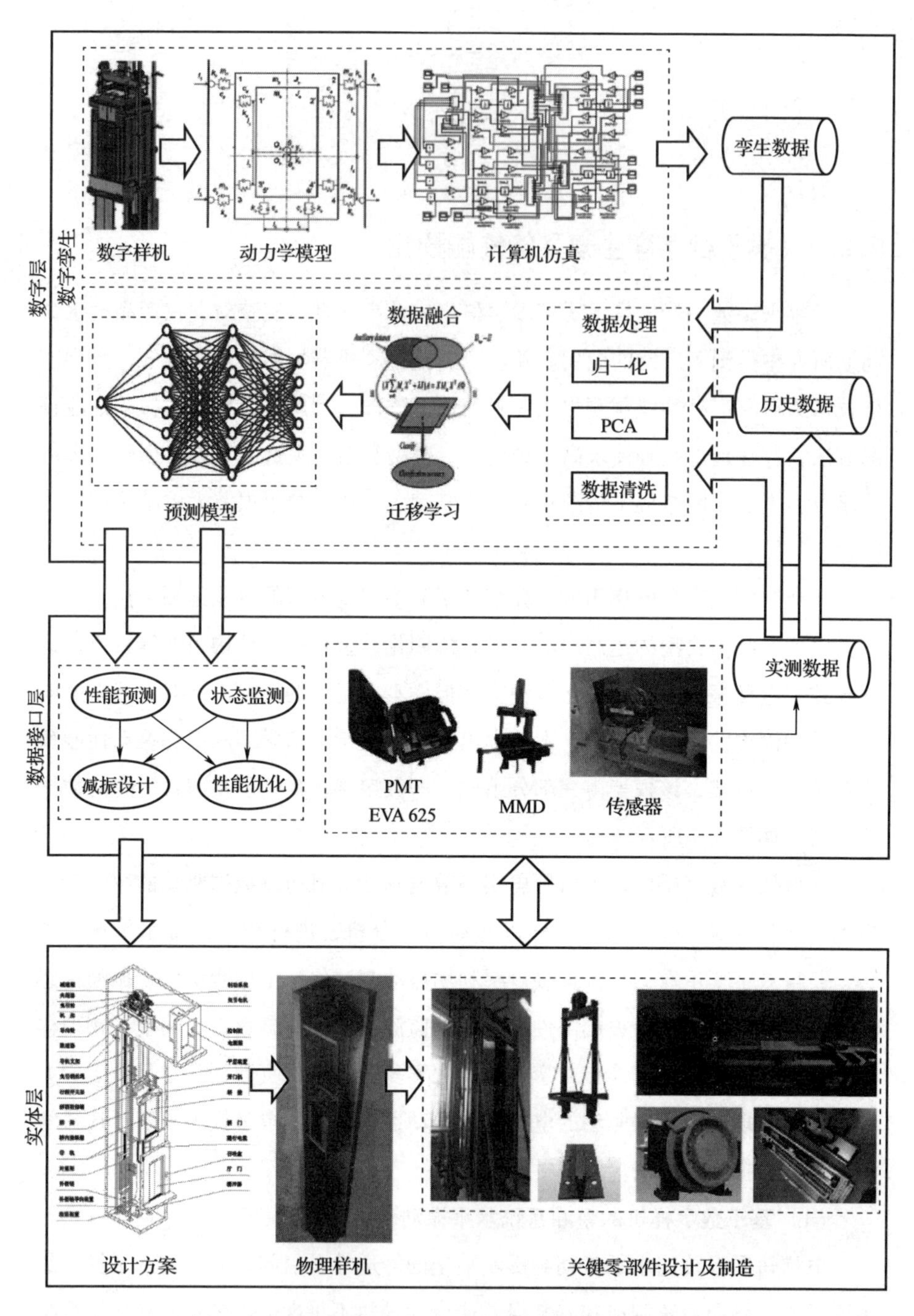

图 5.7　基于迁移学习的电梯振动性能预测数字孪生框架

簧等组成，如图5.8所示。在高速电梯轿架的上下两侧，四组T型排列的导轮分别与导轨的左右侧面和端面接触，导靴的弹簧使得导靴可以在运行时和导轨保持接触；轿厢和轿架间通过减振弹簧和减振橡胶连接。

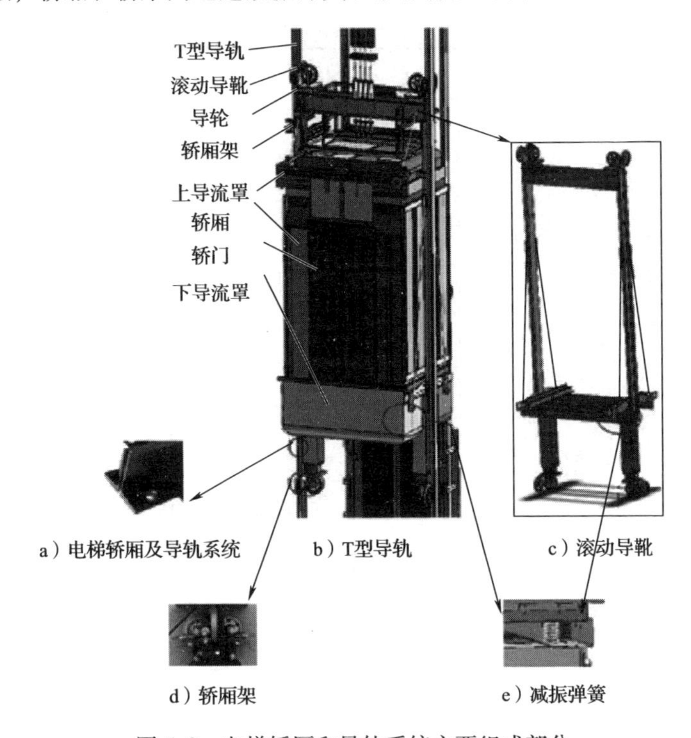

图5.8 电梯轿厢和导轨系统主要组成部分

(2) 高速电梯轿厢系统水平振动动力学模型

对电梯轿厢的水平振动分析主要包括水平方向的位移和平面绕质心的转动。不规则的导轨和导靴接触是造成电梯水平振动的主要原因，目前将导轨不平度和导轨连接处的激励等效为正弦激励和阶跃激励。轿厢架和导轨间通过滚动导靴接触，滚动导靴可以等效为一组并联的弹簧阻尼系统。为了减振隔振，轿厢与轿厢架间设有减振弹簧和减振橡胶，在轿厢上下方分别以水平和垂直方向安装，每组减振器件也可以等效为一组并联的弹簧阻尼系统。轿厢系统的动力学模型如图5.9所示，m_a、J_a、O_a、γ_a和θ_a分别为轿厢的质量、转动惯量、质心、水平振动位移和振动转角，$f_i(i=1,2,3,4)$为导轨激励，k_a和c_a为轿厢轿厢架间减振弹簧刚度和减振橡胶阻尼，k_b 和 c_b 为滚动导靴的弹簧刚度和橡胶阻尼。

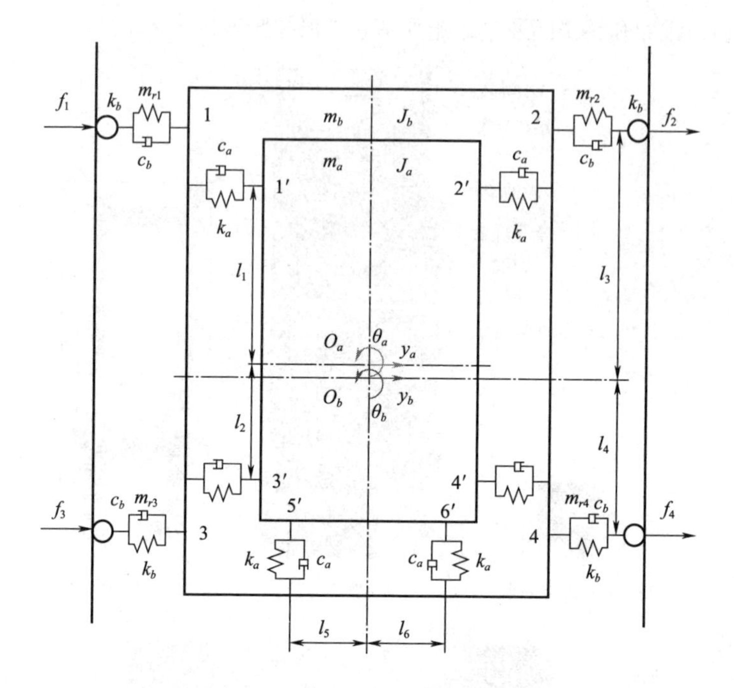

图 5.9　轿厢系统的动力学模型

计算轿厢轿厢架的动能、势能和耗散能方程为

$$E_k=\frac{1}{2}m_a\dot{y}_a^2+\frac{1}{2}J_a\dot{\theta}_a^2+\frac{1}{2}m_b\dot{y}_b^2+\frac{1}{2}J_b\dot{\theta}_b^2,$$

$$E_e=\frac{1}{2}k_b\sum_{i=1}^{4}d_i^2+\frac{1}{2}k_a\sum_{i=1}^{6}d'^2_i, \tag{5-43}$$

$$E_r=\frac{1}{2}c_b\sum_{i=1}^{4}\dot{d}_i^2+\frac{1}{2}c_a\sum_{i=1}^{6}\dot{d}'^2_i$$

系统受力为导轨处的激励 $f_i(i=1,2,3,4)$，选取广义坐标 $q_i(i=1,2,3,4)$，$Q_i(i=1,2,3,4)$ 为对应 f_i 的广义力，则水平振动系统的拉格朗日方程为

$$\frac{\partial}{\partial t}\left(\frac{\partial E_k}{\partial q_i}\right)-\frac{\partial E_k}{\partial q_i}+\frac{\partial E_e}{\partial q_i}+\frac{\partial E_r}{\partial q_i}=Q_i \tag{5-44}$$

将式（5-43）代入式（5-44），得到以下动力学微分方程组：

$$
\begin{cases}
0=m_a\ddot{y}_a+4c_a\dot{y}_a+4k_ay_a+4c_a\dot{y}_b+4k_ay_b+2c_a(l_2-l_1)\dot{\theta}_a+2k_a(l_2-l_1)\theta_a+\\
\quad 2c_a(l_2-l_1)\dot{\theta}_b+2k_a(l_2-l_1)\theta_b,\\
\sum\limits_{i=1}^{4}k_bf_i+\sum\limits_{i=1}^{4}c_b\dot{f}_i=m_b\ddot{y}_b+4c_a\dot{y}_a+4k_ay_a+(4c_a+4c_b)\dot{y}_b+(4k_a+4k_b)y_b+\\
\quad 2c_a(l_2-l_1)\dot{\theta}_a+2k_a(l_2-l_1)\theta_a+[2c_a(l_2-l_1)+2c_b(l_4-l_3)]\dot{\theta}_b+\\
\quad [2k_a(l_2-l_1)+2k_b(l_4-l_3)]\theta_b,\\
0=J_a\ddot{\theta}_a+2c_a(l_2-l_1)\dot{y}_a+2k_a(l_2-l_1)y_a+2c_a(l_2-l_1)\dot{y}_b+2k_a(l_2-l_1)y_b+\\
\quad 2c_a(l_1^2+l_2^2+l_5^2)\dot{\theta}_a+2k_a(l_1^2+l_2^2+l_5^2)\theta_a+2c_a(l_1^2+l_2^2+l_5^2)\dot{\theta}_b+\\
\quad 2k_a(l_1^2+l_2^2+l_5^2)\theta_b,\\
l_3k_b(f_1+f_2)-l_4k_b(f_3+f_4)+l_3c_b(\dot{f}_1+\dot{f}_2)-l_4c_b(\dot{f}_3+\dot{f}_4)=J_b\ddot{\theta}_b+\\
\quad 2c_a(l_2-l_1)\dot{y}_a+2k_a(l_2-l_1)y_a+[2k_a(l_2-l_1)+2k_b(l_4-l_3)]\dot{y}_b+\\
\quad [2k_a(l_2-l_1)+2k_b(l_4-l_3)]y_b+2c_a(l_1^2+l_2^2+l_5^2)\dot{\theta}_a+\\
\quad 2k_a(l_1^2+l_2^2+l_5^2)\theta_a+[2c_a(l_1^2+l_2^2+l_5^2)+k_b(l_3^2+l_4^2)]\dot{\theta}_b+\\
\quad [2k_a(l_1^2+l_2^2+l_5^2)+k_b(l_3^2+l_4^2)]\theta_b
\end{cases}
\tag{5-45}
$$

系统的动力学微分方程可以表示为以下的一般形式：

$$
[M]\{\ddot{X}\}+[C]\{\dot{X}\}+[K]\{X\}=\{Q\} \tag{5-46}
$$

式中，$[M]$、$[C]$ 和 $[K]$ 分别为系统的质量、阻尼和刚度矩阵，$\{Q\}$ 为激励矩阵。利用 MATLAB Simulink 搭建式（5-45）对应的仿真模型，如图 5.10 所示。

由导轨制造与安装误差造成的激励主要包括两种：导轨直线度偏差（制造）和连接处误差（安装）。通常，导轨长 $l=5\text{m}$，导轨间借助连接板由螺栓连接导轨与导轨支撑架，间距 $\Delta L=2\sim2.5\text{m}$。在水平振动方向上，导轨连接处误差可以等效为阶跃激励，其值等于连接处误差 $\Delta A_i=0.5\sim1.5\text{mm}$，表达 $t_{\delta i}$ 时刻值为 ΔA_i 的 $\delta_i(i=1,2,3,4)$ 函数为

$$
y_{\delta i}=\begin{cases}\Delta A_i, & t=t_{\delta i}\\ 0, & t\neq t_{\delta i}\end{cases} \tag{5-47}
$$

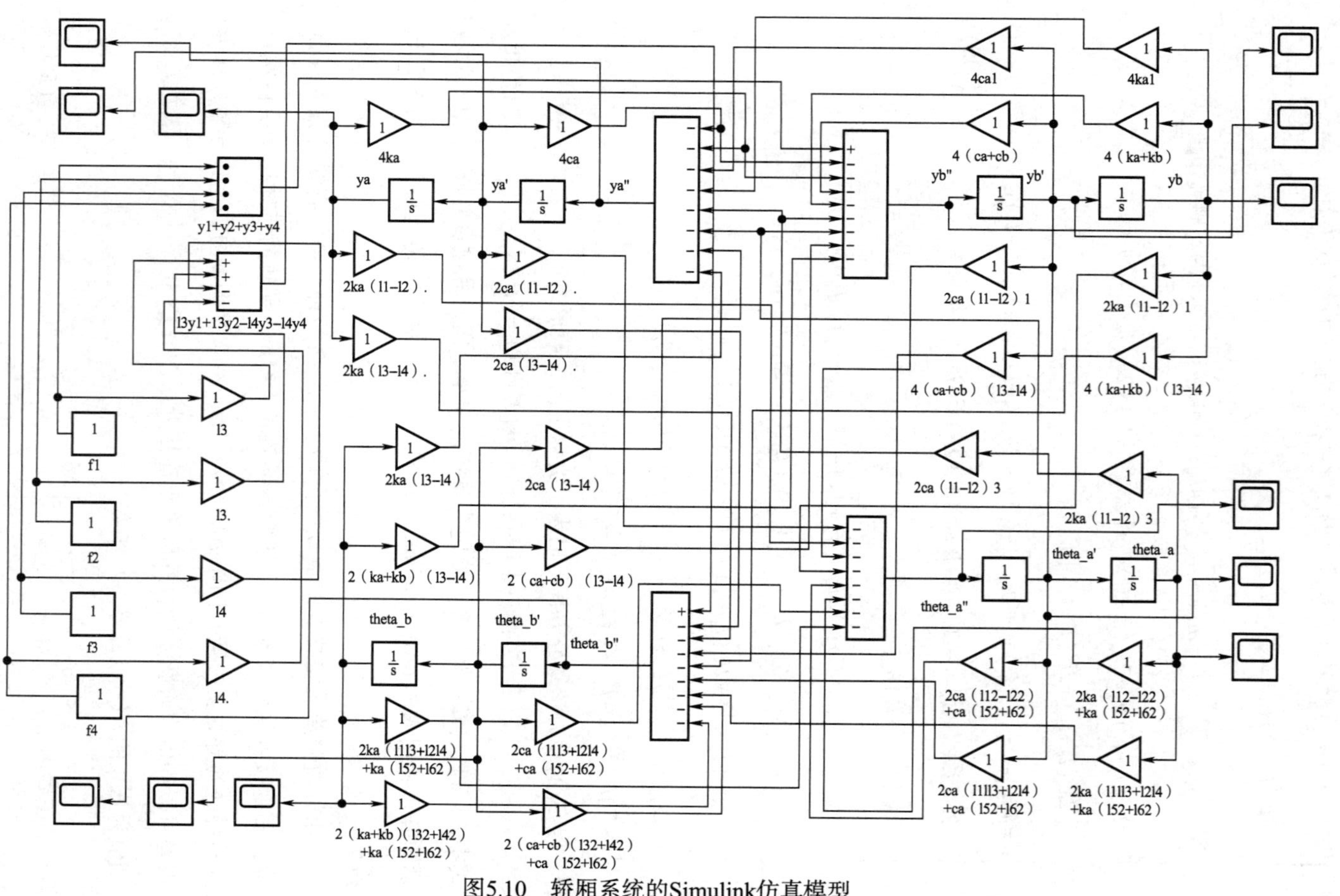

图5.10　轿厢系统的Simulink仿真模型

4 个滚动导靴处导轨直线度偏差一般等效为正弦激励 $y_i(i=1,2,3,4)$，表达式为

$$y_i = A_i \sin(\omega_i t + \varphi_i) \tag{5-48}$$

式中，A_i 为激励幅值，分别为导轨的最大直线度偏差；ω_i 为激励频率；φ_i 为相位。由于同侧导靴安装在同一导轨处，因此同侧导靴的激励为不同相位的同一信号，即 $y_1=f_1(t)$，$y_2=f_2(t)$，$y_3=f_1(t-\Delta t)$，$y_4=f_2(t-\Delta t)$。同侧导靴激励的时间延迟为 $\Delta t=(l_3+l_4)/v$，其中 v 为电梯的运行速度。同理，同侧导靴处的 δ_i 函数也存在相同的时间延迟。由图 5.11a 可知，$\omega_i = 2\pi v/2\Delta L$。综上，将导轨廓形偏差累积到同一侧处理，避免时间为负，将 y_1 设置为时间超前，则导靴处激励可表示为

$$\begin{aligned} y_1 &= A_1 \sin\left[\frac{2\pi v}{2\Delta L}\left(t+\frac{l_3+l_4}{v}\right)\right], \\ y_3 &= A_1 \sin\left(\frac{2\pi v}{2\Delta L}t\right), \\ y_2 &= y_4 = 0 \end{aligned} \tag{5-49}$$

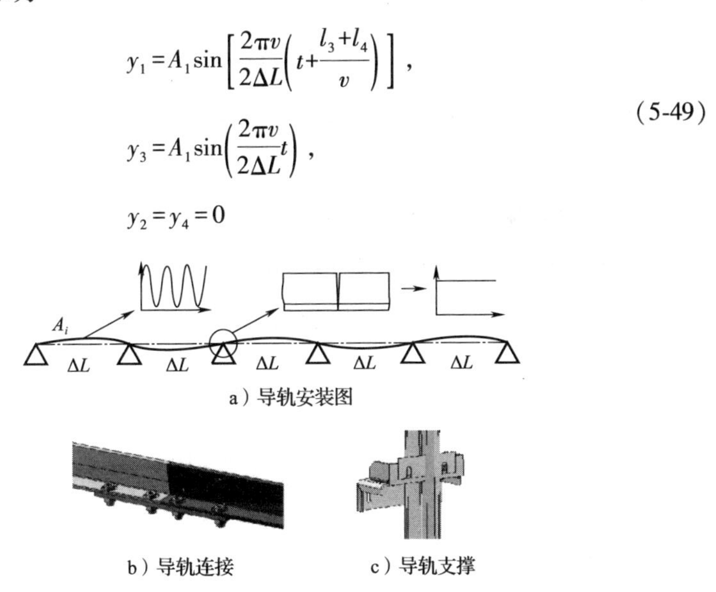

a）导轨安装图

b）导轨连接　　c）导轨支撑

图 5.11　4 个滚动导靴处导轨直线度偏差

(3) 基于迁移学习的孪生数据融合

对电梯轿厢系统水平振动影响因素分析可知，电梯运行速度、轿厢质量参数、轿厢系统导靴间距、减振弹簧间距、振动器件参数等是影响轿厢系统水平振动的主要因素，其中电梯运行速度是影响电梯振动最主要的因素，而且在电梯运行期间是变化、无法控制的。为了实现电梯振动预测并充分考虑电梯

运行速度的影响，本节提出了基于迁移学习和支持向量回归（Support Vector Regression，SVR）的振动预测方法。该方法利用采样生成大量的计算机仿真样本，基于仿真数据，通过迁移学习实现不同速度下系统振动响应数据融合，构建基于SVR的水平振动预测模型。首先，选取设计中可变的轿厢系统导靴间距、减振弹簧间距、振动器件参数作为输入，水平振动峰-峰值作为输出特征：

$$\begin{aligned} x &= (l_1, l_2, l_3, l_4, l_5, k_a, k_b, c_a, c_b) \\ y &= P_P \end{aligned} \tag{5-50}$$

基于5.3.2节提出的仿真与实测数据融合方法，以不同速度条件下振动数据作为源域 $\mathcal{D}_S$ 和目标域 $\mathcal{D}_T$，构建特征变换矩阵 $\boldsymbol{A} \in \mathbb{R}^{d \times p}$，使得 $\boldsymbol{A}^T\boldsymbol{X}_S$ 和 $\boldsymbol{A}^T\boldsymbol{X}_T$ 之间的分布差异最小，实现 $\mathcal{D}_S$ 和 $\mathcal{D}_T$ 间数据迁移，求解式（5-17）得到最优变换矩阵 $\boldsymbol{A}$。通过 $\boldsymbol{Z}=\boldsymbol{A}^T\boldsymbol{X}$，实现 $\mathcal{D}_S$ 和 $\mathcal{D}_T$ 数据对齐，并满足机器学习样本特征同分布条件。

（4）孪生数据驱动的性能预测方法

选取设计中可变的轿厢系统导靴间距、减振弹簧间距、振动器件参数作为输入，水平振动峰-峰值作为输出特征，SVR模型可表示为

$$\min_{w,b} \frac{1}{2}\|w\|^2 + C\sum_{i=1}^{m} \ell_\varepsilon(f(x_i) - y_i) \tag{5-51}$$

式中，C 为正则化常数，ℓ_ε 为 ε 的不敏感损失函数：

$$\ell_\varepsilon = \begin{cases} 0, & |z| \leqslant \varepsilon \\ |z| - \varepsilon, & \text{其他} \end{cases} \tag{5-52}$$

引入松弛变量 ξ_i 和 $\hat{\xi}_i$，则

$$\begin{gathered} \min_{w,b,\xi_i,\hat{\xi}_i} \frac{1}{2}\|w\|^2 + C\sum_{i=1}^{m}(\xi_i + \hat{\xi}_i) \\ \text{s.t.} \quad \begin{aligned} & f(x_i) - y_i \leqslant \varepsilon + \xi_i \\ & y_i - f(x_i) \leqslant \varepsilon + \hat{\xi}_i \\ & \xi_i \geqslant 0, \quad \hat{\xi}_i \geqslant 0 \end{aligned} \end{gathered} \tag{5-53}$$

引入非负 α_i、$\hat{\alpha}_i$、μ_i 和 $\hat{\mu}_i$，改写为拉格朗日函数：

$$L(w,b,\alpha_i,\hat{\alpha}_i,\xi_i,\hat{\xi}_i,\mu_i,\hat{\mu}_i)=\frac{1}{2}\|w\|^2+C\sum_{i=1}^{m}(\xi_i+\hat{\xi}_i)-\sum_{i=1}^{m}\mu_i\xi_i-\sum_{i=1}^{m}\hat{\mu}_i\hat{\xi}_i+\sum_{i=1}^{m}\alpha_i(f(x_i)-y_i-\varepsilon-\xi_i)+\sum_{i=1}^{m}\hat{\alpha}_i(y_i-f(x_i)-\varepsilon-\hat{\xi}_i) \tag{5-54}$$

对 w、b、ξ_i 和 $\hat{\xi}_i$ 求偏导，获得改写对偶式：

$$\max_{\alpha_i,\hat{\alpha}_i}\sum_{i=1}^{m}y_i(\hat{\alpha}_i-\alpha_i)-\varepsilon(\hat{\alpha}_i+\alpha_i)-\frac{1}{2}\sum_{i=1}^{m}\sum_{j=1}^{m}(\hat{\alpha}_i-\alpha_i)(\hat{\alpha}_j-\alpha_j)x_i^{\mathrm{T}}x_j$$

$$\text{s. t.}\quad \begin{aligned}&\sum_{i=1}^{m}(\hat{\alpha}_i-\alpha_i)\\&0\leqslant\alpha_i,\hat{\alpha}_i\leqslant C\end{aligned} \tag{5-55}$$

SVR 解的形式为

$$\begin{aligned}f(x)&=\sum_{i=1}^{m}(\hat{\alpha}_i-\alpha_i)x_i^{\mathrm{T}}x_j+b\\&=\sum_{i=1}^{m}(\hat{\alpha}_i-\alpha_i)\kappa(x_i,x_j)+b\end{aligned} \tag{5-56}$$

式中，$\kappa(x_i,x_j)=\phi(x_i)^{\mathrm{T}}\phi(x_j)$ 为高斯核函数。

第6章 ‖

定制产品设计系统与应用实例

6.1 定制产品设计系统

根据定制产品设计方法与技术，本章研究定制产品设计系统，包括4个主要功能模块——需求获取与转化、配置设计、结构变异设计以及性能分析与预测，并在典型定制产品中进行应用验证。

6.1.1 定制产品需求获取与转化功能模块

定制产品需求获取与转化功能模块主要包括系统管理模块、需求获取模块、设计参数构建模块、需求转化模块、系统规则添加模块、系统基础数据扩展模块等，如图6.1所示。

（1）系统管理模块

系统管理模块主要包括任务管理、客户管理、角色管理等。系统以定制产品设计任务的形式对每次客户的操作进行区分，不同的设计任务有不同的需求

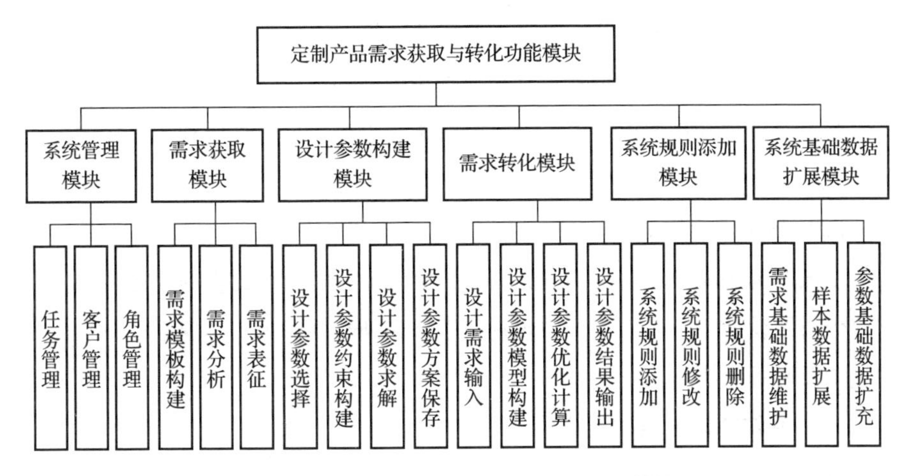

图6.1 定制产品需求获取与转化功能模块

输入及任务进度，支持多客户同时进行软件操作。由于系统涉及定制产品的一些基础设计数据，这些数据在企业中对不同的人员有不同的保密等级，因此系统中增加客户管理及角色管理功能，不同的角色等级能使用的系统功能不同，从而有效实现数据保密。系统设置管理员角色对客户进行权限的管理及设置。

（2）需求获取模块

需求获取模块主要用于定制产品设计时，获取客户需求信息，主要功能包括需求模板构建、需求分析、需求表征等。通过对最初的客户需求信息进行筛选，搜索出市场上已有产品的信息，作为需求模板。通过需求模板获取完整客户需求，进行需求分析，程序后台调取相关需求分析规则将客户需求分解细化为定制产品设计需求，最后输出需求表征结果并保存到数据库中。

（3）设计参数构建模块

设计参数构建模块主要用于构建产品定制设计中的设计参数之间的约束，主要功能包括设计参数选择、设计参数约束构建、设计参数求解、设计参数方案保存等。首先在系统中选定产品设计参数；其次根据设计知识选出与其相关的参数项进行绑定；然后设置实例库参数表中的取值，完成约束构建；最后输入参数信息，查看求解结果。

（4）需求转化模块

需求转化模块主要用于将设计需求转化为设计参数，主要功能包括设计需求输入、设计参数模型构建、设计参数优化计算、设计参数结果输出等。首先设定作为设计变量的设计参数；其次依据系统中的设计参数约束形成设计变量取值范围及设计变量取值约束，设置算法优化求解条件；最后利用模块中的优化算法获得优化的设计参数。

（5）系统规则添加模块

系统规则添加模块是系统的数据维护模块，通过模块提供的语法格式，将需求分析及设计参数取值计算的规则信息添加到数据库中，实现系统中规则和知识的及时更新。

（6）系统基础数据扩展模块

系统基础数据扩展模块也是系统的数据维护模块，主要用于系统中各类基础元数据的添加和维护，包括需求分析中类别、需求项等基础数据的维护，设计案例相关需求及参数数据的维护，设计参数相关模块中基础设计参数的定义、分类、单位、说明信息的维护等。

6.1.2　定制产品配置设计功能模块

定制产品配置设计功能模块主要包括配置模板创成模块、精确配置求解模块、模糊相似配置求解模块、配置规则生成模块等，如图 6.2 所示。

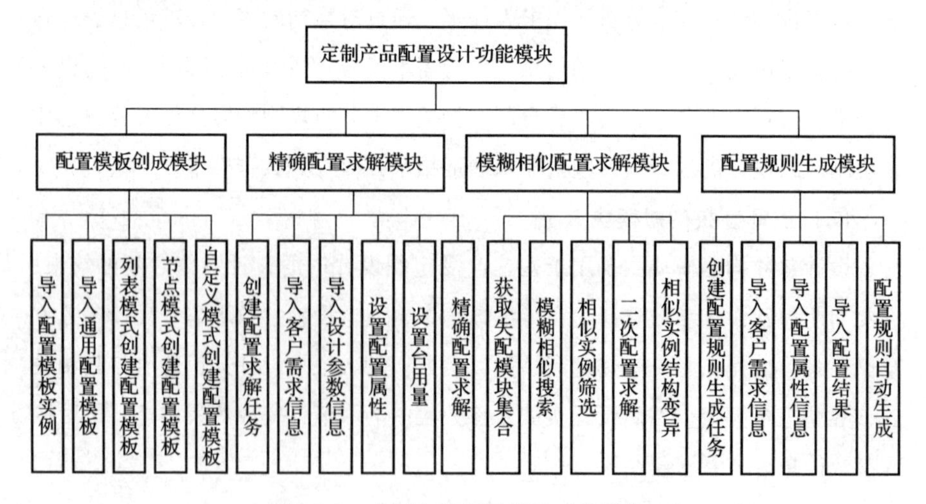

图 6.2　定制产品配置设计功能模块

（1）配置模板创成模块

产品配置模板是包括零件层和部件层所有功能模块的组合产品结构模型，包含产品结构各节点的功能模块的配置规则知识和功能模块件的约束关联规则，可以通过产品结构的变异构成整个产品系列。配置模板可以看作产品族主结构的抽象描述，与具体的客户订单内容无关。配置模板是已有的产品配置过程，包括与产品相关的配置属性和产品功能模块等。

（2）精确配置求解模块

使用任务来表示功能模块的精确配置求解过程。该模块依据预先定义的配置规则以及设置的配置属性，对配置模板中的可配置单元逐个实例化，得到产品配置设计 BOM。

（3）模糊相似配置求解模块

当产品配置设计得到的配置结果无法完全满足客户需求时，需要对精确配置求解结果 BOM 中的失配模块进行模糊相似配置求解，以实现完全满足客户需求。该模块通过模糊相似搜索，获得失配模块的相似实例集合，并采用结构变异设计，实现对相似模块实例的结构更新及优化，以满足客户需求。

（4）配置规则生成模块

配置规则是产品配置求解过程中由配置属性求解得到产品功能模块实例所参考的基本准则。该模块对已有的产品配置设计实例自动生成模块实例化所需的配置规则集合，输入客户需求和产品配置设计 BOM，输出配置规则集合。

6.1.3　定制产品结构变异设计功能模块

定制产品结构变异设计功能模块主要包括零件结构细分、移植结构创建、结构拓扑搭接、结构拓扑重构、数据库维护等模块，如图 6.3 所示。

（1）零件结构细分模块

零件结构细分模块主要包括平面细分、圆柱面细分、曲面细分、组合面细分等工具。根据待变异结构的具体形状，选择合适的细分工具，实现零件结构的精准细分。

（2）移植结构创建模块

移植结构创建模块主要包括结构数据库检索、已有零件结构拾取、变异设

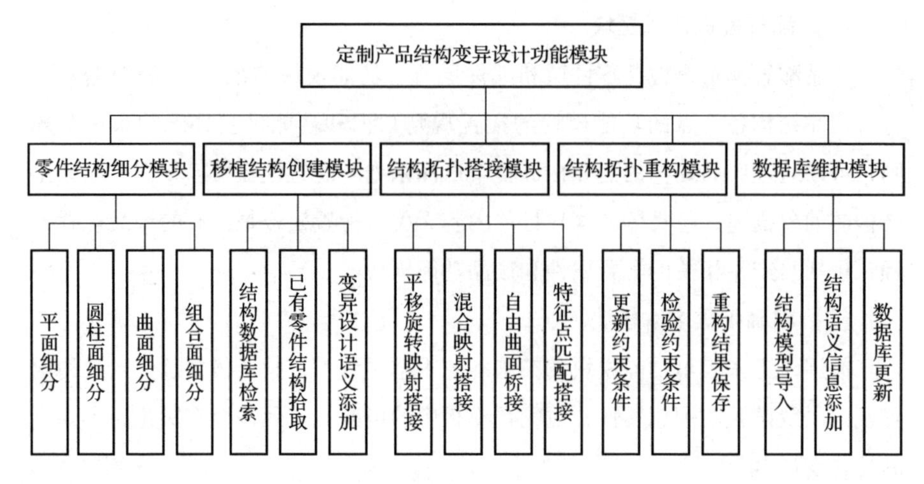

图 6.3　定制产品结构变异设计功能模块

计语义添加等。通过在数据库中检索或者从已有的零件结构中拾取，获得满足要求的移植结构，并添加变异设计语义。

（3）结构拓扑搭接模块

结构拓扑搭接模块主要包括平移旋转映射搭接、混合映射搭接、自由曲面桥接、特征点匹配搭接等。根据实际搭接面的几何类型，选取合适的搭接工具，实现移植结构与零件基型间的拓扑搭接。

（4）结构拓扑重构模块

结构拓扑重构模块主要包括更新约束条件、检验约束条件、重构结果保存等。移植结构植入后，更新移植结构与零件基型其他结构的约束条件，并检验移植结构是否满足约束条件，从而完成零件的结构拓扑重构。

（5）数据库维护模块

数据库维护模块主要包括结构模型导入、结构语义信息添加、数据库更新等。将重构得到的零件结构以及拾取的移植结构导入数据库，并添加结构语义信息，完成结构数据库的迭代更新。

6.1.4　定制产品性能分析与预测功能模块

定制产品性能分析与预测功能模块主要包括形性融合建模、多源数据处理、数据迁移学习、动态性能仿真、性能可信预测等模块，如图 6.4 所示。

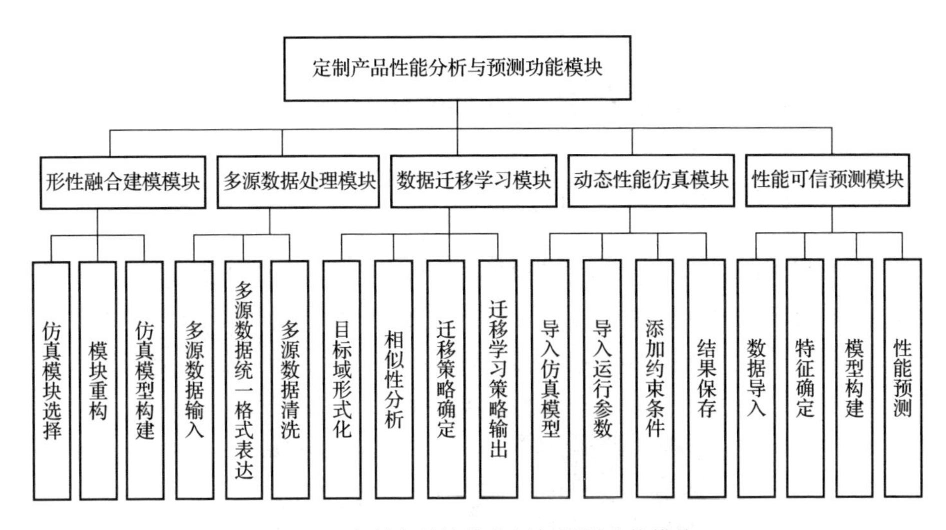

图 6.4　定制产品性能分析与预测功能模块

(1) 形性融合建模模块

形性融合建模工具通过数据驱动的建模方法，实现几何模型与物理场动态仿真和虚拟现实数据的实时融合。

(2) 多源数据处理模块

多源数据处理工具通过对性能预测相关的多源数据进行维数约简、增补扩展、去噪，实现多格式、多模式、多维度的数据融合。

(3) 数据迁移学习模块

数据迁移学习工具在多源数据基础上，利用迁移学习方法，实现虚拟仿真与历史实测大数据的多模态关联，实现低保真数据迁移，扩充性能预测样本容量。

(4) 动态性能仿真模块

动态性能仿真工具针对产品的关键性能预测要求，在形性融合建模基础上，构建动态性能仿真模型，模拟产品运行时的复杂工况与边界条件，对性能进行多模态分析，研究产品情况，生成计算机仿真数据，并将其作为多源数据处理与迁移学习的研究数据。

(5) 性能可信预测模块

性能可信预测工具在数据迁移学习的基础上，构建基于迁移学习的性能预测模型，实现不同配置、不同工况环境下定制产品关键性能的高效、可信预测。

6.2 定制产品需求获取与转化应用实例

6.2.1 高速电梯需求获取与转化

高速电梯需求获取工具从 4 个维度获取需求，如图 6.5 所示。使用场景指电梯安装使用场景（如图 6.5a 所示）；土建信息维度中，客户可以上传 CAD

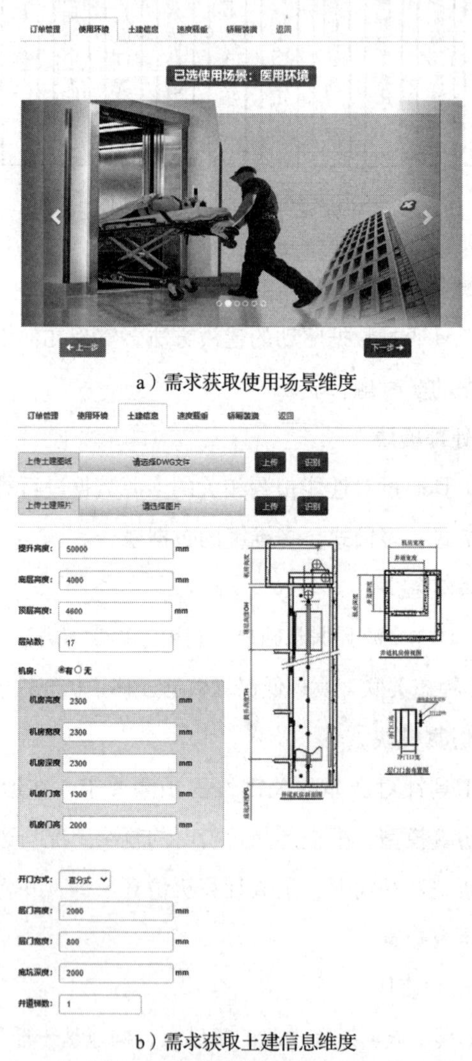

a）需求获取使用场景维度

b）需求获取土建信息维度

图 6.5　高速电梯需求获取工具

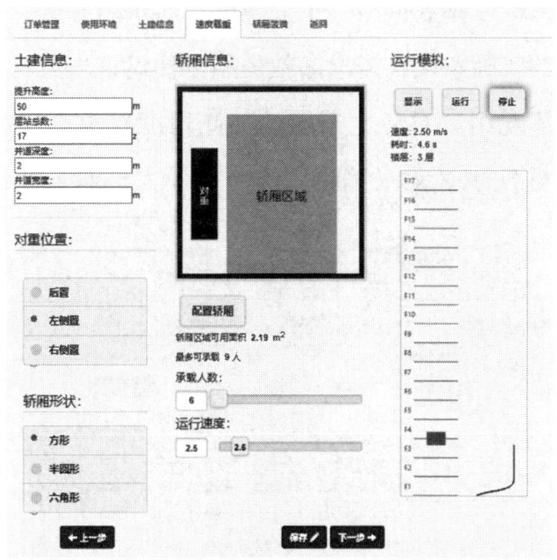

c）需求获取速度载重维度

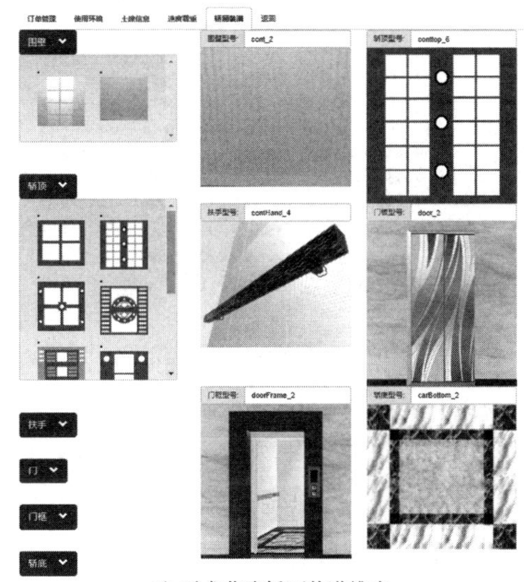

d）需求获取轿厢装潢维度

图6.5 （续）

图样或者填写表单提出需求（如图6.5b所示）；速度载重维度中，客户根据动画模拟的电梯运行过程选择合适的速度值，根据井道信息系统推荐的负载人数，客户可视化选择不同形状或不同载重的轿厢（如图6.5c所示）；轿厢装潢维度中，客户根据喜好选择各部分样式（如图6.5d所示），最后保存提交。

高速电梯需求分类工具如图6.6所示。通过采集的需求信息，从不同维度进行分类，如信息属性、参数类型、重要程度、需求内容等。需求信息属性帮助设计人员了解参数的实际意义，需求参数类型方便设计人员将需求转化为设计参数，需求重要程度体现用户对各个需求的关注程度以及不同需求对产品设计的必要性。分类工具还实现了需求编码，方便设计人员对个性化需求单独处理。

序号	需求标识	需求名称	信息属性	参数类型	重要程度	需求内容	operation
1	LIFTH	提升高度	土建信息	数值型	必要需求	50000	
2	PITD	底坑深度	土建信息	数值型	必要需求	2000	
3	MACROOMH	机房高度	土建信息	数值型	可选需求	2300	
4	MACROOM	机房	土建信息	文字型	可选需求	1	
5	ENVIRON	使用环境	综合信息	文字型	必要需求	物流仓库	
6	FLOORS	层站数	土建信息	数值型	必要需求	17	
7	CARDOORH	轿厢门高	结构信息	数值型	可选需求	1990	
8	CARDOORW	轿厢门宽	结构信息	数值型	可选需求	790	
9	GFLOORH	底层高度	土建信息	数值型	必要需求	4000	
10	TFOOLH	顶层高度	土建信息	数值型	必要需求	4600	
11	MACROOMW	机房宽度	土建信息	数值型	可选需求	2300	
12	MACROOMD	机房深度	土建信息	数值型	可选需求	2300	
13	MACDOORW	机房门宽	土建信息	数值型	可选需求	1300	
14	MACDOORH	机房门高	土建信息	数值型	可选需求	2000	
15	LADDERS	井道梯数	土建信息	数值型	必要需求	1	

图 6.6 高速电梯需求分类工具

高速电梯需求表征工具分为 3 个部分，如图 6.7 所示。参数需求表征直接将需求信息填入需求表中；模糊需求表征通过需求-表征关联图，进行模糊值到参数值的转化（如图 6.7a 所示）；异构需求表征（如挖掘 CAD 图样信息）利用 CAD 二次开发读取图样中的信息栏，将需求输出至需求表中（如图 6.7b 所示）。

客户需求表征结果如图 6.8 所示。对于因客户对产品不了解导致的需求缺失问题（如图 6.8 中的控制方式、曳引方式、额定载重量、最大加速度等），设计管理员需要补充缺失需求。RPCKPS 封装了第 3 章介绍的预测模型，提供的缺失需求预测结果如图 6.9 所示。例如，额定载重量需求缺失，系统预测结果为 980kg，查阅 GB/T 7588.1—2020 可知，当乘客人数为 13 人时额定载重量至少为 975kg，证明该预测结果可行。

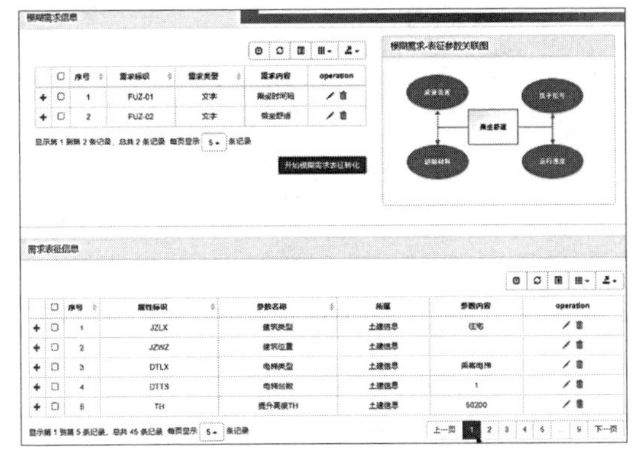

a）模糊需求表征

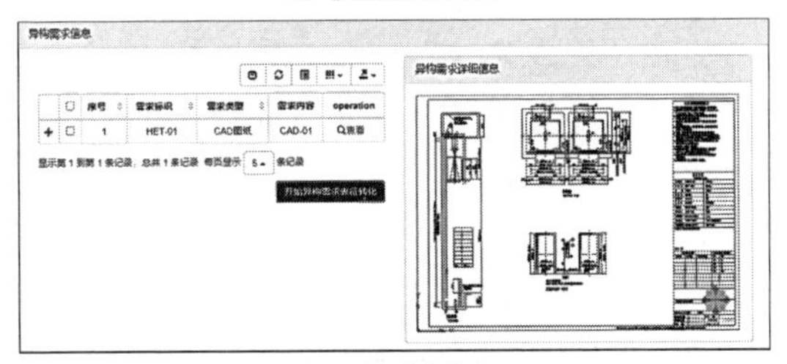

b）异构需求表征

图6.7　高速电梯需求表征工具

		序号	需求标识	需求名称	需求类型	参数值	操作
+	☑	21	KZFS	控制方式	功能需求	-	查看表征规则　修改
+	☑	22	YYFS	曳引方式	功能需求	-	查看表征规则　修改
+	☑	23	ZZL	额定载重量	功能需求	-	查看表征规则　修改
+	☐	24	CKRS	乘客人数	功能需求	13	查看表征规则　修改
+	☑	25	ZDJSD	最大加速度	功能需求	-	查看表征规则　修改
+	☐	26	EDSD	额定速度	功能需求	2.5	查看表征规则　修改
+	☐	27	JXKD	轿厢宽度	功能需求	1500	查看表征规则　修改
+	☐	28	JXSD	轿厢深度	功能需求	2000	查看表征规则　修改
+	☐	29	JXGD	轿箱高度	功能需求	2300	查看表征规则　修改
+	☐	30	CZHMBCZ	操纵箱面板材质	装潢需求	镜面不锈钢	查看表征规则　修改

需求类型　请输入查询条件　缺失检索

显示第21到第30条记录，总共45条记录　每页显示 10 条记录　上一页 1 2 3 4 5 下一页

图6.8　客户需求表征结果

需求转化阶段将需求表中的需求值转化为高速电梯的设计参数，如图6.10所示。通过不同需求之间、需求与设计参数之间的层次映射关系模型转化需求（如图6.10a所示），设计参数输出保存（如图6.10b所示）并传递给之后的产品定制设计环节。

缺失需求占比: 13%　缺失需求预测　保存

	☐	序号	需求标识	需求名称	属性类别	需求预测	操作
+	☐	1	ZZL	额定载重量	连续变量	980	联系客户
+	☐	2	ZDJSD	最大加速度	连续变量	1.02	联系客户
+	☐	3	PCJD	平层精度	连续变量	0	联系客户
+	☐	4	KZFS	控制方式	分类变量	VVVF	联系客户
+	☐	5	YYFS	曳引方式	分类变量	2:1	联系客户
+	☐	6	KMFS	开分方式	分类变量	中分	联系客户

显示第 1 到第 6 条记录，总共 6 条记录　每页显示 10 条记录

图 6.9　缺失需求预测结果

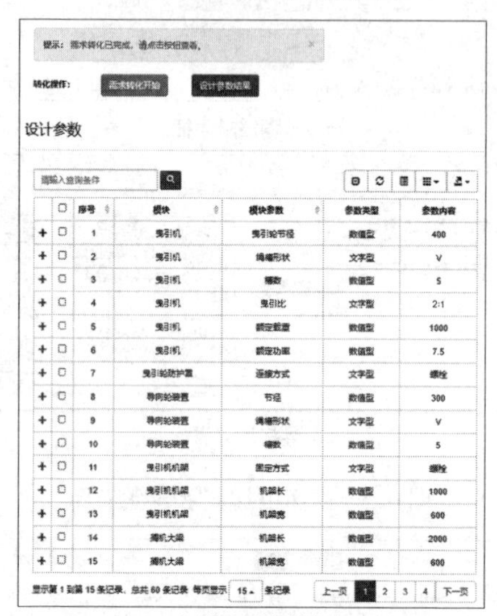
设计参数

	☐	序号	模块	模块参数	参数类型	参数内容
+	☐	1	曳引机	曳引轮节径	数值型	400
+	☐	2	曳引机	绳槽形状	文字型	V
+	☐	3	曳引机	绳数	数值型	5
+	☐	4	曳引机	曳引比	文字型	2:1
+	☐	5	曳引机	额定载重	数值型	1000
+	☐	6	曳引机	额定功率	数值型	7.5
+	☐	7	曳引轮防护罩	连接方式	文字型	螺栓
+	☐	8	导向轮装置	节径	数值型	300
+	☐	9	导向轮装置	绳槽形状	文字型	V
+	☐	10	导向轮装置	绳数	数值型	5
+	☐	11	曳引机机架	固定方式	文字型	螺栓
+	☐	12	曳引机机架	机架长	数值型	1000
+	☐	13	曳引机机架	机架宽	数值型	600
+	☐	14	搁机大梁	机架长	数值型	2000
+	☐	15	搁机大梁	机架宽	数值型	600

显示第 1 到第 15 条记录，总共 60 条记录　每页显示 15 条记录　上一页 1 2 3 4 下一页

a）设计需求转化

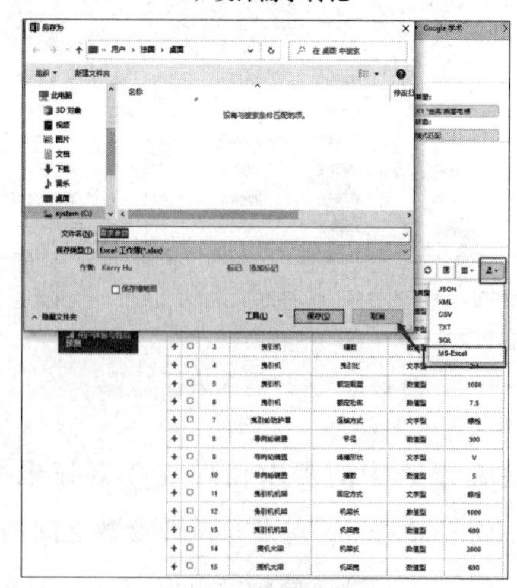

b）设计参数输出保存

图 6.10　高速电梯需求转化阶段

6.2.2　高档数控机床需求获取与转化

在高档数控机床的设计过程中，首先应获取客户需求。根据不同类型机床的客户需求，采用不同的需求获取分析模型。由于市场上同类的机床需求分析内容基本相似，因此可以通过客户需求搜索市场上的同类机床，快速锁定客户需求中合适的机床形式，并匹配对应的需求获取模板，界面如图 6.11 所示。

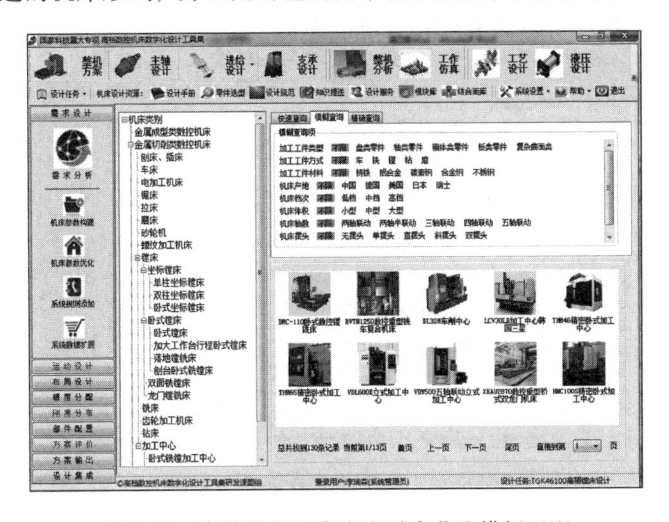

图 6.11　高档数控机床客户需求获取模板匹配

图 6.11 左侧是机床的类别树，可以通过类别树快速选择机床。图右上方是需求类别检索，在选定机床类别之后，列出该类机床可以选择的需求条件，进一步搜索机床信息。图右下方是机床信息搜索结果显示区域，可以查看对应机床的详细信息（如图 6.12 所示）。

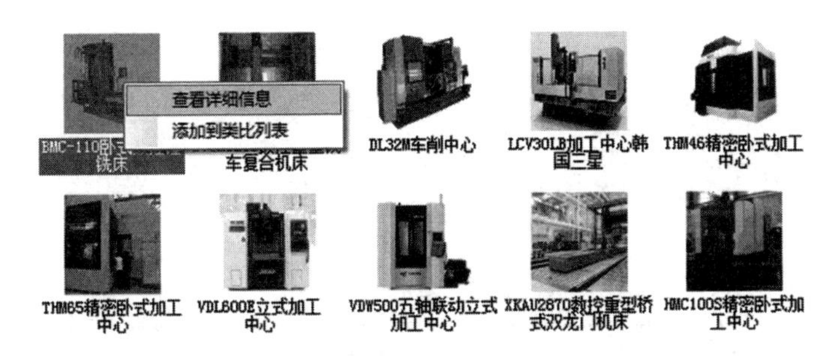

图 6.12　机床的详细信息

选定机床后，客户可根据自身需要在机床需求库中添加、修改、删除各个模块的基本需求项，并根据自身需求偏好评价选择需求项的重要度进行赋值，如图 6.13 所示。系统将自动进行基于客户需求重要度评价的需求项权重计算以及权重的一致性检验，并且自动匹配实例库中是否存在机床需求与此次客户需求一致的设计方案实例。若存在，则直接给出参考设计参数方案；若不存在，则进行后续的需求转换设计。

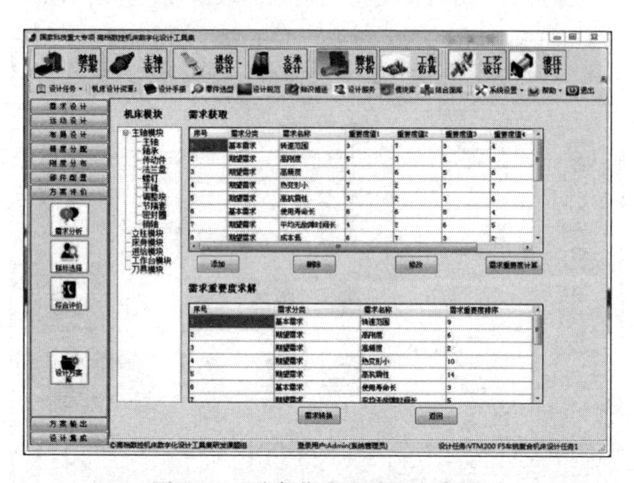

图 6.13　需求获取及重要度求解

获取客户需求后，进行需求分析，并形成机床设计需求表，如图 6.14 所示。

参数类别		AKB-13	BMC-110	THS65100X100	TM63100	TK4163H	当前机床
生产厂	生产厂	上海巨加精机	台湾远东机械	中捷	宁江机床	昆明机床厂	昆明机床厂
国内外	机床产地	日本	中国	中国	中国	中国	中国
工作台	工作台长(mm)	2000	800	1000	1000	1100	1000
	工作台宽(mm)	1800	600	1000	1000	630	1000
	工作台荷重(KG)	12000	8000	2000	3000	1500	2888
尺寸	主轴端面至工作...	2400					
主轴	主轴最高转速(r...	2500	3500	5000	5000	2500	5521
	主轴最低转速(r...	9	25	50	30	10	50
	主轴锥孔	MAS BT50		ISO 50#	ISO 50#	ISO 50	ISO 50#
	主轴轴径(mm)	130	100	120	125	115	120
总体	总重量净重(KG)	35000					
行程	X轴行程(mm)	3000	600	1500	1700	1000	1700
	Y轴行程(mm)	2000	550	1200	1350	600	1200
	Z轴行程(mm)						
	W轴行程(mm)						
快速	快速移动速度X(...						
	快速移动速度Y(...	10	36	24	48	35	36
	快速移动速度Z(...	10	36	24	48	35	36
	快速移动速度W(...	6					
	快速移动速度B(...		5			3	

添加参数　删除参数　参数选项设置：综合参数　共有参数　机型模板　输出类比表　上一步　主界面

a）客户需求分析

图 6.14　高档机床需求分析

b）客户需求分析结果

图 6.14 （续）

在需求转化阶段，建立新的设计参数与已存在设计参数之间的关联约束关系，并构建设计参数与已知参数之间的约束规则，如图 6.15 所示。

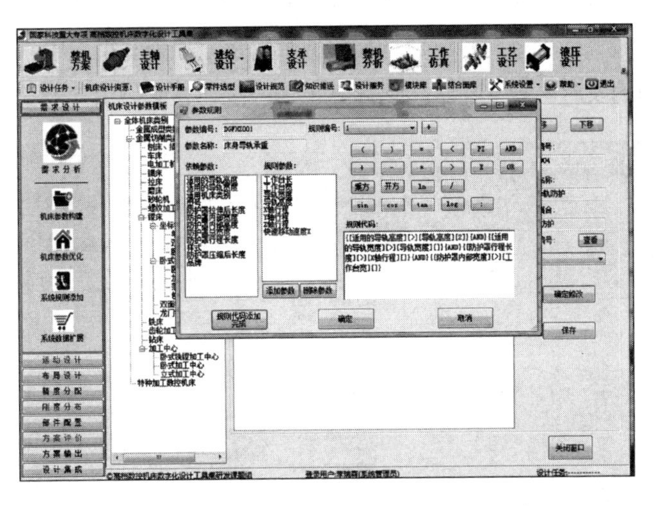

图 6.15　构建设计参数与已知参数之间的约束规则

构建设计参数之间的类型范围结构关系，如图 6.16 所示。

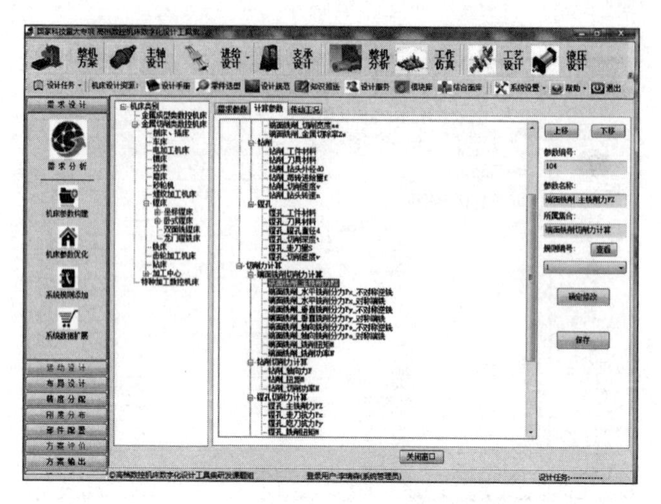

图 6.16　构建设计参数之间的类型范围结构关系

对机床类别、需求项、机床样本、基础设计参数定义、设计参数分类、数据单位、说明信息等内容的添加、修改和删除，操作主要界面如图 6.17 所示。

数控机床需求转化计算规则的添加、删除和修改功能，通过系统提供的语法格式，将需求分析及参数取值计算的规则信息添加到数据库中，实现系统中规则和知识的及时更新。需求转化计算规则的添加界面如图 6.18 所示。

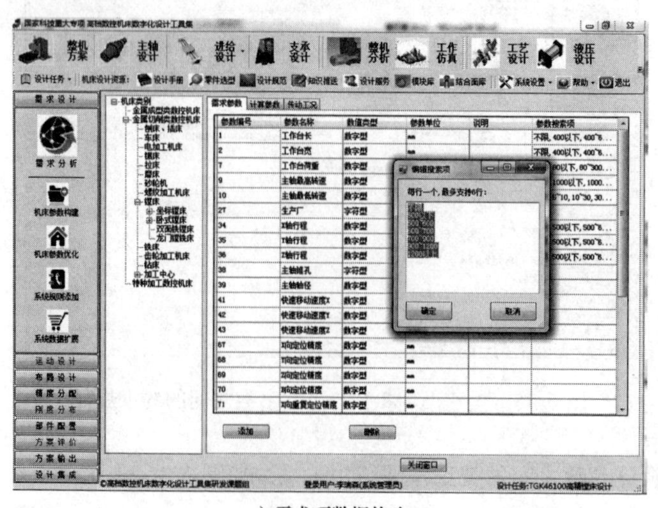

a）需求项数据修改

图 6.17　数控机床基础数据操作主要界面

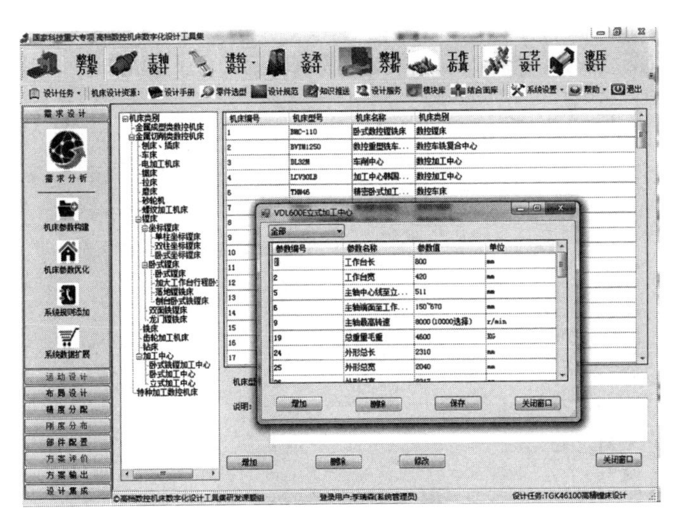

b）机床样本数据修改

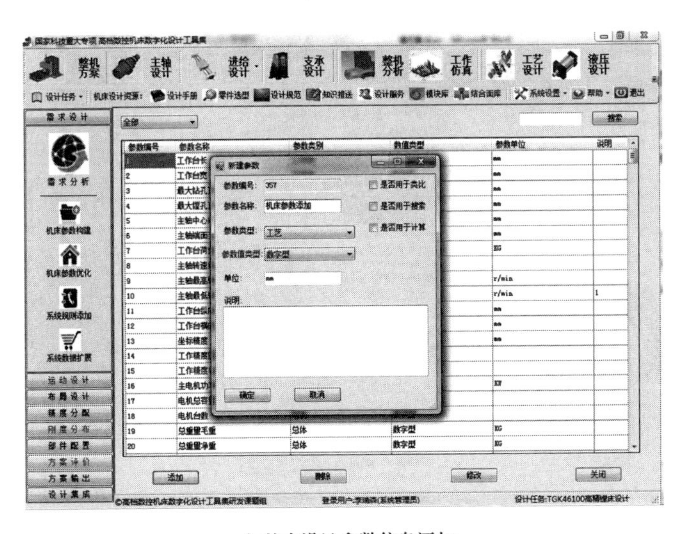

c）基本设计参数信息添加

图 6.17 （续）

构建完成之后，可以将新的设计需求、转化规则和设计参数纳入数控机床的设计参数模型，并进行求解，其界面如图 6.19 所示。

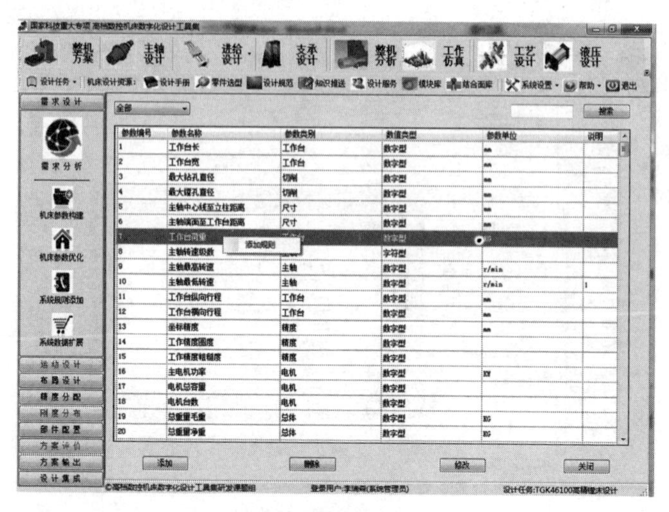

a）选定规则添加对象

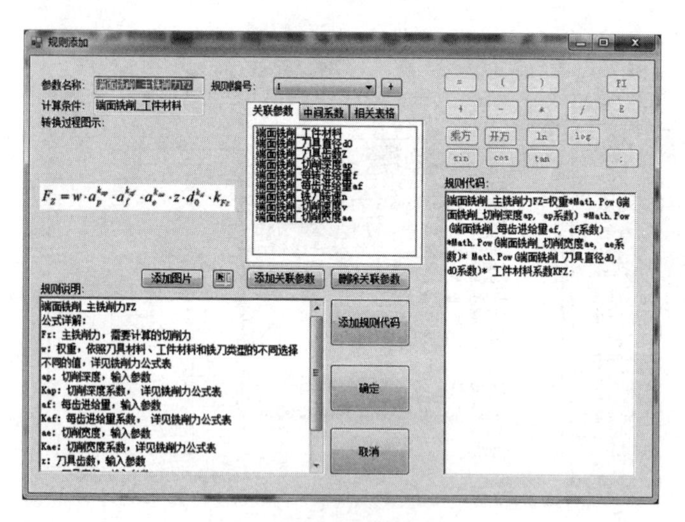

b）规则添加界面

图 6.18　需求转化计算规则的添加界面

机床设计参数优化求解过程如图 6.20 所示。

机床整机设计参数表如图 6.21 所示。

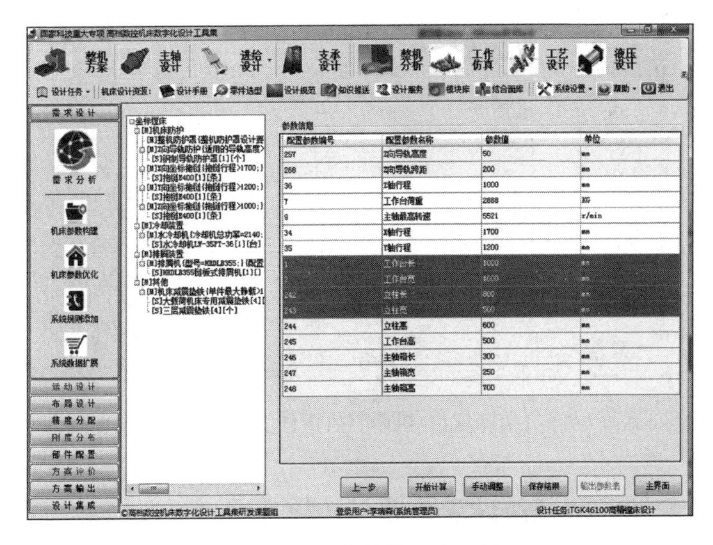

图 6.19　设计参数模型求解界面

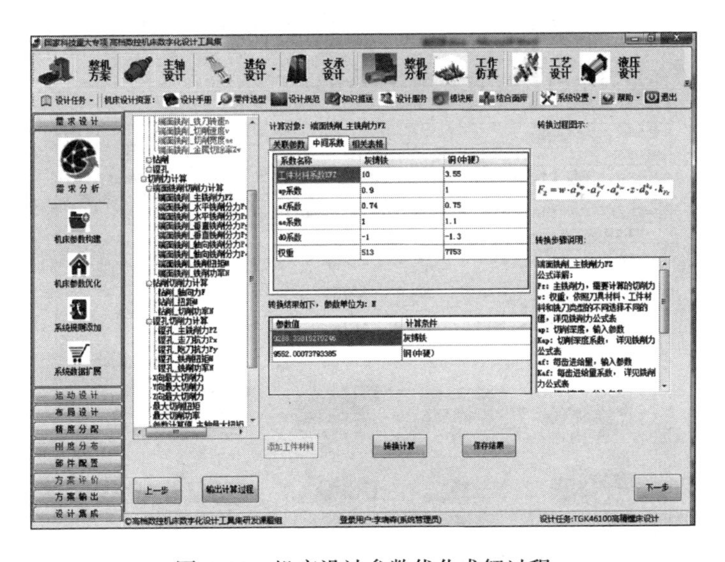

图 6.20　机床设计参数优化求解过程

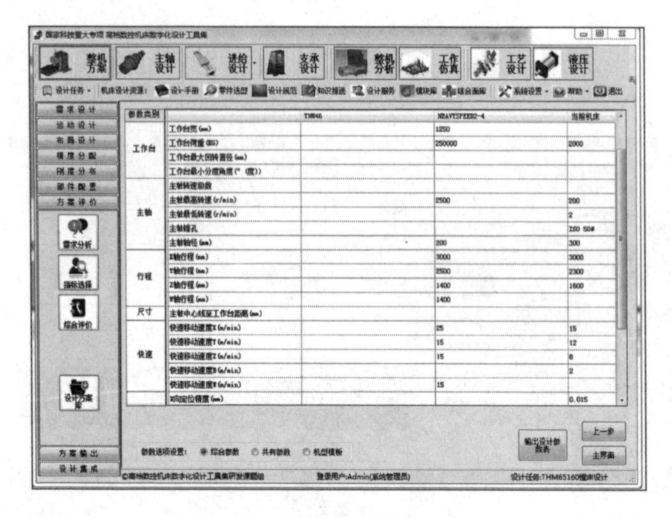

图 6.21　机床整机设计参数表

6.2.3　大型注塑装备需求获取与转化

大型注塑装备是典型的复杂定制产品。定制产品设计系统通过大型注塑装备的模糊、精确与分类搜索功能，为客户提供需求类比与需求参数查询，明确注塑装备的客户需求内容，如图 6.22 所示。

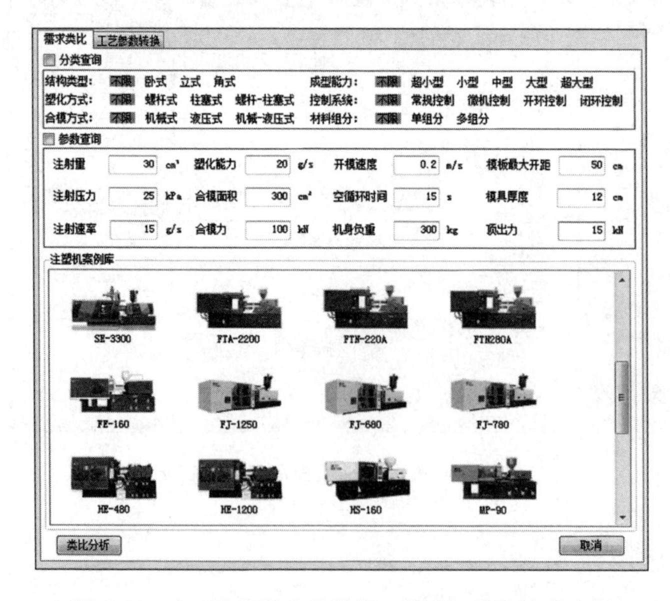

图 6.22　大型注塑装备的模糊、精确与分类搜索功能

客户根据查询结果选择或输入需求，以 DSH280/750TWkN 型注塑装备为例，其工艺需求如图 6.23 所示。

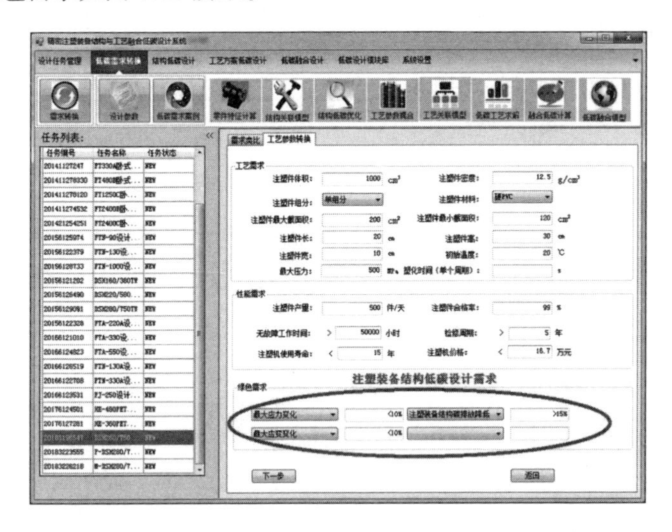

图 6.23　DSH280/750TWkN 型注塑装备工艺需求

工艺需求对比分析功能将类似客户需求对应的复杂机电装备对比分析，选取适合的设计参数，如图 6.24 所示。

	HTF120J/TJ	HTF86/TJ	当前机床
注射功率			
塑化能力	15.8	13.2	15.8
加热圈功率	10	10	10
料斗容积	25	25	25
料筒材料	38CrMoAlA	38CrMoAlA	38CrMoAlA
主模板数目	3	3	3
注射装置结构类型	单缸液压式	单缸液压式	单缸液压式
合模机构传动形式	三板复合稳压式	三板复合稳压式	三板复合稳压式
拉杆直径	50	50	50
模板行程	350	320	350
调模厚度	280	260	280
顶出行程	120	110	120
螺杆转速	195	186	195
拉杆内距	410*410	400*400	410*410
最大模厚	430	410	430
最小模厚	150	110	150
顶出力	33	30	33
顶出杆根数	5	5	5
油泵最大压力	16	16	16
油泵马达功率	11	10	11

保存　输出类比评审表　返回

图 6.24　工艺需求对比分析功能

工艺需求向设计参数转换功能，基于面向复杂机电装备加工工艺与性能需求转换的质量屋⊖依赖与反馈模型，实现了工艺需求向设计参数的转换，如图 6. 25 所示。

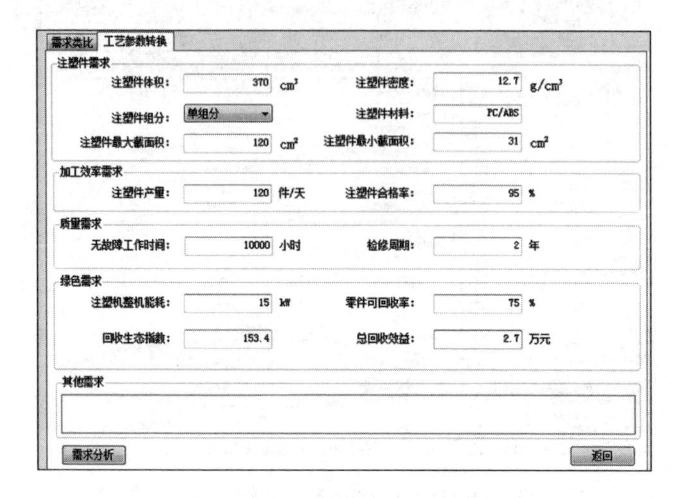

图 6. 25　工艺需求向设计参数转换功能

6. 3　定制产品配置设计应用实例

6. 3. 1　高速电梯配置设计

配置模板创成工具通过对功能模块进行选择、组合，以获得组成定制产品的功能模块集合并生成功能模块集合的配置顺序，从而实现定制产品的配置设计。模块配置模板创成确定了定制产品的结构组成以及功能模块的配置顺序，可以决定模块功能配置成功与否，是实现模块功能配置的基础和前提。定制产品配置模板创成主要包括 3 种模式：列表模式（如图 6. 26 所示）、节点模式（如图 6. 27 所示）和自定义模式（如图 6. 28 所示）。

⊖ 质量屋是一种确定客户需求与相应产品或服务性能之间的联系的图示方法。——编辑注

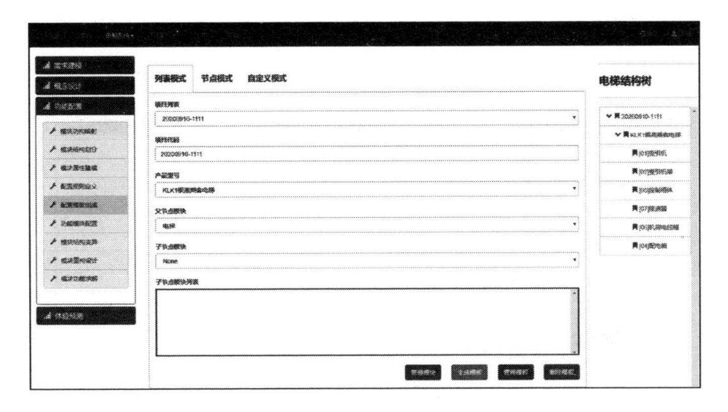

图 6.26　列表模式下的配置模板创成

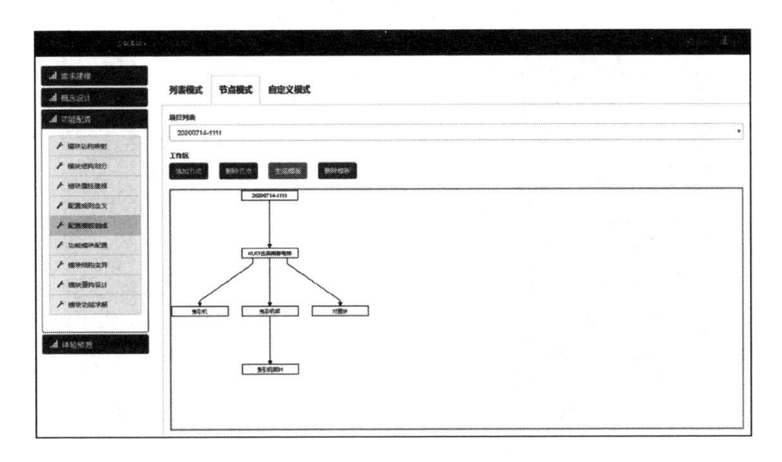

图 6.27　节点模式下的配置模板创成

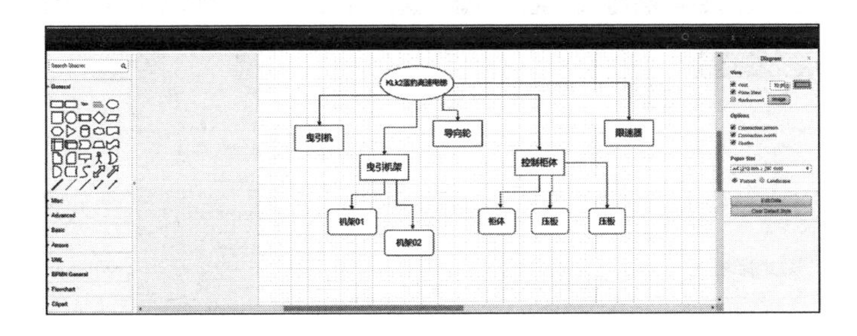

图 6.28　自定义模式下的配置模板创成

配置规则定义功能基于逻辑符号实现产生式配置规则的表达，如图 6.29 所示。配置规则可视化表达功能辅助客户核对所定义的配置规则的正确性，如

图 6.30 所示。配置规则管理功能协助客户对配置规则库进行更新，如图 6.31 所示。

图 6.29　配置规则定义功能

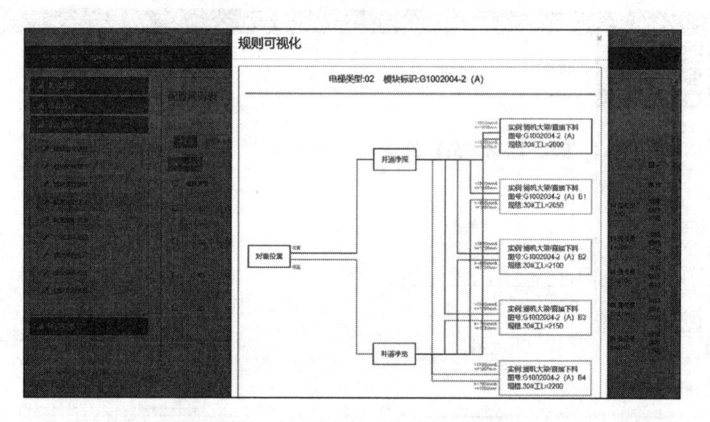

图 6.30　配置规则可视化表达功能

图 6.31　配置规则管理功能

功能模块配置工具针对不同类型的配置任务（如图 6.32 所示），根据任务代码所对应的电梯型号设置配置模板及台用量/配置属性（如图 6.33 和图 6.34 所示），按照配置模板中的模块配置顺序，依次搜索相关配置规则并使用 Drools 推理机自动进行推理，实现一级精确配置。针对配置结果中的失配模块，进行模糊相似配置（如图 6.35 所示）。通过层次配置设计，实例化各功能模块，获得最终的产品配置设计 BOM（如图 6.36 所示）。

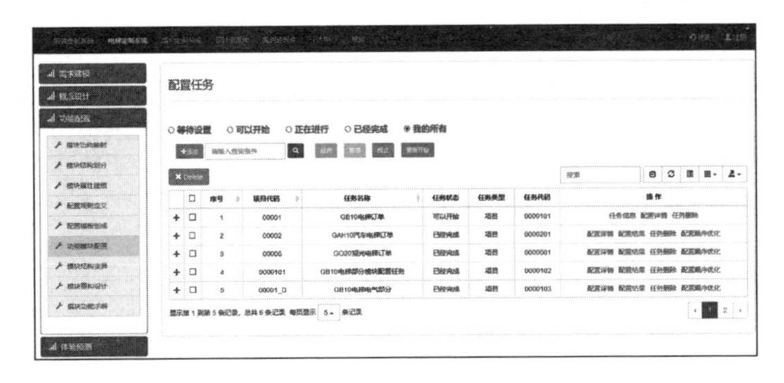

图 6.32　配置任务

图 6.33　台用量设置

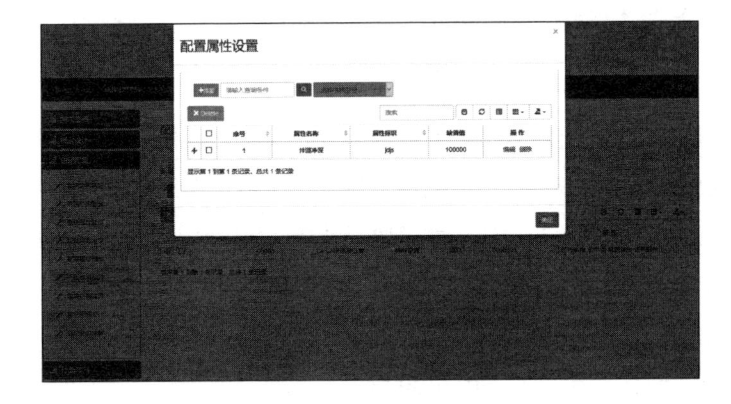

图 6.34　配置属性设置

图 6.35　模糊相似配置

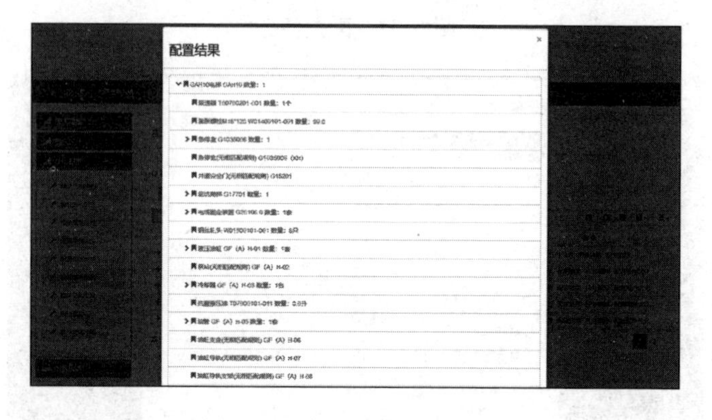

图 6.36　产品配置设计 BOM

6.3.2　高档数控机床配置设计

根据模块化智能配置设计技术，结合 THM 精密卧式加工中心，本小节介绍了高档数控机床智能配置设计系统的开发。系统可以根据不同客户的需求，在产品模块库、产品规则库、产品特性库、产品物料库等底层数据的支持下，选择相应的配置模板。利用知识推送技术，减少配置设计中不必要的迭代，通过智能配置设计快速派生出客户所需的定制数控机床产品。

数控机床模块的功能结构、配置模板、配置属性和零部件事物特性分别如图 6.37、图 6.38、图 6.39 和图 6.40 所示。

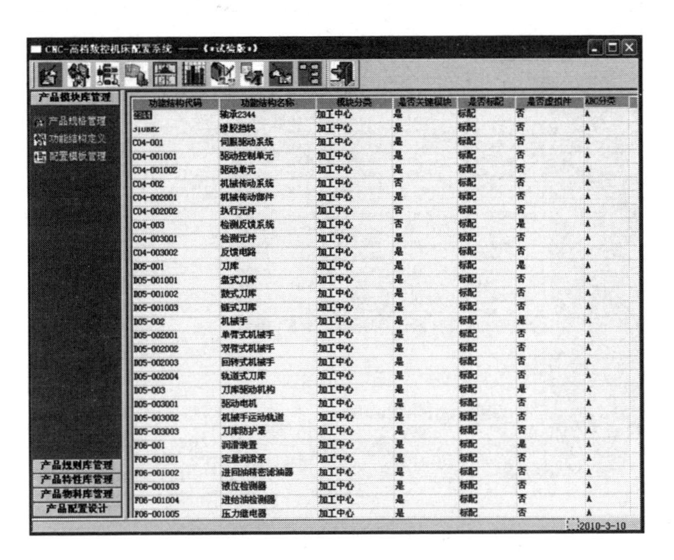

图 6.37　数控机床模块的功能结构

图 6.38　数控机床模块的配置模板

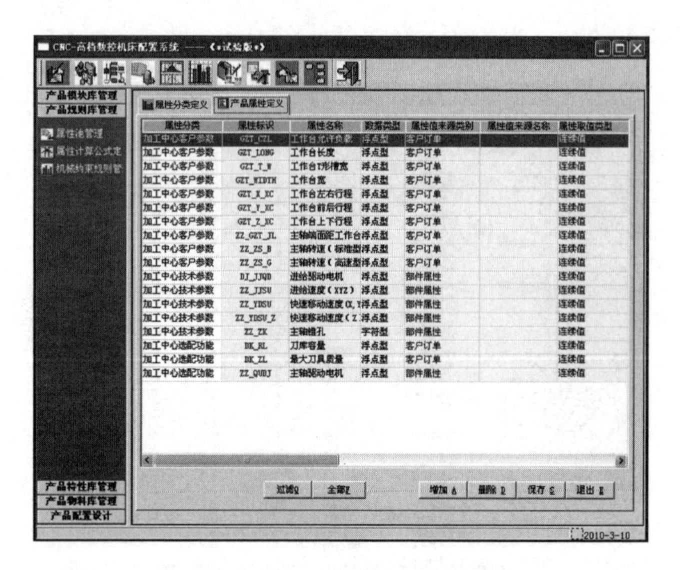

图 6.39 数控机床模块的配置属性

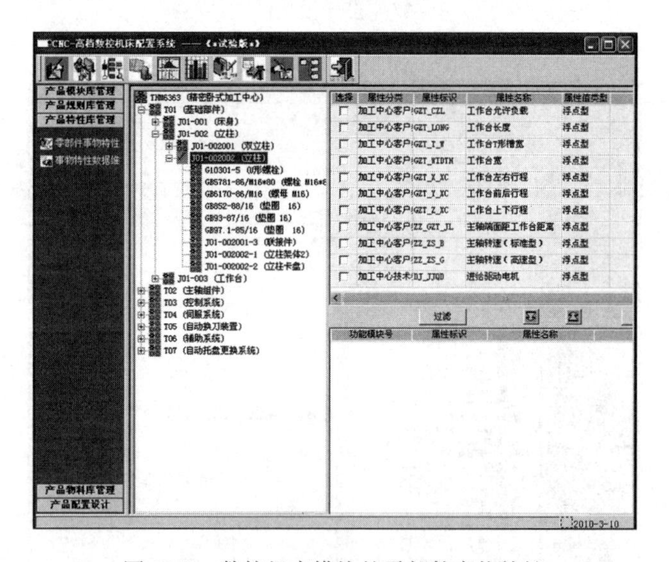

图 6.40 数控机床模块的零部件事物特性

建立数控机床配置任务，确定任务编号、任务名称、产品型号等，并将创建完成的配置任务记录在数控机床配置任务树和任务列表中，如图 6.41 和图 6.42 所示。

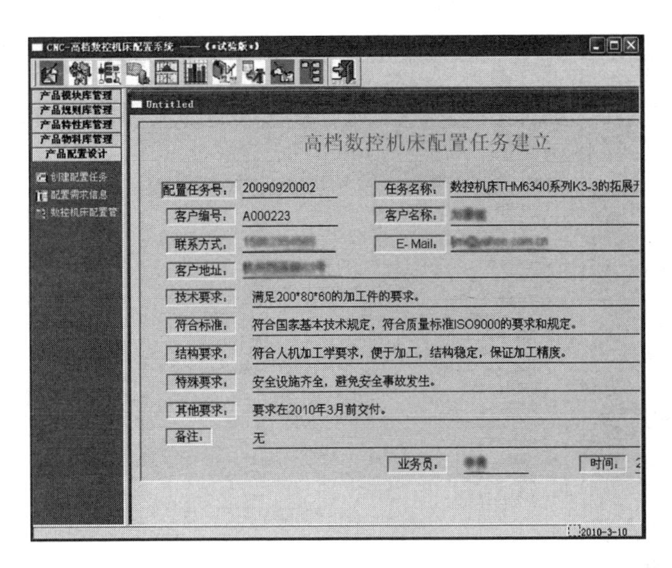

图 6.41　建立数控机床配置任务

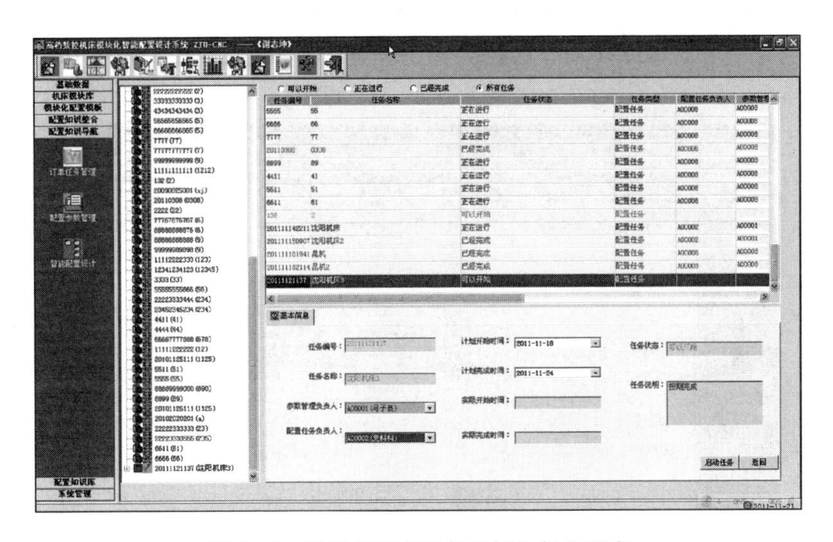

图 6.42　数控机床配置任务树和任务列表

按照客户需求，对数控机床的配置设计需求信息进行映射，并对数控机床的配置属性进行设置，分别如图 6.43 和图 6.44 所示。

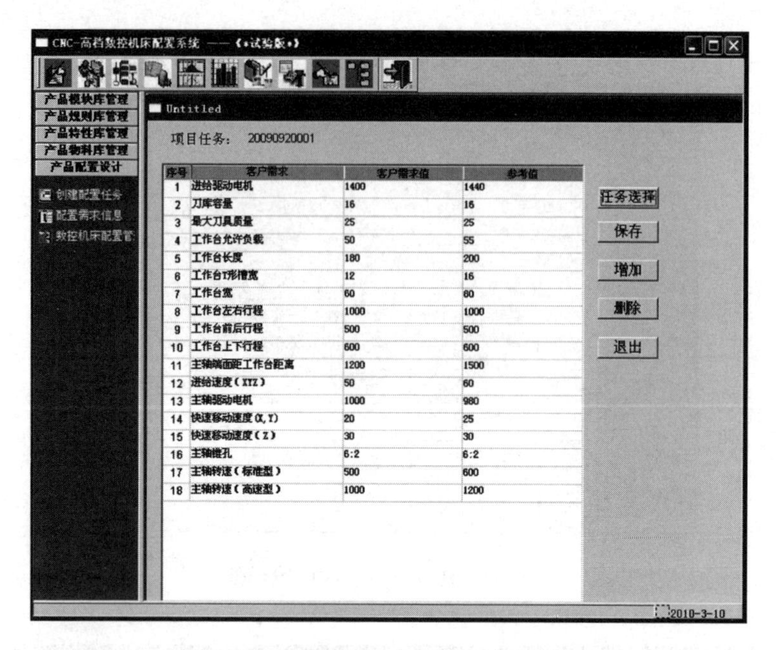

序号	客户需求	客户需求值	参考值
1	进给驱动电机	1400	1440
2	刀库容量	16	16
3	最大刀具质量	25	25
4	工作台允许负载	50	55
5	工作台长度	180	200
6	工作台T形槽宽	12	16
7	工作台宽	60	60
8	工作台左右行程	1000	1000
9	工作台前后行程	500	500
10	工作台上下行程	600	600
11	主轴端面距工作台距离	1200	1500
12	进给速度（XYZ）	50	60
13	主轴驱动电机	1000	980
14	快速移动速度(X,Y)	20	25
15	快速移动速度（Z）	30	30
16	主轴锥孔	6:2	6:2
17	主轴转速（标准型）	500	600
18	主轴转速（高速型）	1000	1200

图 6.43　映射数控机床配置设计需求信息

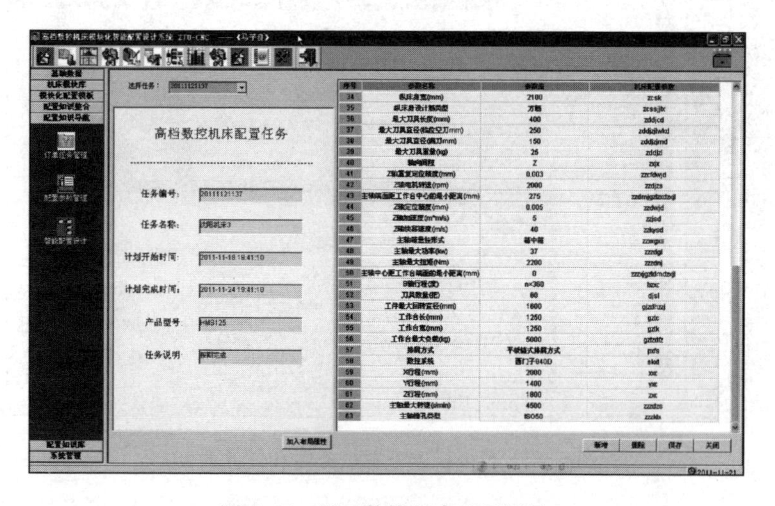

图 6.44　设置数控机床配置属性

启动配置任务，执行数控机床智能配置设计，得到数控机床智能配置设计 BOM，如图 6.45 所示。

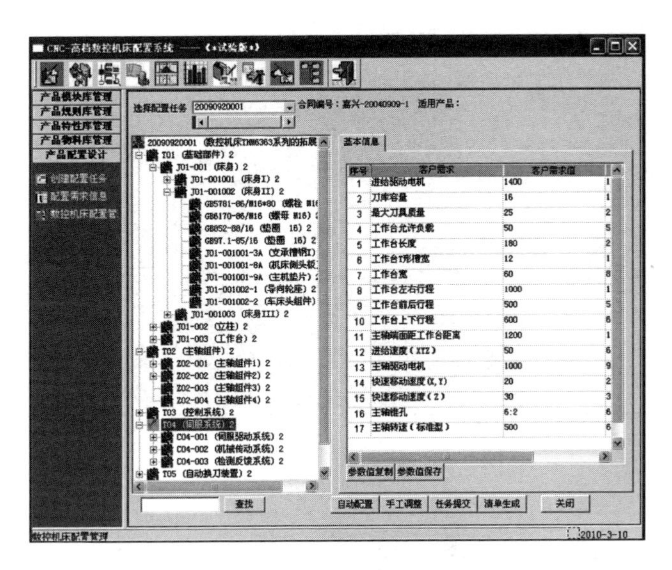

图 6.45　数控机床智能配置设计 BOM

6.4　定制产品结构变异设计应用实例

6.4.1　高速电梯零部件结构变异设计

图 6.46 所示为对轿厢底板模型进行分解得到的零件基结构；图 6.47 和图 6.48 所示为对轿厢底板模型进行结构变异并拟合得到的轿厢底板搭接面；图 6.49 所示为对移植结构进行预处理；图 6.50 和图 6.51 为特征点选取，以及对移植结构拓扑搭接得到的轿厢底板模型变异设计结果。

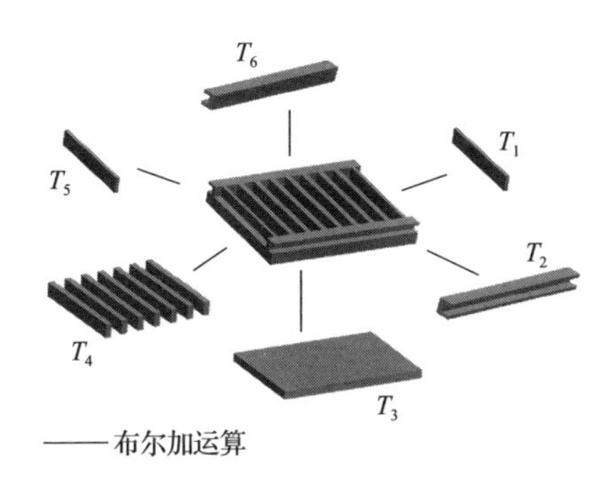

图 6.46　轿厢底板模型分解

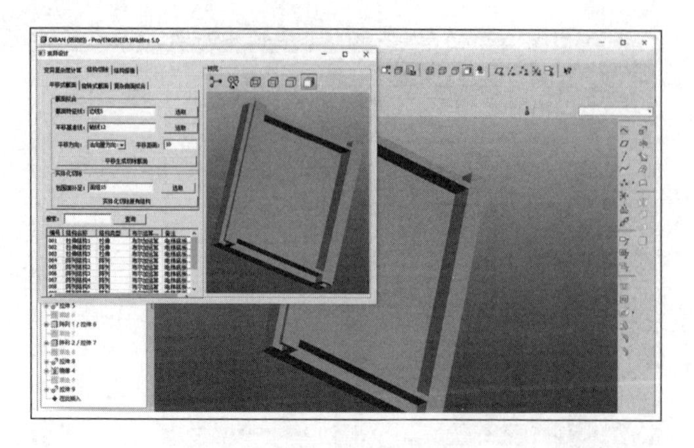

图 6.47 轿厢底板模型结构变异

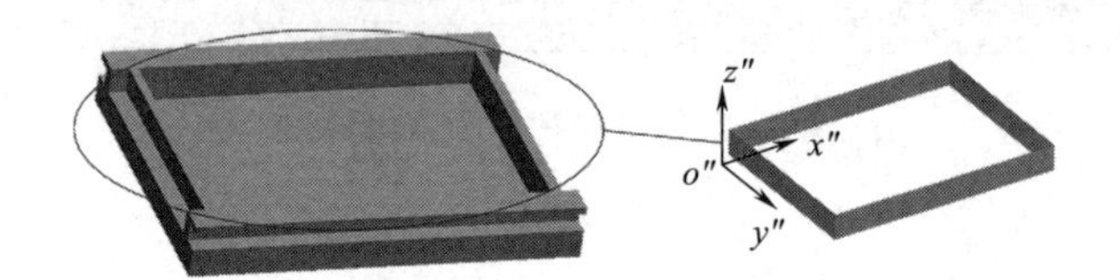

图 6.48 轿厢底板搭接面

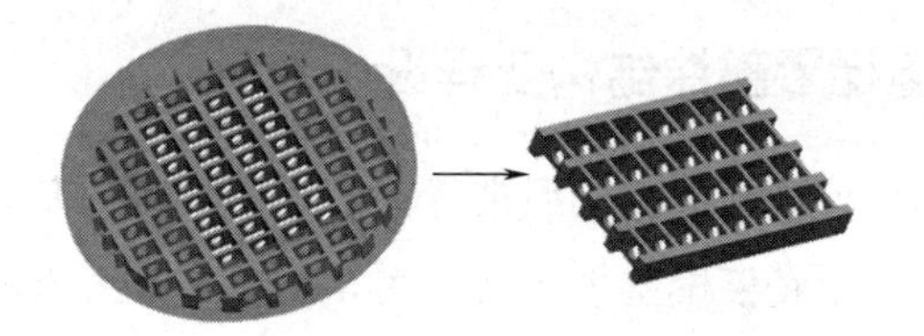

图 6.49 移植结构预处理

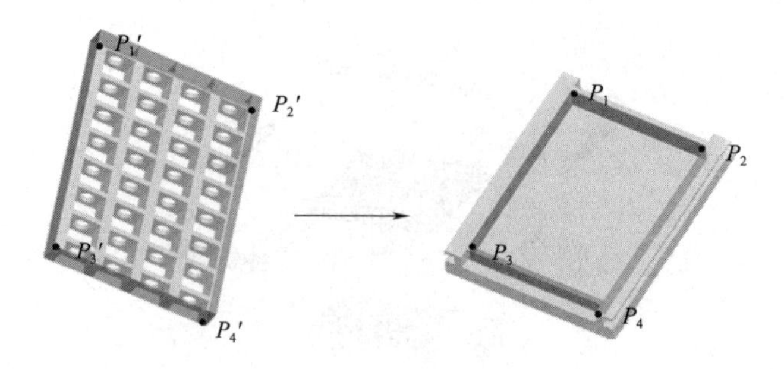

图 6.50 特征点选取

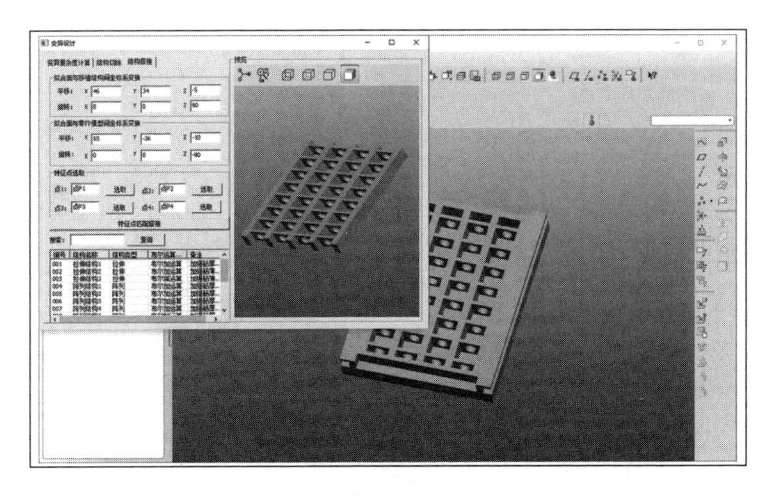

图 6.51　轿厢底板模型变异设计结果

6.4.2　高档数控机床传动轴结构变异设计

图 6.52 所示为变异前的机床传动轴；图 6.53 所示为机床传动轴的细分；图 6.54 所示为相关零件基结构的重组，可以得到零件变异基结构；图 6.55 为消隐零件变异基结构，加载移植结构，并分别定义一组搭接面对和一组辅助参考面对，进行移植结构的圆柱面拓扑搭接；图 6.56 所示为机床传动轴的变异设计结果。

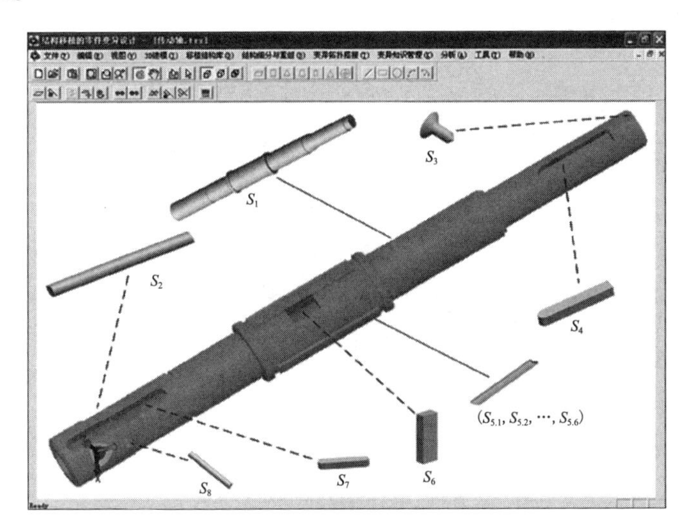

图 6.52　变异前的机床传动轴

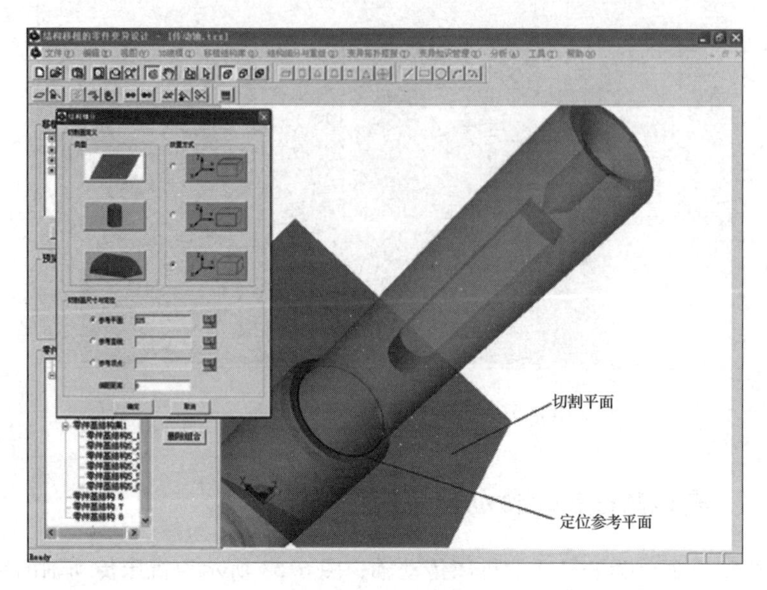

图 6.53　机床传动轴的细分

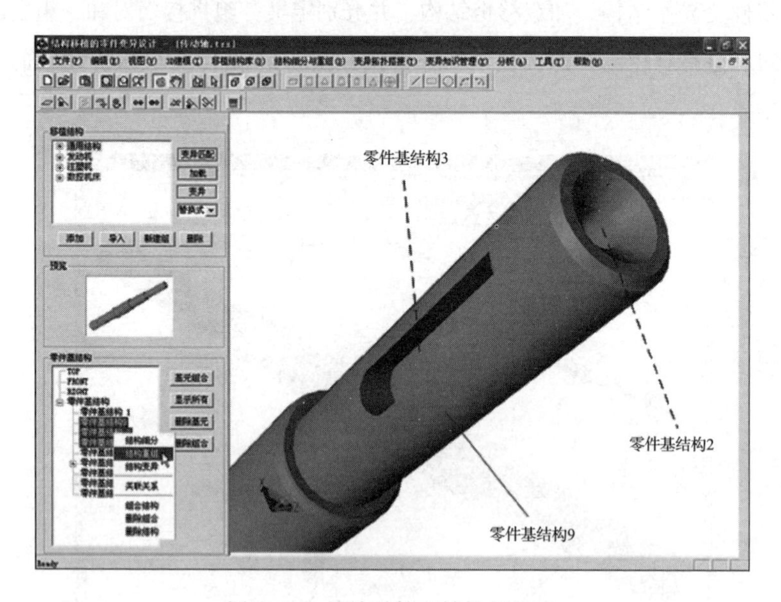

图 6.54　相关零件基结构的重组

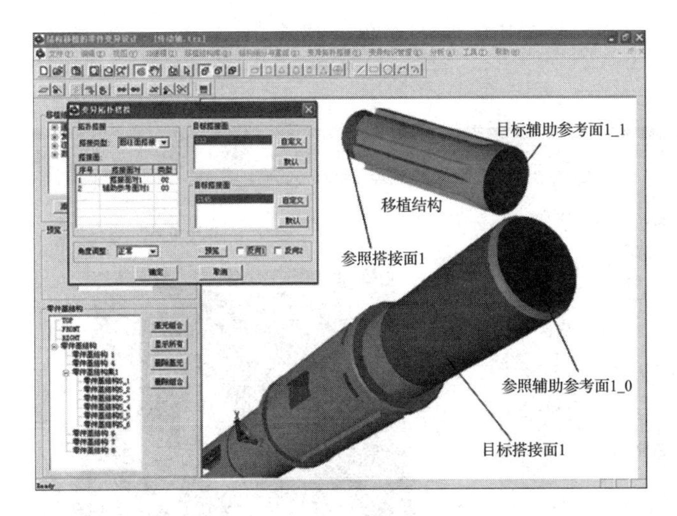

图 6.55　移植结构的圆柱面拓扑搭接

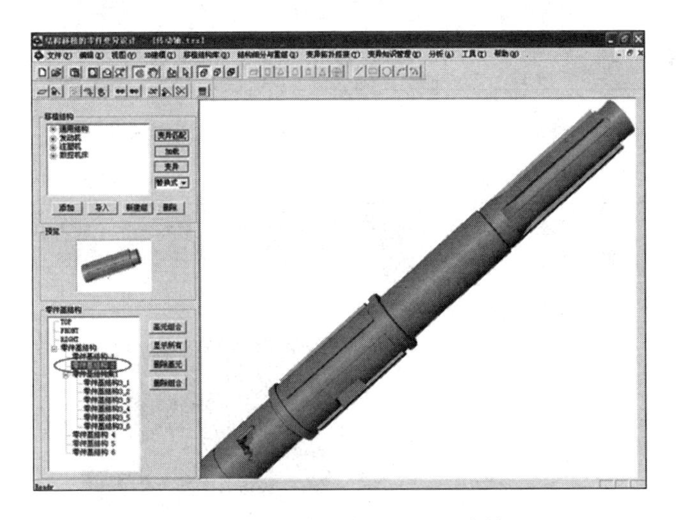

图 6.56　机床传动轴的变异设计结果

6.4.3　大型注塑装备零部件结构变异设计

(1) 精密注射成型装备合模结构变异设计实例

图 6.57 所示为变异前的注塑机合模机构二板；图 6.58 所示为通过对零件基型进行细分，确定零件变异基结构；图 6.59 和图 6.60 为确定搭接面进行结

构移植变异，指定底板几何匹配对象；图 6.61 为第一次变异的结果及过程信息。

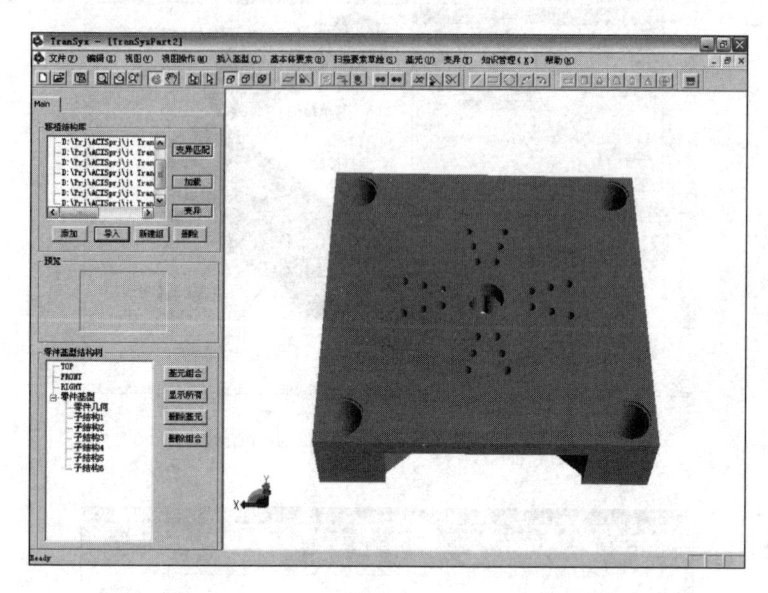

图 6.57　注塑机合模机构二板——底板变异前

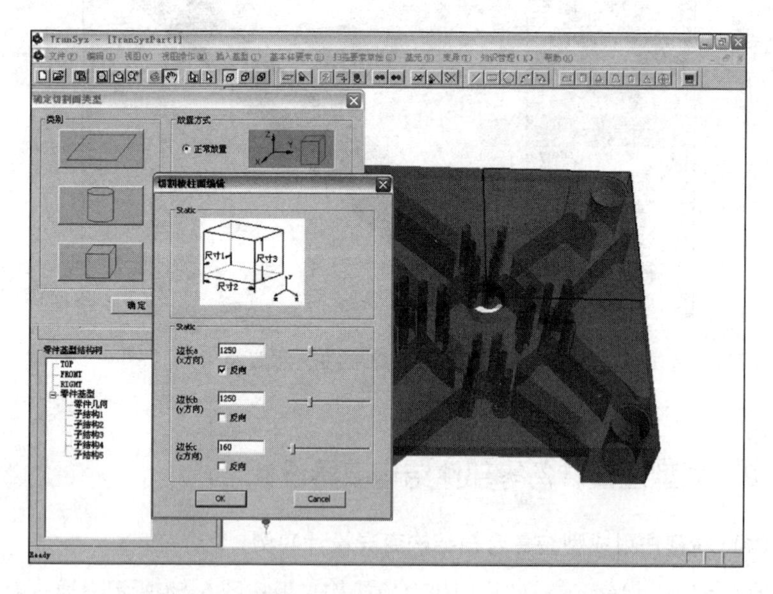

图 6.58　注塑机合模机构二板——底板结构细分

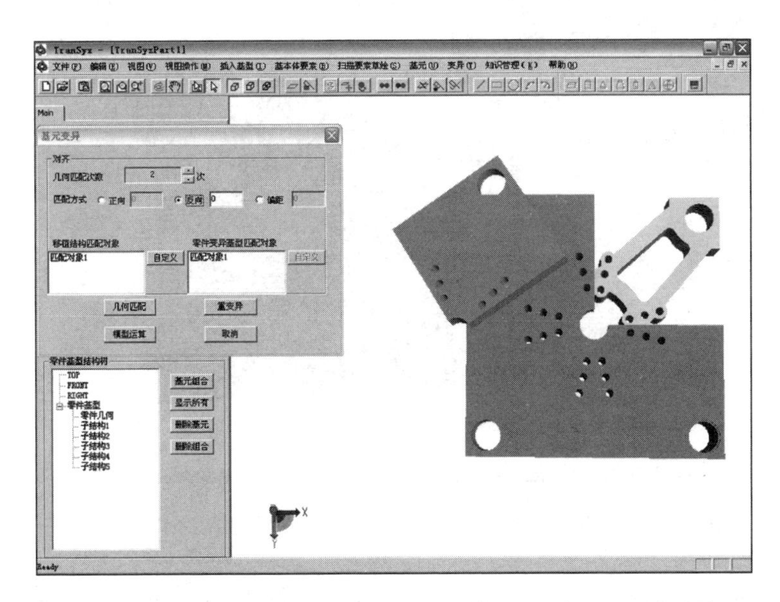

图 6.59　注塑机合模机构二板——底板第一组几何匹配对象指定

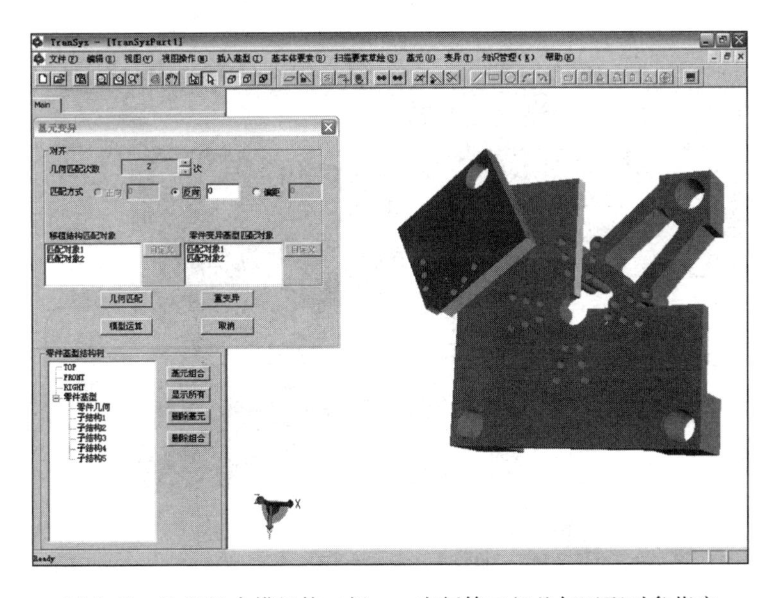

图 6.60　注塑机合模机构二板——底板第二组几何匹配对象指定

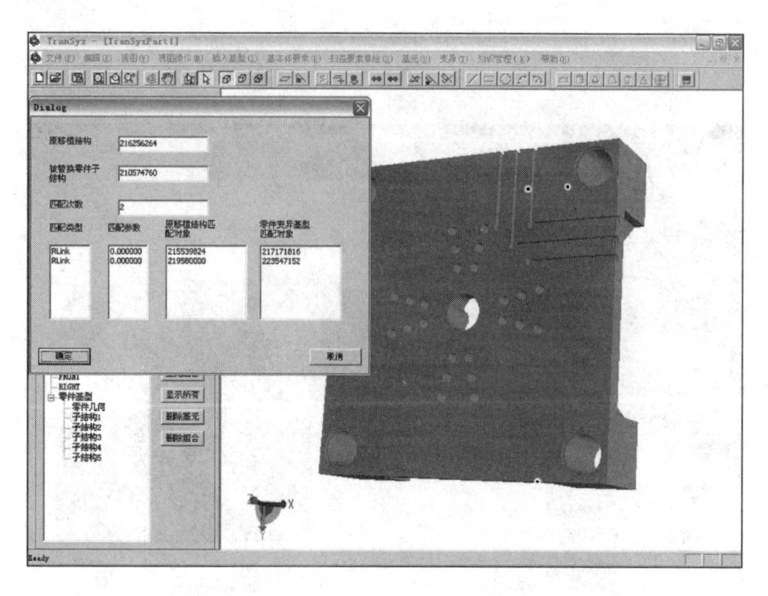

图 6.61　注塑机合模机构二板——第一次变异的结果及过程信息

上述步骤实现了注塑机合模机构二板的变异设计。对上述底板变异设计的过程进行记录，可以实现变异过程重用，如图 6.62~图 6.64 所示。

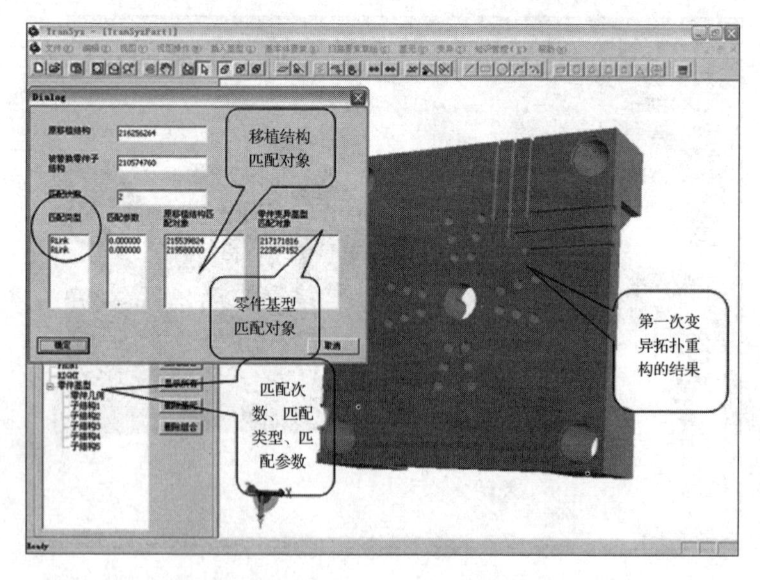

图 6.62　注塑机合模机构二板——变异设计结果与变异过程信息

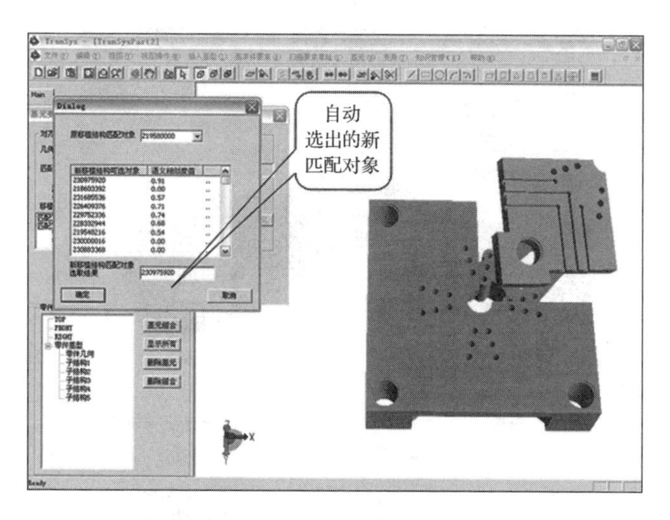

图 6.63 注塑机合模机构二板——第二次变异的底板匹配对象相似搜索

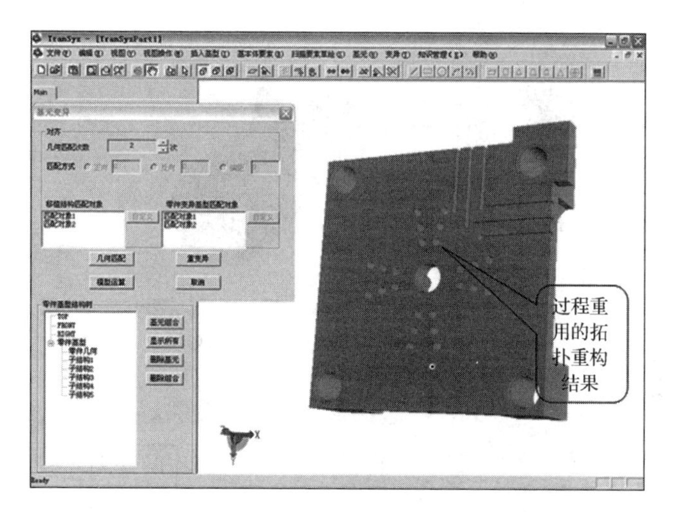

图 6.64 注塑机合模机构二板——第二次变异的结果

(2) 精密注射成型装备热流道喷嘴结构变异设计实例

图 6.65a 所示为变异前的热流道喷嘴；图 6.65b 和图 6.65c 分别为指定几何匹配对象以及对热流道喷嘴移植结构特征匹配后进行第一次变异的结果；图 6.65d 和图 6.65e 分别为匹配对象相似搜索，以及变异过程重用，对移植结构进行拓扑搭接，得到第二次结构移植变异的结果。

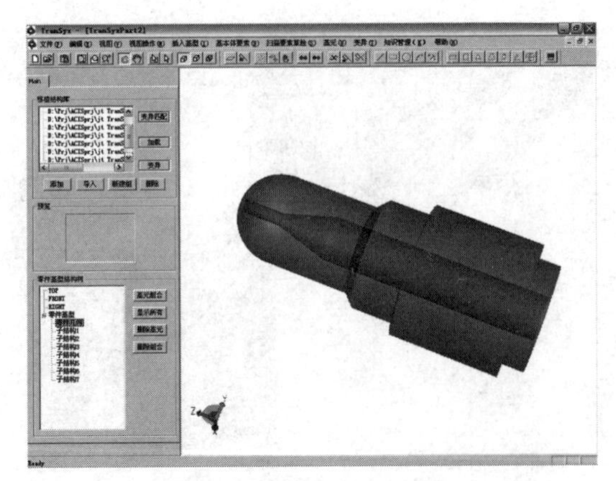

a）热流道喷嘴——结构变异前

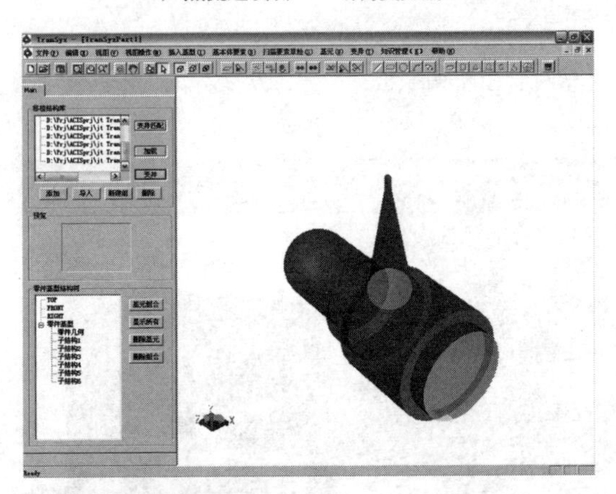

b）热流道喷嘴——指定几何匹配对象

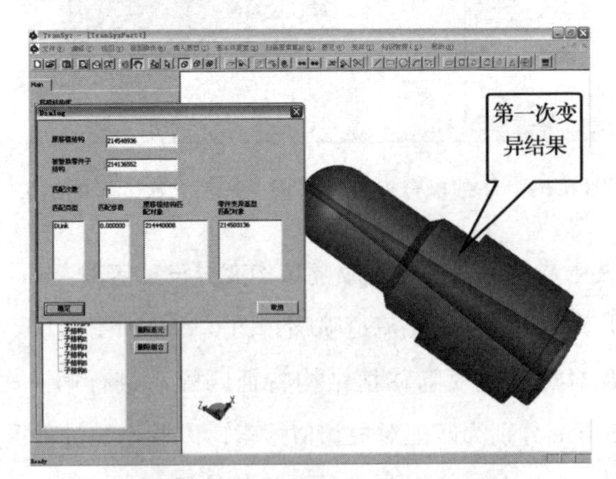

c）热流道喷嘴——第一次变异的结果及过程信息

图 6.65　热流道喷嘴结构变异设计

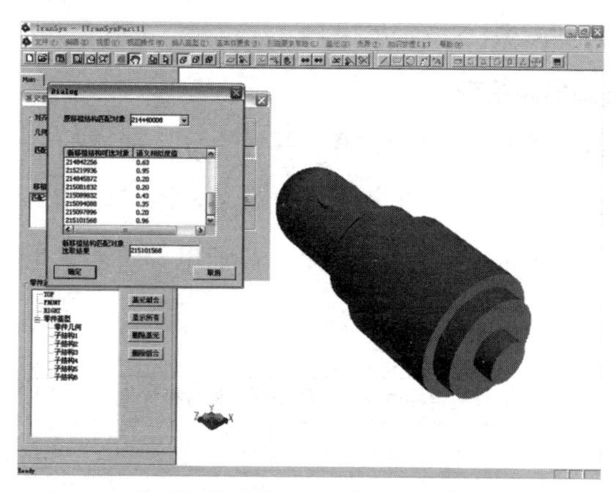

d）热流道喷嘴——匹配对象相似搜索

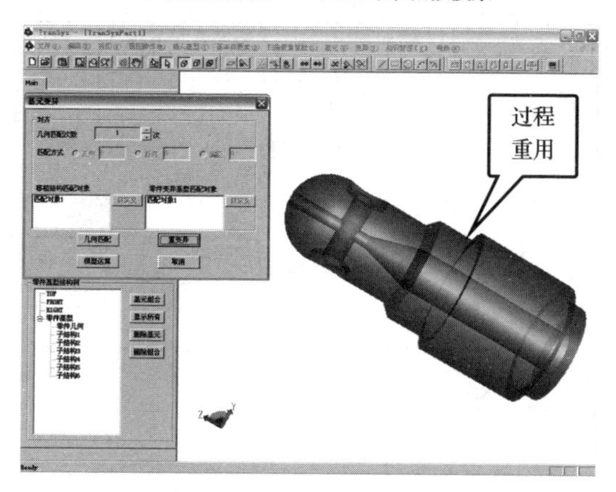

e）热流道喷嘴——第二次变异的结果

图 6.65 （续）

6.5　定制产品性能分析与预测应用实例

6.5.1　高速电梯性能分析与预测

高速电梯性能分析主要涉及轿厢外气动特性、轿厢内气压特性、导靴振动性能、曳引机及曳引绳振动性能等。本小节介绍的高速电梯轿厢振动性能分析系统包含客户管理、成本计算和报价、导向系统数据管理、气动特性分析和优化、轿厢振动分析和减振优化等功能。

（1）系统主要框架结构

电梯研发系统中的高速电梯轿厢水平振动分析和减振优化子系统，采用C/S体系结构，由C++编程语言完成，数据库采用MySQL，采用跨平台框架Qt5.9开发，运行在Windows操作系统下。高速电梯轿厢水平振动分析和减振优化子系统的框架结构如图6.66所示。

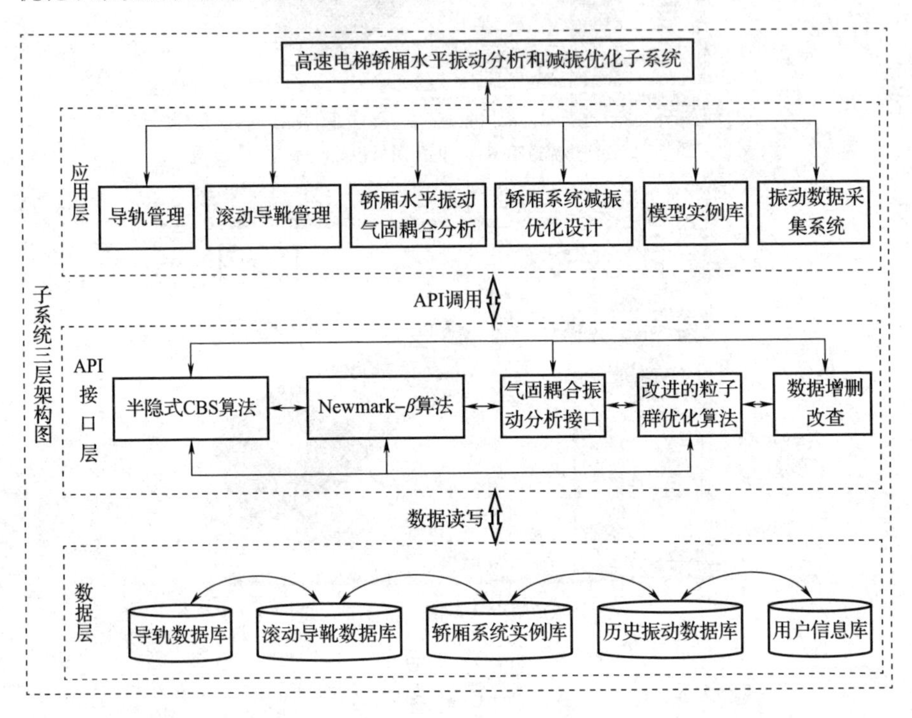

图6.66 高速电梯轿厢水平振动分析和减振优化子系统的框架结构图

数据层主要由导轨数据库、滚动导靴数据库、轿厢系统实例库、历史振动数据库和客户信息库组成，为整个子系统提供数据支持。数据层实现了设计和分析流程的数据共享，保证了数据独立性，从而提高了数据安全性。

API接口层主要由半隐式CBS算法、Newmark-β算法、气固耦合振动分析接口、改进的粒子群优化算法和数据增删改查组成。API接口层通过数据增删改查管理数据层，同时对应用层的功能模块进行抽象，提供了通用方法以供应用层调用。

应用层主要由导轨管理、滚动导靴管理、轿厢水平振动气固耦合分析、轿厢系统减振优化设计、模型实例库和振动数据采集系统组成，为设计者提供具体的功能。

（2）轿厢水平振动分析及减振系统

整个轿厢水平振动分析及减振系统由菜单栏、操作树区和功能区 3 个模块组成。菜单栏由开始、编辑、视图、工具、窗口和帮助组成。操作树区包含客户需求定制、轿厢水平振动气固耦合分析及优化、轿厢气动特性优化、曳引机系统优化、电梯振动数据收集、成本核算、报价系统、系统管理等功能。系统如图 6. 67 所示。

图 6. 67　轿厢水平振动分析及减振系统

（3）导轨和滚动导靴数据管理模块

导轨和滚动导靴是导向系统的主要组成部件。对于高速电梯产品，导向系统的性能是重要性能指标之一。因此，客户在选用导轨上更关注于导轨尺寸误差、直线度误差、转动惯量、加工工艺等技术参数以及抗拉强度、屈服点、伸缩率等机械性能。导轨数据管理模块由导轨尺寸数据库、连接板及螺栓孔距数据库、技术参数数据库和机械性能数据库组成。导轨数据管理模块如图 6. 68 所示，滚动导靴数据管理模块如图 6. 69 所示。

康力电梯轿厢水平振动分析及减振系统

开始 编辑 视图 工具 窗口 帮助

客户需求定制 / 轿厢水平振动气... / 轿厢气动特性优... / 曳引机系统优化... / 电梯振动数据收集 / 成本核算 / 报价系统 / 系统管理

欢迎 | 电梯导轨数据库 | 滚动导靴数据库 | 初始设计方案分析 | 减振优化设计

详细数据表

导轨型号与尺寸 (mm)

型号	b1	h1	h	l	k1	n	c	g
T898/BE	89	62	61	156	16	34	10	8
T90/BE	90	75	74	156	16	42	10	8
T114/BE	114	89	88	156	16	38	9.5	8
T125/BE	125	82	81	156	16	42	10	8
T127-1/BE	127	89	88	156	16	45	10	8
T127-2/BE	127	89	88	156	16	51	10	12.:

技术参数

型号	截面(cm^2)	重量(kg/m)	e(cm)	Ixx(cm^4)	Wxx(cm^3)	ixx(cm)	Iyy(cm^4)	Wyy(cn
T898/BE	15.77	12.38	2.032	59.83	14.35	1.948	52.41	11.7
T90/BE	17.25	13.54	2.612	102	20.86	2.431	52.48	11.6
T114/BE	20.89	16.4	2.865	179.3	29.7	2.93	108.6	19.0
T125/BE	22.82	17.91	2.43	151	26.16	2.572	159.1	25.4
T127-1/BE	22.74	17.85	2.77	187.9	30.65	3.065	149.9	23.6
T127-2/BE	28.72	22.55	2.478	201.7	31.17	2.64	229.9	36.:

图 6.68　导轨数据管理模块

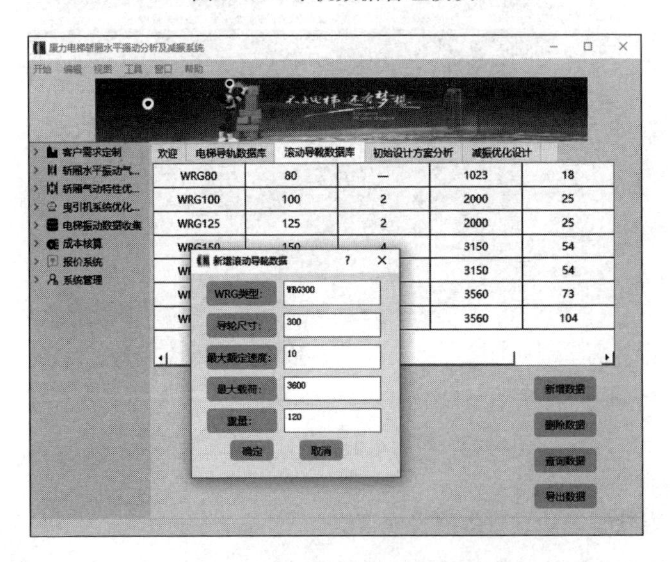

图 6.69　滚动导靴数据管理模块

(4) 轿厢系统气固耦合振动分析模块

轿厢系统、导向系统和井道系统初始方案设计界面如图 6.70 所示。轿厢系统参数由设计者输入。导向系统参数可从滚动导靴数据库和导轨数据库选取所需的产品型号，也可从系统中导入导轨廓形偏差实测数据，如图 6.71 所示。井道系统参数可由设计者输入，也可从井道图纸中提取井道尺寸参数。

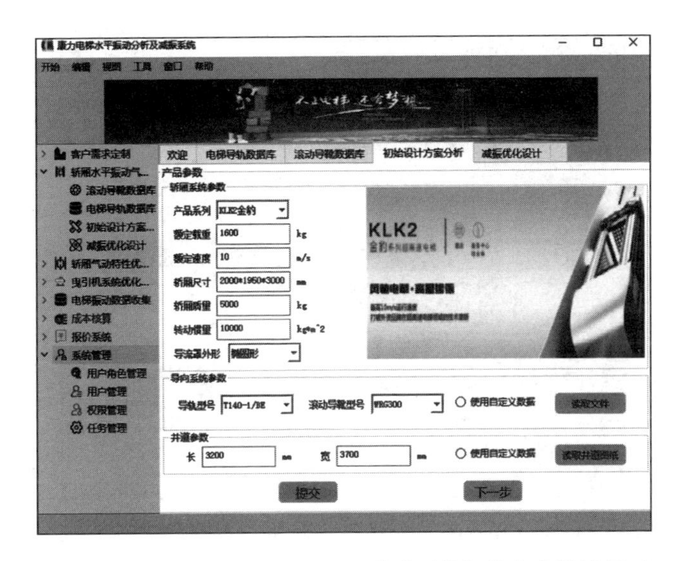

图 6.70　轿厢系统、导向系统和井道系统初始方案设计界面

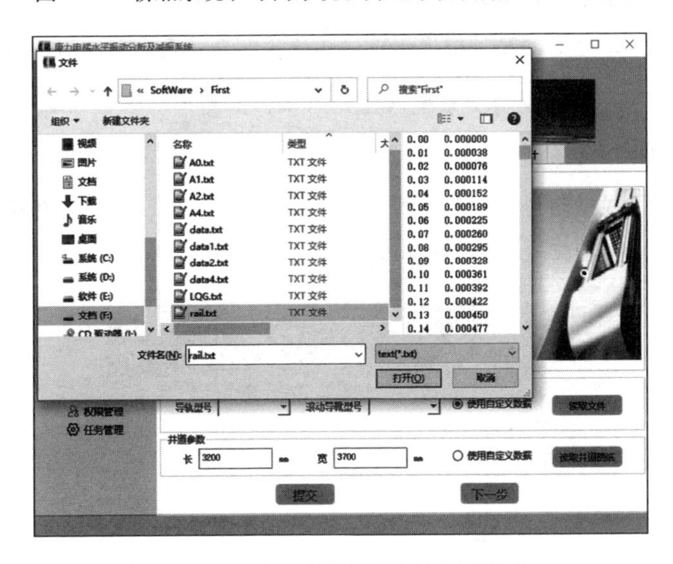

图 6.71　导入导轨廓形偏差实测数据

轿厢水平振动分析界面如图 6.72 所示。确定设计参数之后，进行求解计算。根据设计参数，生成设计参数预览表。如果设计参数有误，可单击“上一步”返回修改。根据系统计算结果，显示轿厢水平振动加速度响应曲线和气动载荷曲线，并根据计算结果填写轿厢水平振动的峰-峰值、A95 值及主频率，如图 6.72 所示。

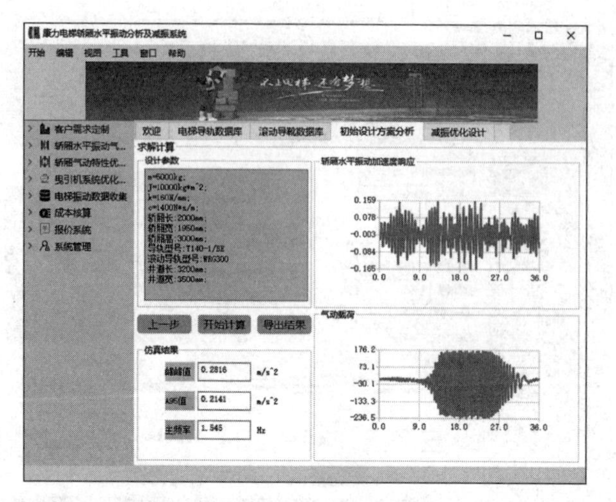

图 6.72　轿厢水平振动分析界面

（5）轿厢系统半主动减振优化模块

设计者确定改进的粒子群优化算法初始化参数或采用默认值，通过后台迭代计算，获得 LQG ㊀控制器系统增益矩阵 $\boldsymbol{K}$，由图形界面展示粒子群优化过程。系统增益矩阵 $\boldsymbol{K}$ 是 LQG 控制器的主要参数，其余参数对客户隐藏，便于设计者使用。根据阻尼器类型和型号确定选用的阻尼器，阻尼器特性曲线方便设计者查看阻尼器特性。减振优化模块如图 6.73 所示。

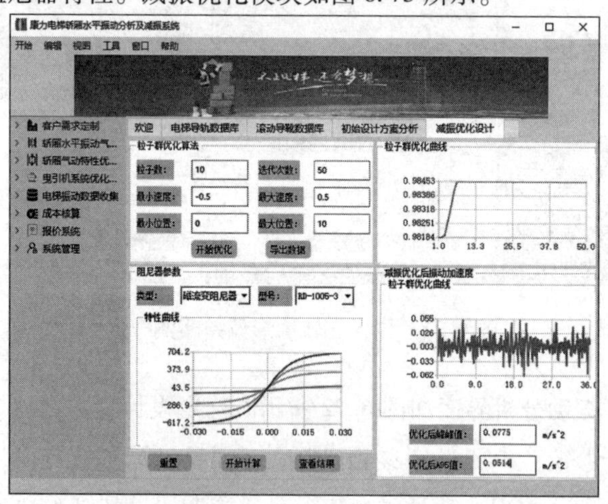

图 6.73　减振优化模块

㊀ LQG，Linear Quadratic Gaussian，线性二次型高斯。——编辑注

确定优化后的 LQG 控制器系统增益矩阵 ***K*** 和阻尼器后，单击“开始计算”，通过图形界面展示优化后的轿厢水平振动加速度粒子群优化曲线、峰-峰值和 A95 值。

（6）应用实例

查看 KLK2 型高速电梯设计 BOM，KLK2 型高速电梯采用 WRG300 型滚动导靴和 T140-1/BE 型导轨，如图 6.74 所示。

a）WRG300型滚动导靴　　b）T140-1/BE型导轨

图 6.74　KLK2 型高速电梯的滚动导靴和导轨

电梯导轨已预先安装且缺少测量仪器，因此，导轨廓形偏差采用第 2 章导轨不平顺激励建模方法近似描述，导轨廓形偏差如图 6.75 所示。井道尺寸在电梯设计前已提前测量，因此，可以直接在系统中输出井道参数。

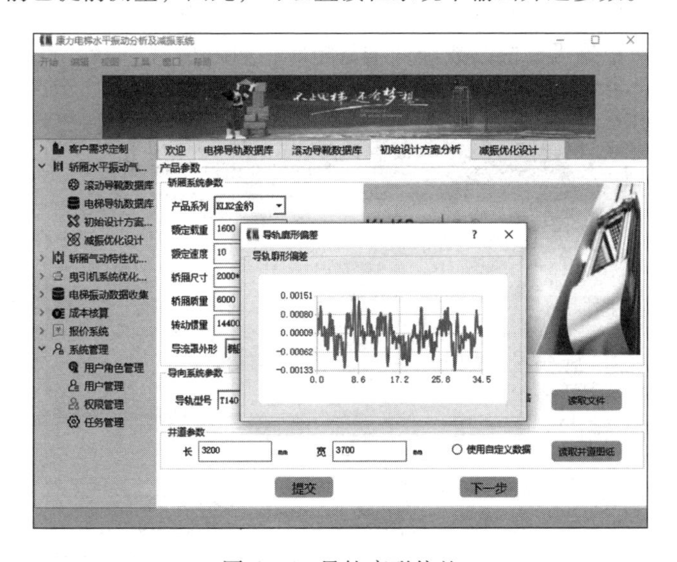

图 6.75　导轨廓形偏差

对 KLK2 型高速电梯轿厢水平振动性能进行计算，轿厢水平振动加速度响应曲线和井道气流气动载荷曲线如图 6.76 所示。

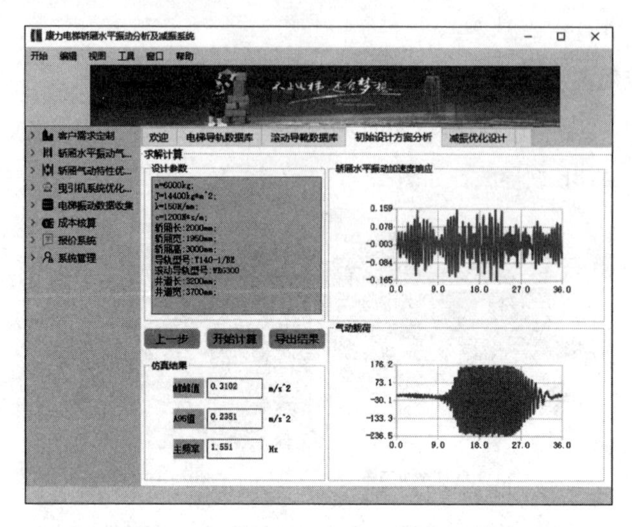

图 6.76　KLK2 型高速电梯轿厢水平振动性能计算

确定粒子群优化算法初始条件后，单击“开始优化”按钮开始优化设计，系统后台采用改进的粒子群优化算法计算，并在前台显示粒子群优化过程中粒子适应度变化曲线。后台计算结束后，系统弹出优化后的控制器系统增益矩阵，设计者可根据需要修改或确认增益矩阵，如图 6.77 所示。设计者选择合

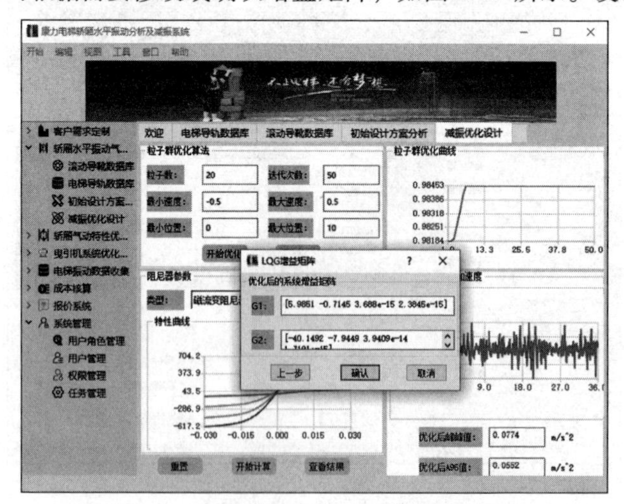

图 6.77　系统弹出优化后的系统增益矩阵

适的阻尼器，单击“开始计算”按钮，系统后台采用训练好的阻尼器逆动力学模型进行计算。减振优化后的 KLK2 型高速电梯的振动加速度最大峰-峰值为 0.0774m/s^2，A95 值为 0.0522m/s^2，振动主频率为 1.555Hz。

6.5.2　低压断路器性能分析与预测

低压断路器数字化设计、仿真分析和数控加工集成平台的流程如图 6.78 所示。整个平台以客户需求订单为数据源，包括产品三维 CAD 建模、装配，多体动力学仿真设计，有限元仿真分析等主要步骤。

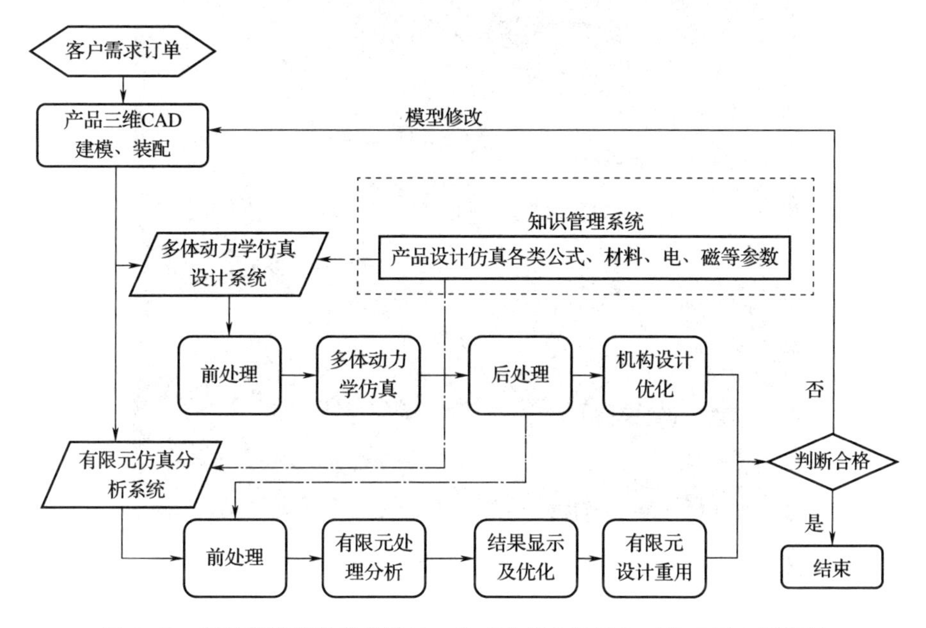

图 6.78　低压断路器数字化设计、仿真分析和数控加工集成平台的流程

（1）产品三维 CAD 建模、装配

低压断路器机构动作简图如图 6.79 所示，主要由连杆、轴、跳扣、锁扣、牵引杆、颊板、支架、动静触头等零件组成。对低压断路器零件进行三维建模，低压断路器总装图如图 6.80 所示。

（2）多体动力学仿真设计

低压断路器多体动力学仿真设计系统主要包括模型导入、前处理、多体动力学仿真、知识管理系统、后处理、机构设计优化等模块。

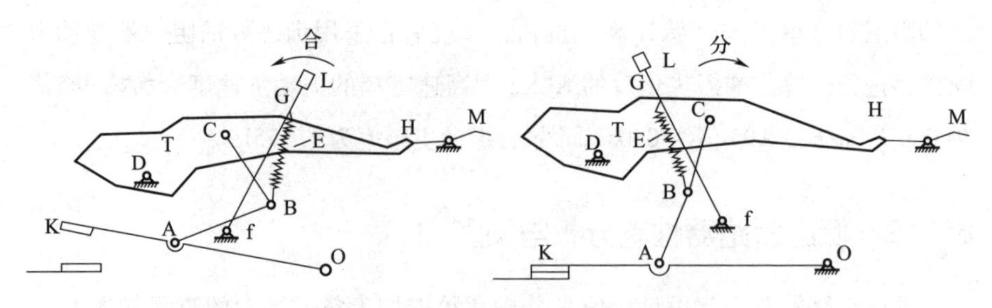

图 6.79 低压断路器机构动作简图

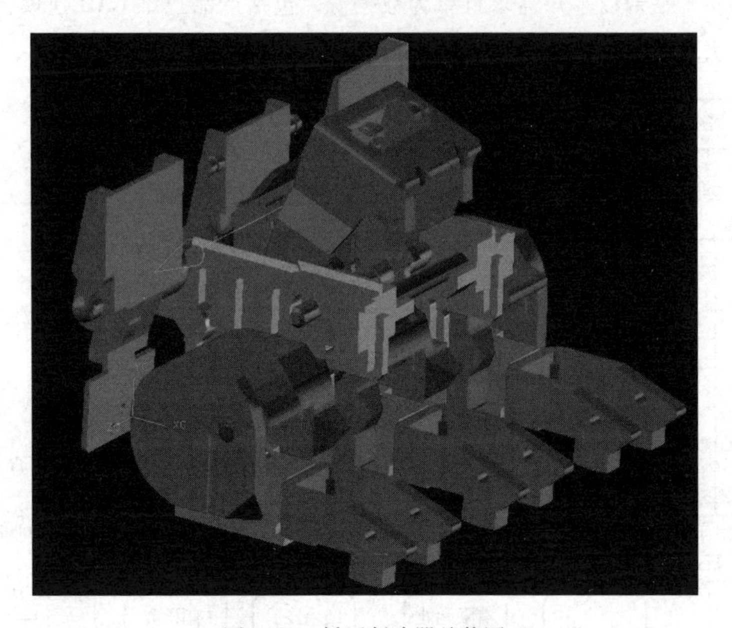

图 6.80 低压断路器总装图

1）模型导入。模型导入作为原有 CAD 建模系统（即 UG）与多体动力学仿真系统（即 ADAMS）的数据接口，采用 Parasolid 几何核心作为 UG 与 ADAMS 的数据转换格式，实现 CAD 系统与仿真系统之间的数据传输。图 6.81 为 ADAMS 模型导入界面，具有模型整体导入、运动约束自动添加和单个零件导入等功能。

2）前处理。前处理模块用于完成单位设置、重力场设置、零部件材料属性设置、运动约束增加、外部作用力施加等多体动力学仿真建模工作。

3）知识管理系统。在产品仿真分析中，往往需要调用知识管理系统中的

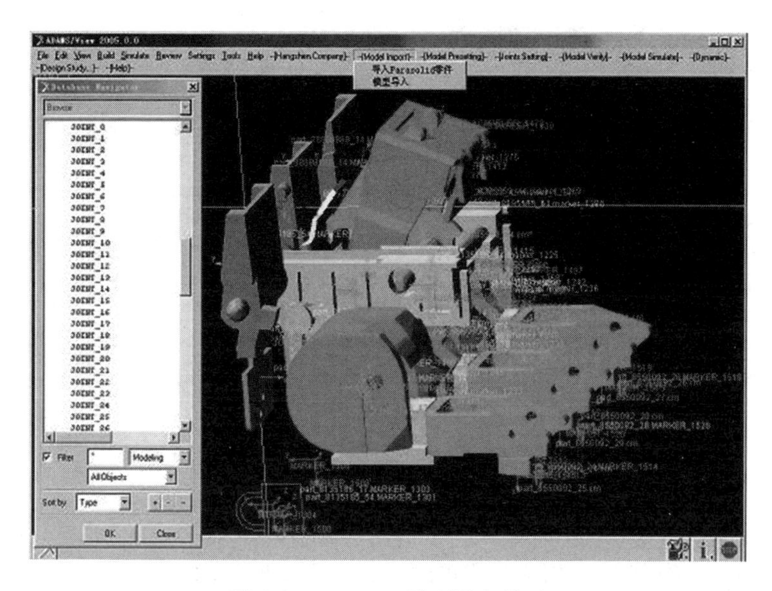

图 6.81　ADAMS 模型导入界面

知识，调用的知识包括设计公式、仿真所需的各类参数等。根据低压断路器产品设计知识的特点，通过相应的界面获取与转换不同类型的知识。知识管理系统对企业在长期产品生产和研发过程中积累的数据和经验以及行业相关的设计理论和知识管理起到很好的作用。图 6.82 为知识管理系统中公式的添加，图 6.83 为仿真分析系统中公式的调用。

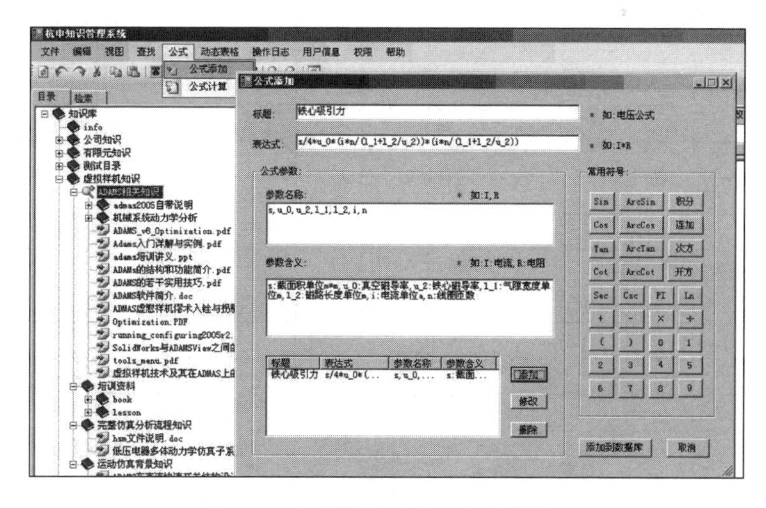

图 6.82　知识管理系统中公式的添加

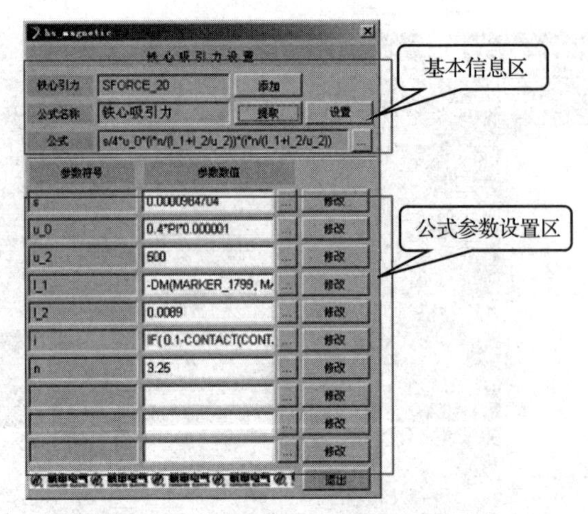

图 6.83　仿真分析系统中公式的调用

CAE 仿真分析时，相关公式可通过知识库实时提取，知识库后台公式更新，CAE 系统内公式也随之更新。

4）后处理。后处理模块用于试验数据曲线的绘制，如零件的速度曲线、加速度曲线、载荷曲线等。

对样机模型进行多体动力学分析，得出仿真结果，并导出载荷文件，图 6.84 为跳扣零件（x,y,z）3 个方向的载荷曲线。

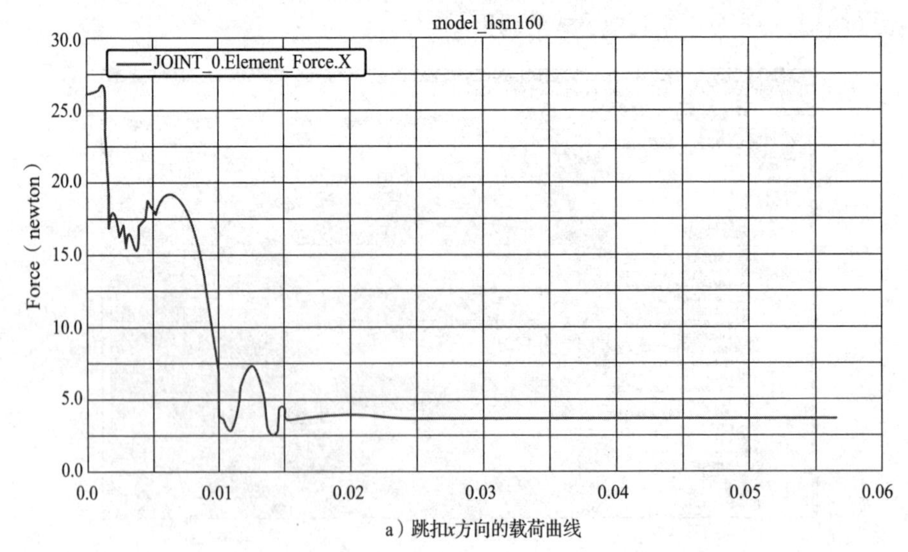

a）跳扣x方向的载荷曲线

图 6.84　跳扣零件（x，y，z）3 个方向的载荷曲线

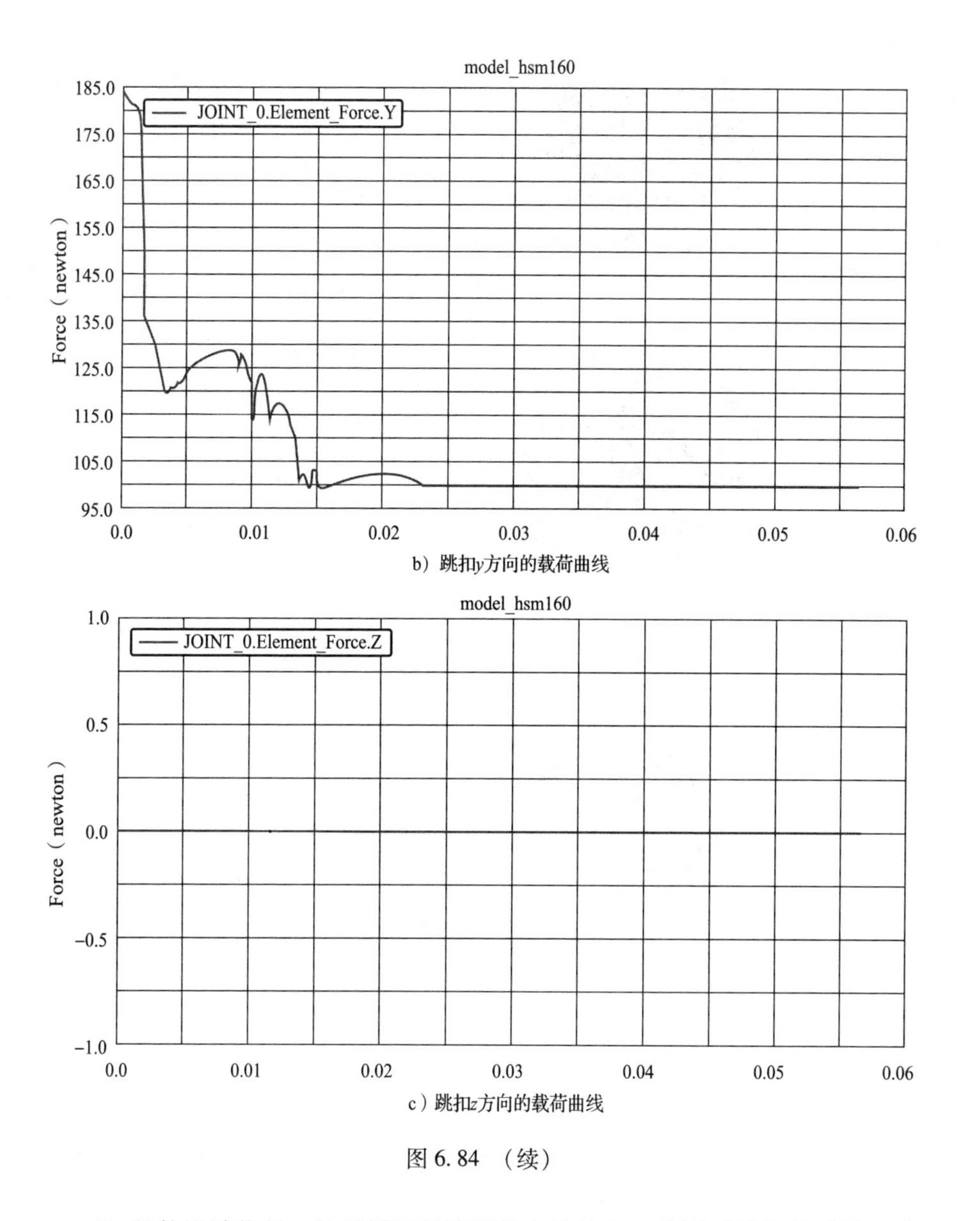

b）跳扣y方向的载荷曲线

c）跳扣z方向的载荷曲线

图 6.84 （续）

5）机构设计优化。针对低压断路器的产品特点，分别对零件的质量、质心位置、弹簧预紧力、弹簧刚度和零件连接点进行参数化，并调用优化设计工具，对模型依次进行设计研究、试验设计和优化设计。图 6.85 为对弹簧预紧力、弹簧刚度和杆件形状的设计优化结果。

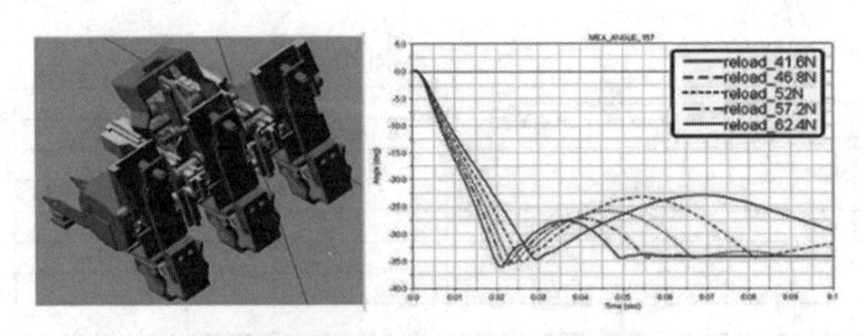

a）弹簧预紧力越大，分断时间越短

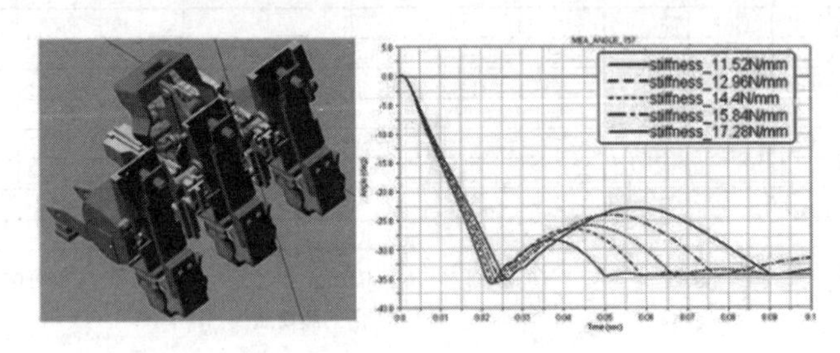

b）弹簧刚度越大，分断时间越短

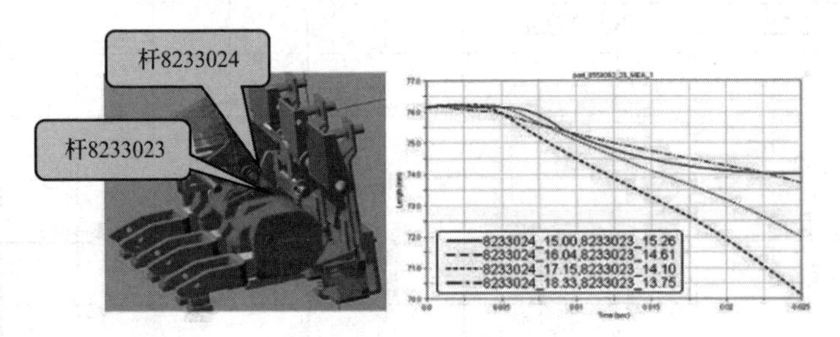

c）杆件形状对分断时间的影响

图 6.85　设计优化结果

（3）有限元仿真分析

有限元仿真分析系统包括前处理、有限元处理分析和结果显示及优化 3 个模块。前处理模块将模型导入仿真分析环境，并做相应处理。有限元处理分析模块将得到的有限元模型进行网格划分、材料确定、载荷和约束施加等，得到产品的有限元模型，并进行有限元分析，得到分析结果。结果显示及优化模块将得到的有限元分析结果数据可视化，得到形象直观的结果，设计人员可以根据可视化的数据结果判断零件设计是否合理，进行相关的优化。图 6.86 为低压断路器关键零件受力情况与应力分析结果。

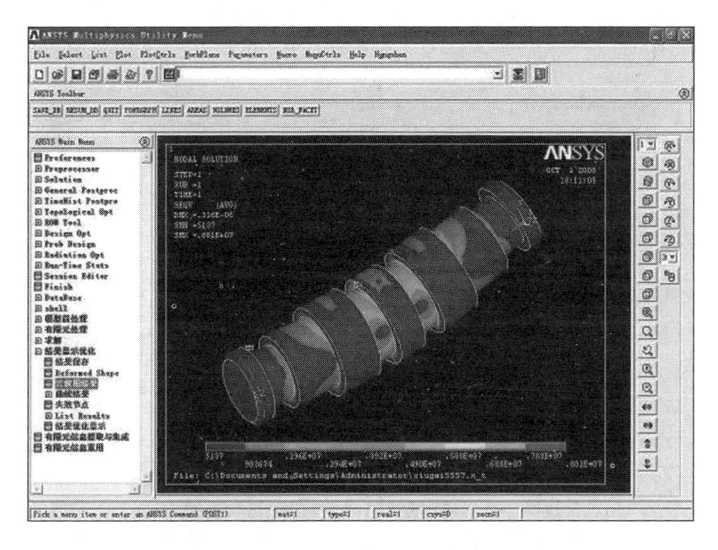

图 6.86　低压断路器关键零件受力情况与应力分析结果

6.5.3　双层金属复合管件弯曲成形缺陷预测

(1) 双层金属复合管件弯曲成形缺陷预测系统开发

利用 MATLAB R2020b App Designer 工具开发双层金属复合管件弯曲成形缺陷预测系统。App Designer 是 MATLAB 为客户开发图形界面所提供的界面设计工具集，它集成了传统 GUI 对象所支持的客户控件，同时提供了界面外观、属性和行为响应的设置方法。通过 App Designer 开发的缺陷预测系统，能与使用 MATLAB 编写的截面形状和回弹量预测计算函数较好地对应起来，有效提高了开发效率。系统连接 MySQL 数据库，实现数据的高效管理、即时调用与便捷操作。

该系统主要包括功能模块层、业务逻辑层和数据层，其总体架构如图 6.87 所示。功能模块层是系统具体功能的体现，实现的功能模块包括任务管理模块、三维缺陷模型预测模块和弯曲成形质量分析模块；业务逻辑层是系统处理数据的核心逻辑层，为主要功能模块提供数据的查找、添加、删除、修改、处理等服务；数据层包括几何参数表、材料参数表、复合管件规格表、弯曲模具型号表、弯曲工艺参数表等多种数据源表。

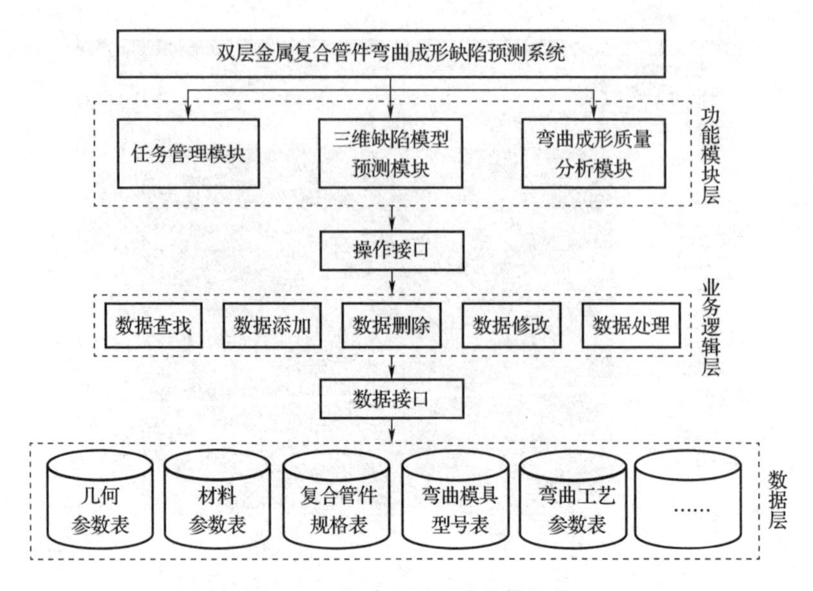

图 6.87　缺陷预测系统总体架构

双层金属复合管件弯曲成形缺陷预测系统的主要功能模块包括任务管理模块、三维缺陷模型预测模块和弯曲成形质量分析模块，各模块的具体功能如图 6.88 所示。

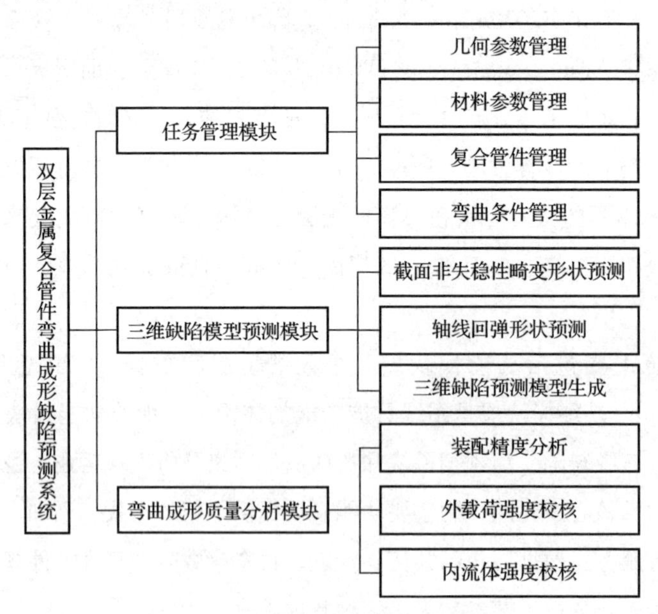

图 6.88　系统各模块的具体功能

系统通常安装于工控机主机上，并使用本地数据库。由于同一台数控弯曲加工机床会有多名工人使用，因此系统需要客户注册登录，以区分不同的客户数据，系统登录界面如图6.89所示。客户输入账号密码并验证通过后可进入系统主界面，系统主界面如图6.90所示。

图6.89　系统登录界面

图6.90　系统主界面

任务管理模块包括几何参数管理、材料参数管理、复合管件管理、弯曲条件管理等功能。几何参数管理负责配置、管理和调用管件规格参数；材料参数管理负责配置、管理和调用双层复合管件的材料组合及内外层材料的相关参数；复合管件管理能够查看所需管件的库存量和库存位置，并根据任务情况实时更新库存；弯曲条件管理负责配置弯曲半径和角度两种弯曲条件，能够查看所需弯曲模具库存量和库存位置并实时更新库存。任务管理模块界面如图 6. 91 所示。

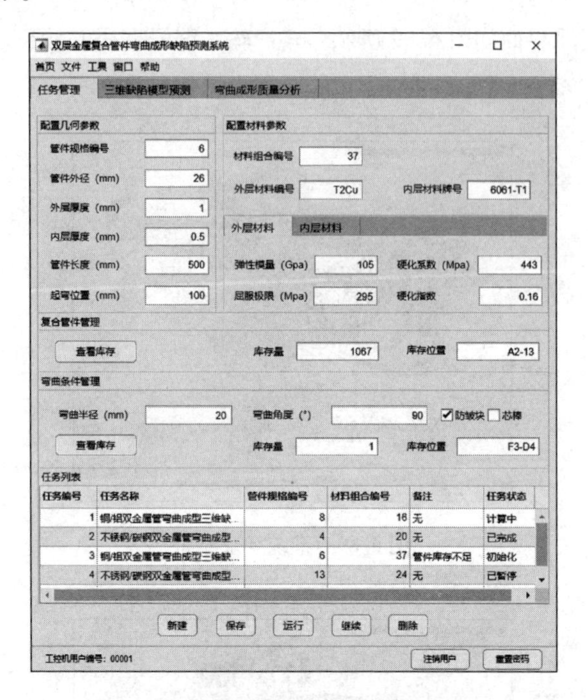

图 6. 91　任务管理模块界面

三维缺陷模型预测模块的主要功能是根据创建的任务编号查看预测结果。对于已完成的任务，在输入任务编号并更新之后，截面非失稳性畸变形状预测结果和轴线回弹形状预测结果会显示在模块界面上。该模块提供了导出截面轮廓和保存数据表的功能，便于客户输出预测结果。同时，数据表可作为外接 CAD 软件的参数表，用于三维缺陷预测模型的生成。该模块还提供了有限元分析软件的接口，在理论缺陷预测之后，可以进一步通过有限元进行应力应变等分析。三维缺陷模型预测模块界面如图 6. 92 所示。

弯曲成形质量分析模块的主要功能是使用预测生成的三维缺陷模型对装配精度和强度进行快速校核，通过配置装配精度和管件内外载荷，即可查看校核结果并生成报告，实现了双层金属复合管件弯曲成形从制定参数到完成校核过程的一体化。弯曲成形质量分析模块界面如图 6. 93 所示。

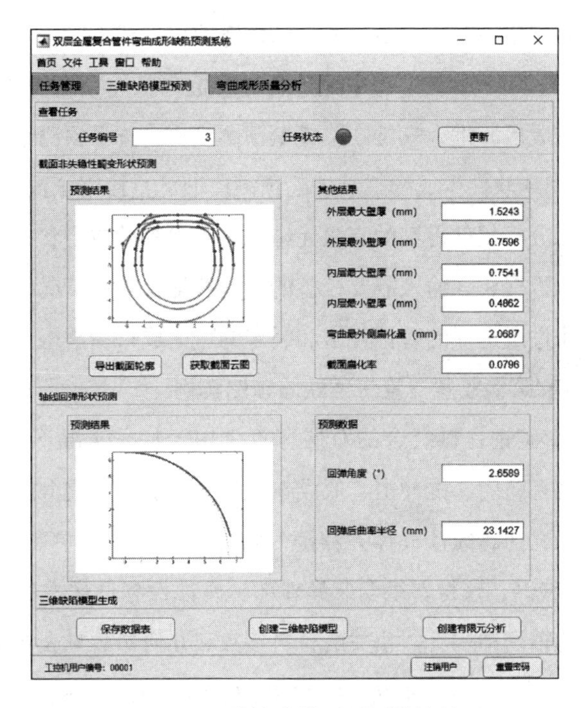

图 6.92　三维缺陷模型预测模块界面

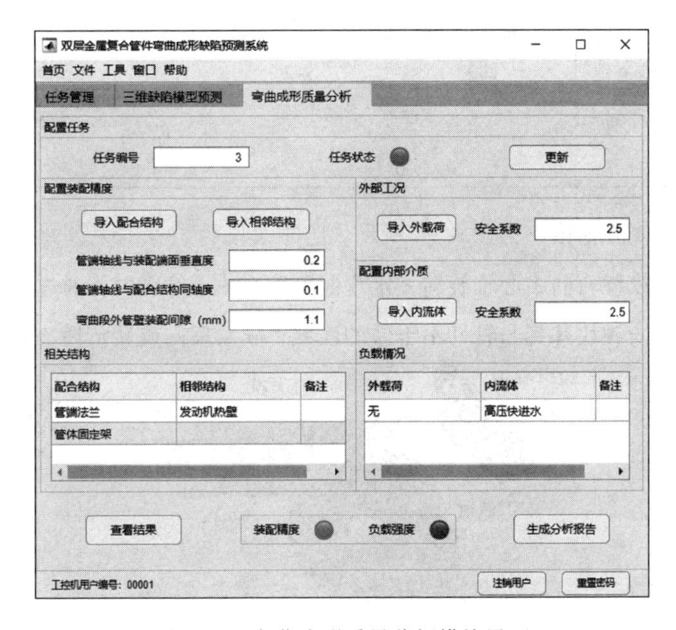

图 6.93　弯曲成形质量分析模块界面

当客户开始制定一项双层金属复合管件弯曲成形任务时，首先登录进入主界面，选择任务管理，在该模块中配置各种参数，新建一个任务并开始运行；等待任务计算完成后，进入三维缺陷模型预测模块，查看预测结果；在预测模块中使用外接 CAD 软件生成的三维缺陷预测模型可直接用于数字化设计装配，使用外接有限元分析软件得到的有限元结果可查看管件应力状态等；最后进入弯曲成形质量分析模块，输入需要校核的精度并配置负载情况，即可查看校核结果，保证能通过所选择的管件规格和制定的弯曲成形参数得到有效的工件。

（2）不锈钢/碳钢双层弯管三维缺陷预测实例

采用不锈钢/碳钢材料组合的双层弯管常用于特殊工况下的精密仪器光、电缆桥架中，具有防腐、抗冲击、低成本的特点。例如，核电反应堆气压仪电缆桥架，外部工况为腐蚀性气体并伴随气载冲击。实例外层采用 202 不锈钢，内层采用 Q235 碳钢，该材料组合兼具外部防腐蚀性和低成本的特点，多应用于特殊工况下的精密结构件。相关的材料参数和几何参数见表 6. 1。

表 6. 1　不锈钢/碳钢双层弯管材料参数和几何参数

材料牌号及相关参数	外层管	弹性模量 E_1/GPa	强度系数 K_1/MPa	硬化指数 n_1	屈服极限 σ_{S1}/MPa
	202 不锈钢	203	343	0. 5	275
	内层管	弹性模量 E_2/GPa	强度系数 K_2/MPa	硬化指数 n_2	屈服极限 σ_{S2}/MPa
	Q235 碳钢	200	947	0. 3	345
弯管规格	外径 r/mm	外层壁厚 t_1/mm		内层壁厚 t_2/mm	弯曲半径 R_0/mm
	11	0. 3		1. 2	53

回弹仿真几何模型如图 6. 94 所示。防皱块设为位移约束，弯曲加载过程通过驱动弯模绕弯曲中心轴旋转一定弯曲角度完成。卸载时，通过给防皱块施加位移，将防皱块移到与管件不干涉的区域，随后反向旋转弯模，完成卸载。

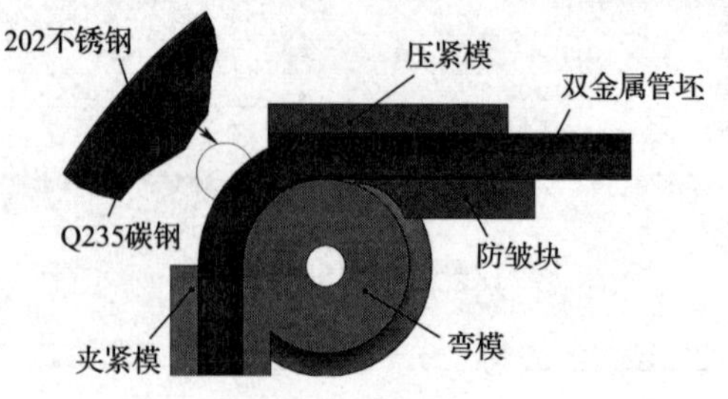

图 6. 94　回弹仿真几何模型

经过有限元仿真分析，不锈钢/碳钢双层弯管在不同弯曲角度下的应力分布如图 6.95 所示，其中，左侧为加载状态下的云图，右侧为卸载状态下的云图。由图可见，应力中性层发生了明显的向内偏移：加载状态下的最大应力值靠近起弯点；卸载回弹后的最大参与应力发生在中性层附近。从该双层弯管的纵向剖面图中可以观测到小的形状缺陷，如起皱波纹和点式局部层间分离，由于这些缺陷难以在实际实验中测量，故可忽略不计。

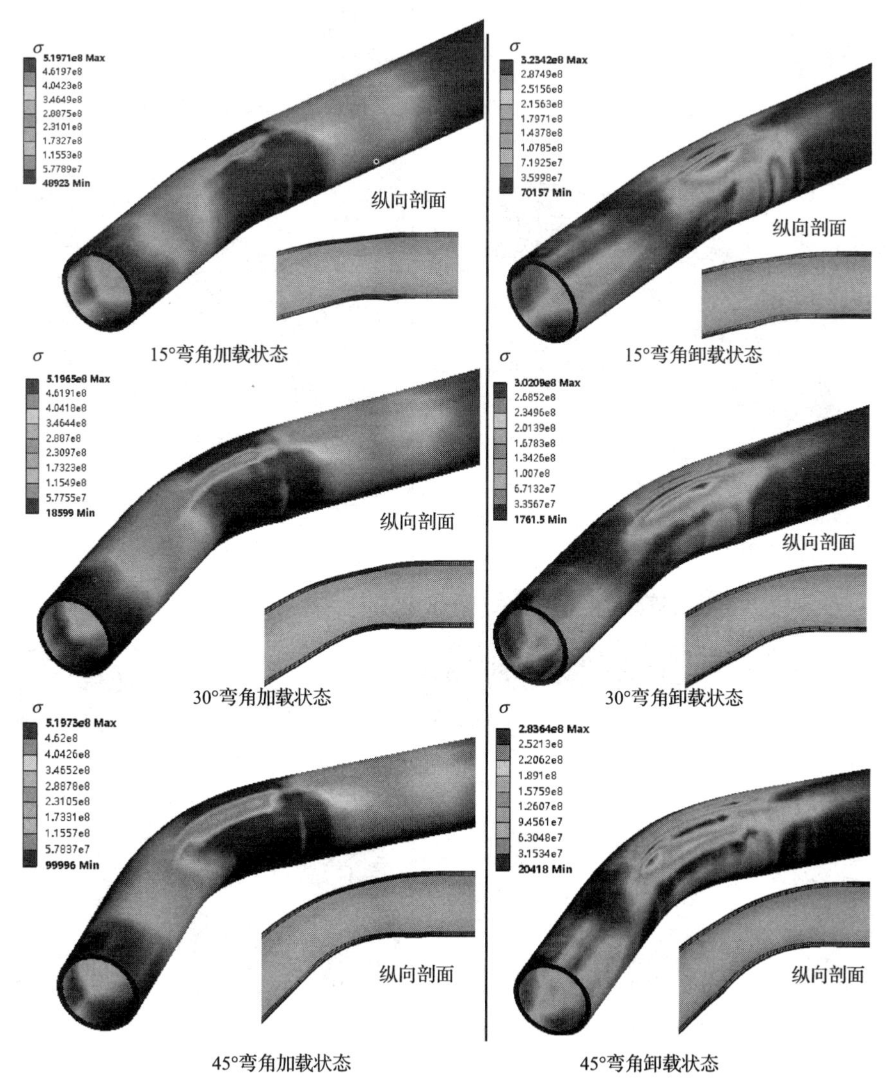

图 6.95　双层弯管在不同弯曲角度下的应力分布（见彩插）

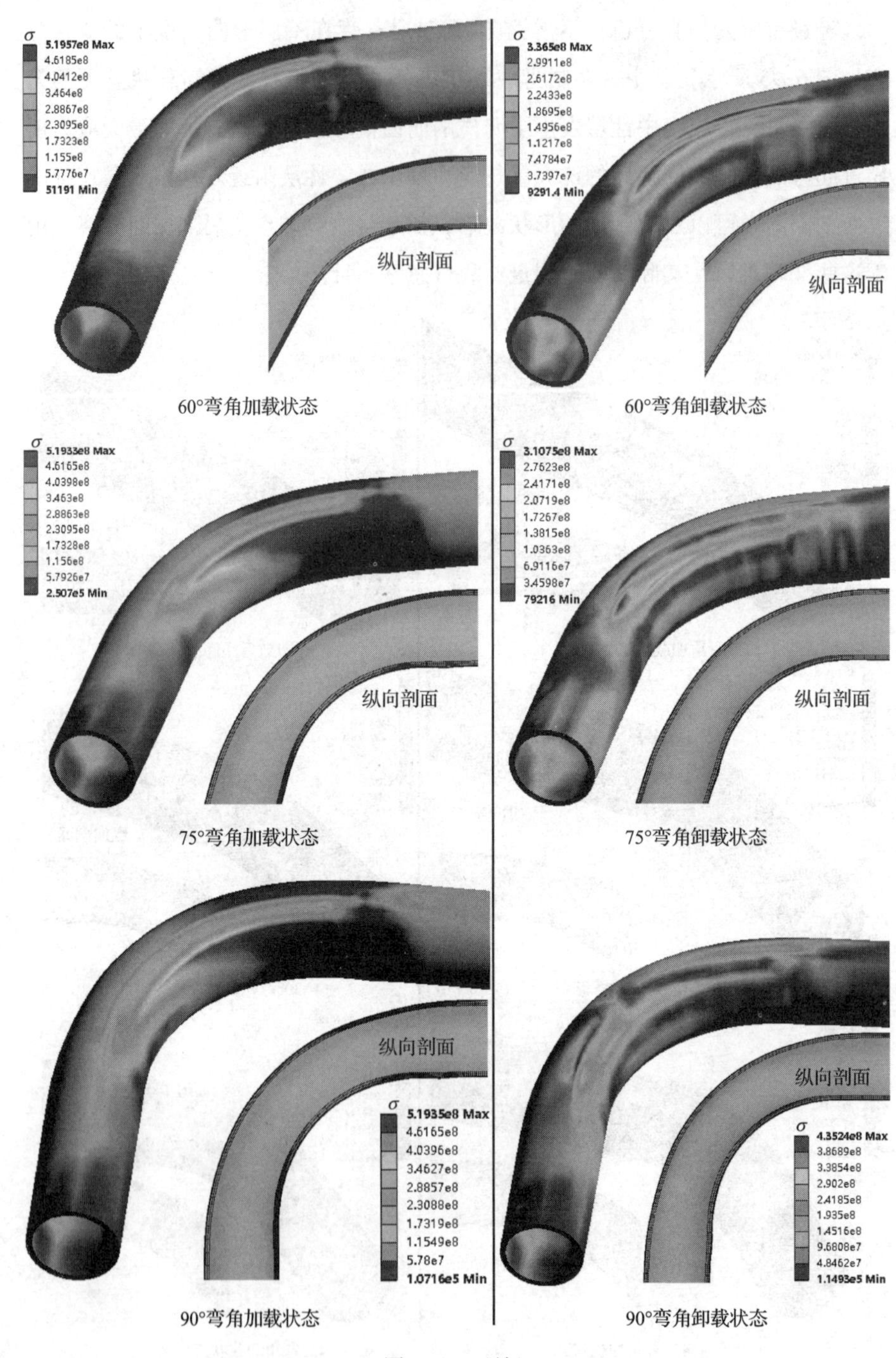
σ
5.1957e8 Max
4.6185e8
4.0412e8
3.464e8
2.8867e8
2.3095e8
1.7323e8
1.155e8
5.7776e7
51191 Min
纵向剖面
60°弯角加载状态
σ
3.365e8 Max
2.9911e8
2.6172e8
2.2433e8
1.8695e8
1.4956e8
1.1217e8
7.4784e7
3.7397e7
9291.4 Min
纵向剖面
60°弯角卸载状态
σ
5.1933e8 Max
4.6165e8
4.0398e8
3.463e8
2.8863e8
2.3095e8
1.7328e8
1.156e8
5.7926e7
2.507e5 Min
纵向剖面
75°弯角加载状态
σ
3.1075e8 Max
2.7623e8
2.4171e8
2.0719e8
1.7267e8
1.3815e8
1.0363e8
6.9116e7
3.4598e7
79216 Min
纵向剖面
75°弯角卸载状态
纵向剖面
σ
5.1935e8 Max
4.6165e8
4.0396e8
3.4627e8
2.8857e8
2.3088e8
1.7319e8
1.1549e8
5.78e7
1.0716e5 Min
90°弯角加载状态
纵向剖面
σ
4.3524e8 Max
3.8689e8
3.3854e8
2.902e8
2.4185e8
1.935e8
1.4516e8
9.6808e7
4.8462e7
1.1493e5 Min
90°弯角卸载状态

图 6.95 （续）

采用层间结合强度与仿真设置摩擦系数相近的双层弯管，使用金马逊PB50CNC型数控弯管机进行数控弯曲成形实验，并使用HEXAGON 83型测量臂对回弹后的管件弯曲角度进行测量，实验采用的数控弯曲装备及回弹角度测量仪器如图6.96所示。弯制成形的不锈钢/碳钢双层弯管试样如图6.97所示。90°弯角的纵向剖面如图6.98所示，图中无层间分离和起皱，说明试样处于有效弯曲范畴。测得的试样回弹数据见表6.2。

a）数控弯曲装备　　b）回弹角度测量仪器

图6.96 数控弯曲装备及回弹角度测量仪器

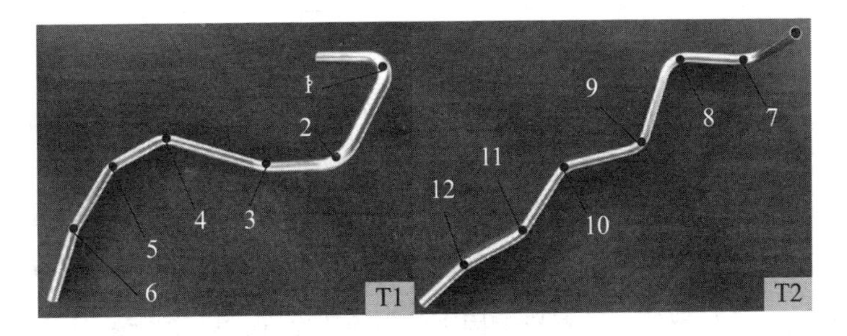

图6.97 不锈钢/碳钢双层弯管试样

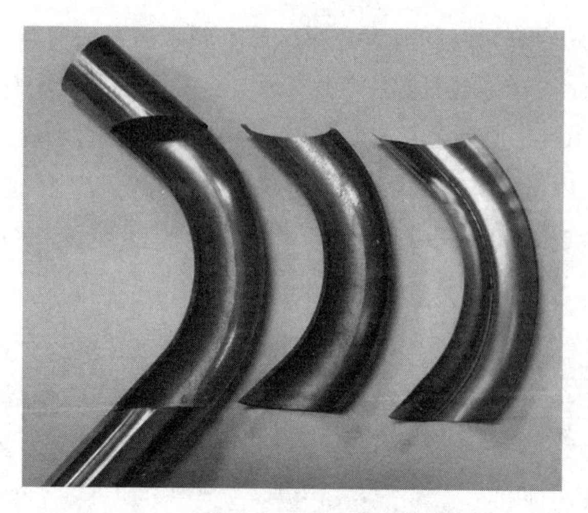

图 6.98　不锈钢/碳钢双层弯管 90°弯角的纵向剖面

表 6.2　试样回弹数据

管件编号	弯曲段编号	理论弯角/(°)	实际弯角/(°)	回弹角/(°)
T1	1	90	88.6738	1.3262
	2	75	74.2861	0.7138
	3	60	59.6963	0.3037
	4	45	44.7153	0.2847
	5	30	29.8035	0.1965
	6	15	14.9187	0.0813
T2	7	90	89.0270	0.9730
	8	75	74.3825	0.6175
	9	60	59.5063	0.4937
	10	45	44.6647	0.3353
	11	30	29.7233	0.2767
	12	15	14.9065	0.0935

将不同弯曲角度下通过各种方法获得的回弹量表示在图 6.99 中。从图中可以看出，有限元分析得到的回弹角比其他的大，这是因为仿真环境中的回弹可能受许多特殊因素的影响，例如卸载方法、层间耦合、接触、管与模具之间的摩擦、模具的位置等，若对影响因素的考虑不全面，可能导致有限元分析结果与理论模型之间的差异。纯理论回弹角与弯曲角呈线性正相关。与忽略中性层位移的理论结果相比，考虑中性层的理论结果更接近于实验结果。通常，回

弹角随着弯曲角的增加而增加。考虑中性层偏移的理论结果与实验结果之间的角度差小于 0.0766°。在 30°~90°弯曲下，理论回弹角与实验回弹角的相对误差小于 18.68%，回弹后成形角之间的相对误差小于 0.1258%；在 15°弯曲下，成形角的最大误差为 0.3159%。上述证明了回弹理论的准确性。

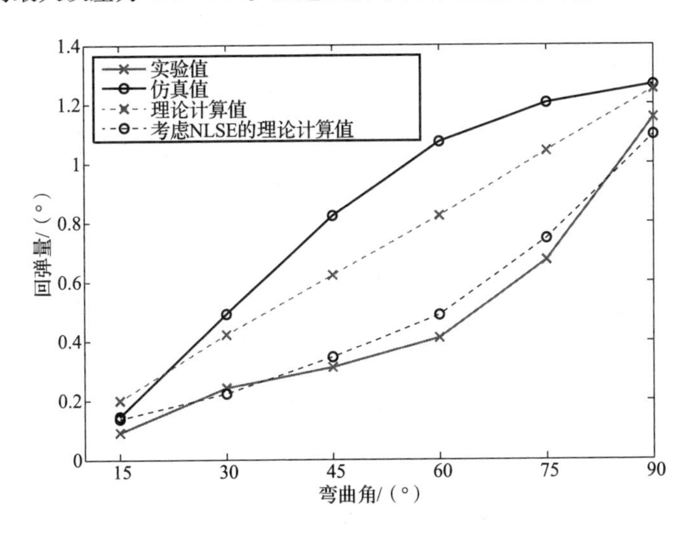

图 6.99　不锈钢/碳钢双层弯管在不同弯曲角下的回弹量

为了研究两层之间的耦合，图 6.100 展示了随着层间摩擦系数的增加回弹角的变化。从图中可以看出，层间摩擦系数对回弹的影响不是单调的。在卸载回弹过程中，弹性变形区域中的势能转换为由层间摩擦引起的动能。即使这样，双层弯管的最终状态仍然存在一些弹性势能。回弹趋势较大的层在另一层上引起额外的弹性变形。当层间摩擦系数接近 0.3~0.4 时，回弹角最大。从理论和有限元分析得出的回弹角具有相同的趋势。

在系统中配置该工况下使用的某规格不锈钢/碳钢双层弯管参数，建立预测任务，任务参数和预测数据见表 6.3，导出的预测截面轮廓如图 6.101 所示，系统预测得到的三维缺陷模型如图 6.102 所示，该模型可直接用于设计端装配。预测结果与实际使用的不锈钢/碳钢双层弯管弯曲成形仿真和实验结果对比见表 6.4。本方法的预测结果比仿真结果更符合实际，说明预测结果可靠。

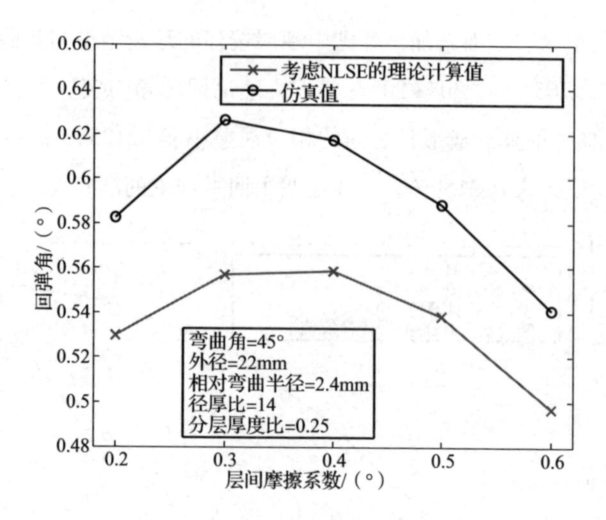

图 6.100　层间摩擦系数对回弹角的影响

表 6.3　不锈钢/碳钢双层弯管任务参数和预测数据

几何参数					
管件规格编号	管件外径/mm	外层壁厚/mm	内层壁厚/mm	管件长度/mm	起弯位置/mm
4	22	0.3	1.2	1200	873
材料参数					
材料组合编号	20	外层材料牌号	202 不锈钢	内层材料牌号	Q235 碳钢
弹性模量/GPa		203		68	
屈服极限/MPa		275		55	
硬化系数/MPa		343		121	
硬化指数		0.5		0.3	
弯曲条件					
弯曲半径/mm		53	弯曲角度/(°)		30
预测数据					
外层最大壁厚/mm	外层最小壁厚/mm	内层最大壁厚/mm	内层最小壁厚/mm	弯曲最外侧扁化量/mm	截面扁化率
0.3256	0.2418	1.2835	1.0981	0.4367	1.99%
回弹角度/(°)		0.2117	回弹后曲率半径/mm		54.37

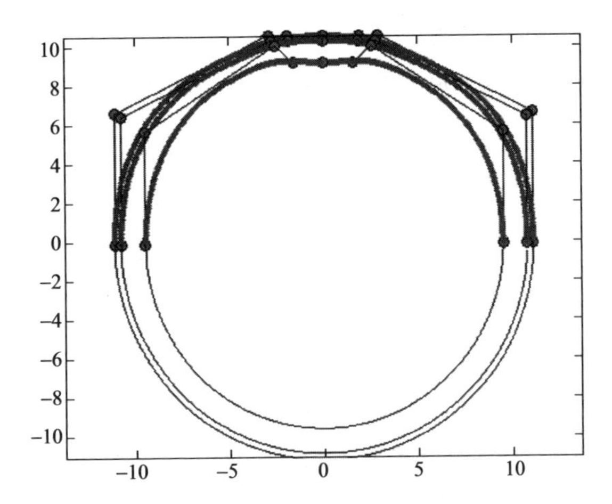

图 6.101　不锈钢/碳钢双层弯管预测截面轮廓

图 6.102　不锈钢/碳钢双层弯管三维缺陷模型

表 6.4　预测结果与实际使用的不锈钢/碳钢双层弯管弯曲成形仿真和实验结果对比

项目	本方法预测结果	仿真结果	实验结果	本方法预测误差	仿真误差
外层最大壁厚/mm	0.3256	0.3321	0.30	8.53%	10.70%
外层最小壁厚/mm	0.2418	0.2584	0.23	5.13%	12.34%
内层最大壁厚/mm	1.2835	1.4775	1.38	6.99%	7.07%
内层最小壁厚/mm	1.0981	1.2459	1.16	5.34%	7.41%
扁化量/mm	0.4367	0.3457	0.42	3.98%	17.69%
回弹角度/(°)	0.2117	0.4434	0.2313	8.47%	47.83%

(3) 铜/铝双层弯管三维缺陷预测实例

采用铜/铝材料组合的双层弯管构件在工程实际中应用广泛，由于铜材料良好的换热性能和铝材料轻量化、低成本的特性，这种材料组合多用于高端工业领域中的换热结构。例如，航空发动机预冷器中的液体运输管线，内部介质为高压、高流速水，管线外层为6061-T6铝，内层为T1铜，这种材料组合兼具低成本、轻量化和良好的热性能，在航空发动机预冷器流体运输管线应用方面有着突出优势。待弯直管坯通过拉拔成形，层间为机械结合状态。用于表征铜/铝双层弯管在常温下弯曲成形中机械性能的参数见表6.5。

表6.5 铜/铝双层弯管弯曲成形中机械性能参数（常温）

外层材料	弹性模量 E_1/GPa	屈服强度 σ_{s_1}/MPa	强度系数 K_1/MPa	硬化指数 n_1	泊松比 μ_1	密度 ρ_1/g · cm^{-3}
6061-T6铝	80.7	250	510	0.14	0.3	2.7
内层材料	**弹性模量 E_2/GPa**	**屈服强度 σ_{s_2}/MPa**	**强度系数 K_2/MPa**	**硬化指数 n_2**	**泊松比 μ_2**	**密度 ρ_2/g · cm^{-3}**
T1铜	110	260	467	0.18	0.32	8.9

目前，为保证弯曲精度，双层弯管弯曲成形仍然在传统RDB数控弯管机上进行，采用平面回转牵引弯曲原理。根据弯管机模具，仿真中需要构建的几何模型包括回转弯模（其上焊接有与夹紧模配合的镶块）、夹紧模、压紧模和防皱块。镶块和夹紧模的长度（即夹紧力作用段）设为与弯曲半径等长；压紧模的长度设为弯曲半径的两倍且初始位置紧靠夹紧模；夹紧模、镶块与外层管壁之间无间隙，其余模具间隙设为0.1mm；防皱块工作端头与起弯平面距离为零。

有限元分析软件使用ANSYS 17.0，求解器使用Workbench平台下的Static Structural。由于仅需分析双层弯管的变形，因此将所有模具的Stiffness Behavior（刚度行为）设为Rigid（刚体），仅管体保留Flexible（柔性体）设置，该刚度行为采用默认实体单元Solid186（3D20N）。外管外壁与模具接触设为Frictional（摩擦）类型，夹紧模、镶块与管壁之间的摩擦系数为0.2，其余模具与管壁之间的摩擦系数为0.1；外管内壁和内管外壁接触设为摩擦类型，摩擦系数为0.2。由于研究对象采用机械方式复合，双层弯管内外层间可设为过盈状态，使用Interface Treatment（界面处理）设置层间过盈。弯模相对Ground（环境）有一绕弯曲中心轴的旋转自由度，其余自由度为零；夹紧模与弯模相对固定；防皱块固定于环境；假设不考虑弯曲过程中的助推作用，可将压紧模也固定于环境。弯曲加载过程通过驱动弯模绕弯曲中心轴旋转一定弯曲角度完成。对形状规则的管件采用 Sweep（扫掠）网格划分，对刚体模具上的接触面采用 Quadrilateral Dominant（四边形）网格划分。

初始仿真设置中几何模型选用的铜/铝双层弯管具体规格见表 6.6。

表 6.6 铜/铝双层弯管具体规格

外层半径 r/mm	外层壁厚 t_1/mm	内层壁厚 t_2/mm	弯曲半径 R_0/mm	弯曲角度 θ/(°)
6.5	1	0.5	20	90

90°弯角下的铜/铝双层弯管等效应力云图如图 6.103 所示，图 6.103a 为外层铝管的应力分布，图 6.103b 为内层铜管的应力分布。该管的纵向剖切（即沿过弯曲平面剖切）截面云图如图 6.104 所示，经过 90°弯曲加工后，弯曲外侧管壁明显向弯曲中心发生了移动。

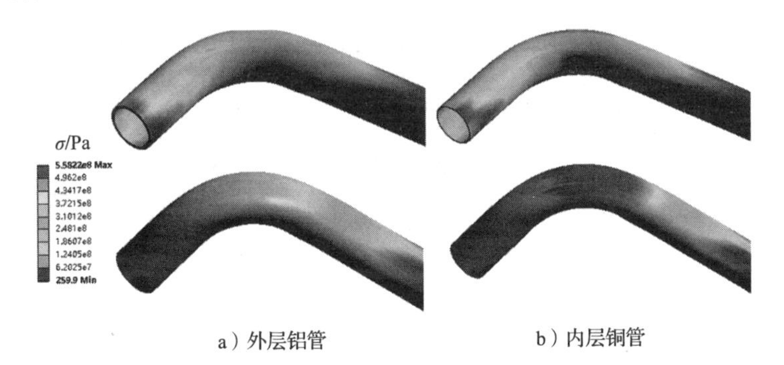

a）外层铝管　　b）内层铜管

图 6.103 铜/铝双层弯管等效应力云图（见彩插）

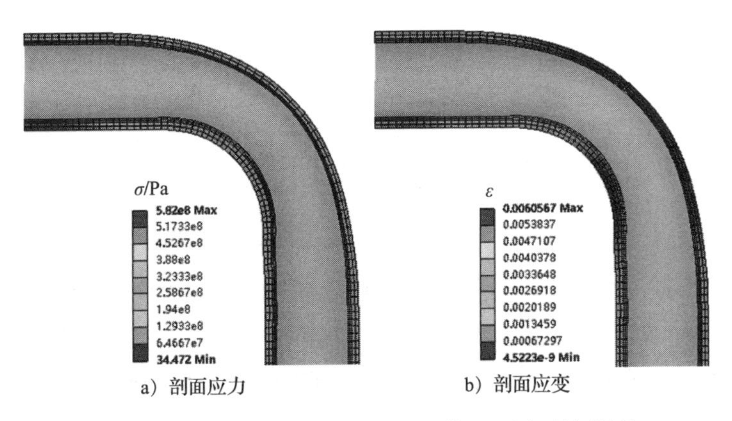

a）剖面应力　　b）剖面应变

图 6.104 铜/铝双层弯管纵向剖切截面云图（见彩插）

在仿真环境中，通过将弯曲成形壁厚特征曲线 g_{o1}、g_{o2}、g_{o3}、g_{i1}、g_{i2}、g_{i3} 设为 Construction Geometry（构造几何元素）中的 Path（路径），即可提取它们的节点位移，经过后处理得到其轮廓作为仿真结果。假设此处不考虑管件中性层在弯曲成形过程中的移动，即 $D_{\varepsilon}=R_0=20\text{mm}$，可求得壁厚特征曲线 g_{o1}、g_{i1}、g_{i2}、g_{i3} 的理论曲率半径，这 4 条可计算的特征曲线与仿真结果的对比如图 6. 105 所示。

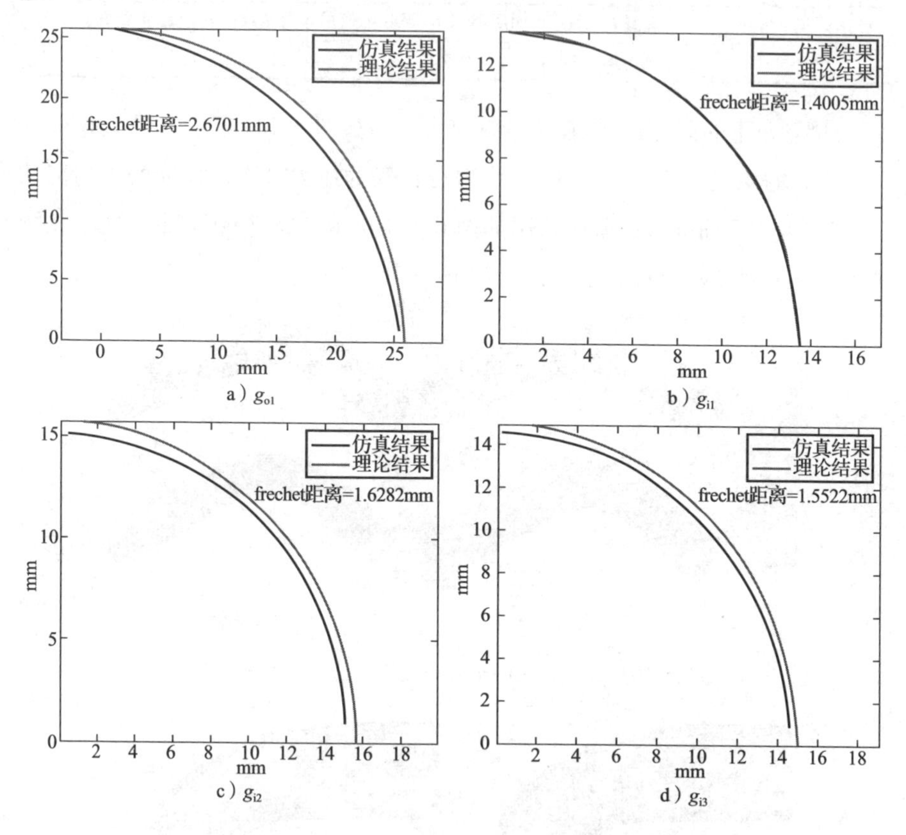

图 6. 105　壁厚特征曲线与仿真结果的对比

计算曲线 g_{o1}、g_{i1}、g_{i2}、g_{i3} 理论结果与仿真结果的弗雷歇（frechet）距离，标注在图 6. 105 中。其中，曲线 g_{o1} 理论结果与仿真结果的弗雷歇距离最大，为 2. 6701mm，这是由于该曲线位于弯曲外侧，向内发生了较大位移，然而该误差仅占弯曲管壁最大半径的 10. 08%，说明壁厚特征曲线曲率的理论计算方法可行。

在90°弯角下，通过与起弯平面呈45°夹角的工作面截取该铜/铝双层弯管的弯曲截面，如图6.106所示。从图中明显可见，弯曲外侧管壁发生扁化，该扁化变形更倾向于顶部充分扁平化，而非传统理论中假设的均匀椭圆扁化；弯曲外侧管壁发生材料堆积，壁厚相应增大，截面特征曲线h_{i1}、h_{i2}、h_{i3}基本呈规则圆弧状。

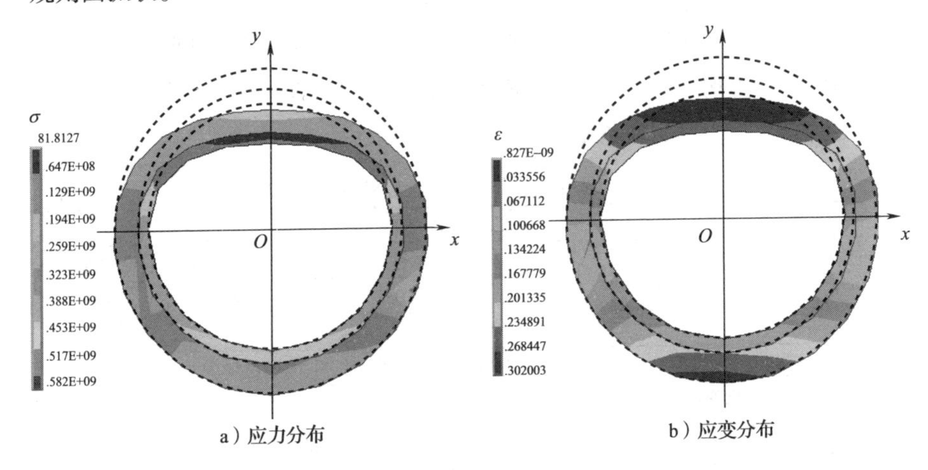

图6.106　铜/铝双层弯管的弯曲截面（见彩插）

根据表6.4和表6.5中的管件材料、尺寸和弯曲条件，使用金马逊PB50CNC型数控弯管机进行等比例实体数控弯曲成形实验，使用小规格半径测量规测量铜/铝双层弯管弯曲成形轮廓特征曲线半径，每条特征曲线取3个不同的测量点，测量结果见表6.7。其中弯曲内层分界面上的特征曲线需要将弯曲后的双层弯管剖切开，使内外层管脱离复合状态后才能测得。

表6.7　铜/铝双层弯管弯曲成形轮廓特征曲线半径测量点的测量结果

曲线半径		测量结果/mm			平均值/mm	理论值/mm	相对误差
		1	2	3			
壁厚特征	g_{o1}	23.934	23.765	23.322	23.7637	25.7306	7.94%
	g_{i1}	13.216	13.467	13.313	13.3320	13.5000	1.26%
	g_{i2}	14.539	15.196	15.284	15.0063	15.6947	4.59%
	g_{i3}	13.976	14.032	13.654	13.8873	14.9616	7.73%
截面特征	h_{i1}	6.443	6.213	6.320	6.3253	6.5000	2.76%
	h_{i2}	4.954	4.428	4.523	4.635	4.3053	7.11%
	h_{i3}	5.462	5.255	5.198	5.3050	5.0384	5.03%

双层弯管弯曲成形轮廓特征曲线半径的理论值与实际弯曲实验结果的测量值比较接近，相对误差最大不超过7.94%，进一步证实了双层弯管弯曲成形轮廓特征理论分析的合理性。在系统中配置该工况下使用的某规格铜/铝双层弯管参数，建立预测任务，任务参数和预测数据见表6.8，导出的预测截面轮廓如图6.107所示，系统预测得到的三维缺陷模型如图6.108所示。经过弯曲成形质量分析，其装配精度和负载强度符合要求，该复合管件允许使用。预测结果与实际使用的铜/铝双层弯管弯曲实验结果对比见表6.9。预测结果比仿真结果更符合实际，说明预测结果可靠。

表6.8 铜/铝双层弯管任务参数和预测数据

几何参数					
管件规格编号	管件外径/mm	外层壁厚/mm	内层壁厚/mm	管件长度/mm	起弯位置/mm
6	13	1	0.5	500	100
材料参数					
材料组合编号	39	外层材料牌号	6061-T6 铝	内层材料牌号	T1 铜
弹性模量/GPa		80.7		110	
屈服极限/MPa		250		260	
硬化系数/MPa		510		467	
硬化指数		0.14		0.18	
弯曲条件					
弯曲半径/mm		20	弯曲角度/(°)		90
预测数据					
外层最大壁厚/mm	外层最小壁厚/mm	内层最大壁厚/mm	内层最小壁厚/mm	弯曲最外侧扁化量/mm	截面扁化率
1.4243	0.7596	0.7541	0.4862	0.7694	5.92%
回弹角度/(°)		1.3589	回弹后曲率半径/mm		23.1427

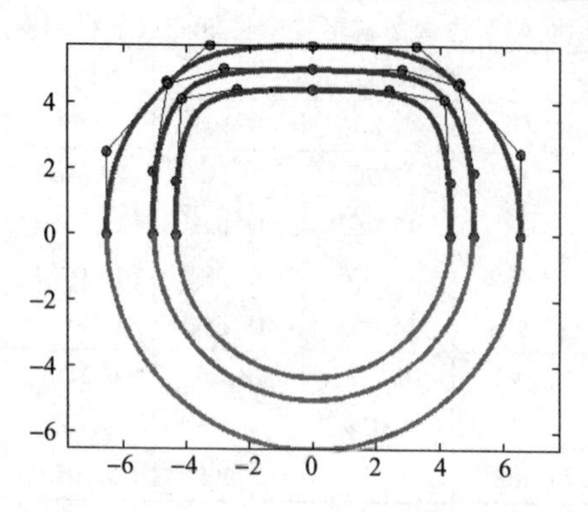

图6.107 铜/铝双层弯管预测截面轮廓

图 6.108　铜/铝双层弯管三维缺陷模型

表 6.9　预测结果与实际使用的铜/铝双层弯管弯曲实验结果对比

项目	本方法预测结果	仿真结果	实验结果	本方法预测误差	仿真误差
外层最大壁厚/mm	1.4243	1.3873	1.56	8.70%	11.07%
外层最小壁厚/mm	0.7596	0.7065	0.84	9.57%	15.89%
内层最大壁厚/mm	0.7541	0.8110	0.70	7.73%	15.71%
内层最小壁厚/mm	0.4862	0.5013	0.45	8.04%	11.40%
扁化量/mm	0.7694	0.7430	0.85	9.48%	12.59%
回弹角度/(°)	1.3589	1.8203	1.2832	5.90%	41.86%

参考文献

[1] HALAL W E, KULL M D, LEFFMANN A. The George Washington University forecast of emerging technologies: a continuous assessment of the technology revolution [J]. Technological Forecasting and Social Change, 1998, 59 (1): 89-110.

[2] 中国机械工程学会. 中国机械工程技术路线图 [M]. 2 版. 北京：中国科学技术出版社, 2016.

[3] 路甬祥. 论创新设计 [M]. 北京：中国科学技术出版社, 2017.

[4] PAHL G, BEITZ W, FELDHUSEN J, et al. Engineering design: a systematic approach [M]. 3th ed. London: Springer, 2007.

[5] SUH N P. The principle of design [M]. Oxford: Oxford University Press, 1990.

[6] 祁国宁, 顾新建, 谭建荣, 等. 大批量定制技术及其应用 [M]. 北京：机械工业出版社, 2003.

[7] FORZA C, SALVADOR F. Managing for variety in the order acquisition and fulfilment process: The contribution of product configuration systems [J]. International Journal of Production Economics, 2002, 76 (1): 87-98.

[8] WEERASIRI D, BENATALLAH B. Unified representation and reuse of federated cloud resources configuration knowledge [C]//2015 IEEE 19th Enterprise Distributed Object Computing Conference. IEEE, Adelaide, SA, 2015: 142-150.

[9] FELFERNIG A, HOTZ L, BAGLEY C, et al. Knowledge-based configuration: from research to business cases [M]. Waltham: Morgan Kaufmann Publishers Inc., 2014.

[10] SOLOWAY E, BACHANT J, JENSEN K. Assessing the maintainability of XCON-in-RIME: coping with the problems of a VERY large rule-base [C]//Proceedings of the Sixth National Conference on Artificial Intelligence, Seattle, Washington, 1987, 2: 824-829.

[11] ALDANONDO M, VAREILLES E. Configuration for mass customization: how to extend

product configuration towards requirements and process configuration [J]. Journal of Intelligent Manufacturing, 2008, 19 (5): 521-535.

[12] STEIN B. Generating heuristics to control configuration processes [J]. Applied Intelligence, 1999, 10 (2): 247-255.

[13] 王世伟, 谭建荣, 张树有, 等. 基于GBOM的产品配置研究 [J]. 计算机辅助设计与图形学学报, 2004, 16 (5): 655-659.

[14] DONG M, YANG D, SU L Y. Ontology-based service product configuration system modeling and development [J]. Expert Systems with Applications, 2011, 38 (9): 11770-11786.

[15] JUENGST J E, HEINRICH M. Using resource balancing to configure modular systems [J]. IEEE Intelligent Systems and their Applications, 1998, 13 (4): 50-58.

[16] GASCA R M, ORTEGA J A, TORO M. Structural constraint-based modeling and reasoning with basic configuration cells [C]. //International Conference on Principles and Practice of Constraint Programming, Heidelberg, 2001: 595-599.

[17] 张良, 张树有, 刘晓健, 等. 基于灰色关联与权重顺序交叉的复杂产品配置方案重构技术 [J]. 计算机集成制造系统, 2015, 21 (10): 2564-2576.

[18] DECIU E R, OSTROSI E, FERNEY M, et al. Configurable product design using multiple fuzzy models [J]. Journal of Engineering Design, 2005, 16 (2): 209-233.

[19] FOUGÈRES A J, OSTROSI E. Fuzzy agent-based approach for consensual design synthesis in product configuration [J]. Integrated Computer-Aided Engineering, 2013, 20 (3): 259-274.

[20] FUJITA K. Product variety optimization under modular architecture [J]. Computer-Aided Design, 2002, 34 (12): 953-965.

[21] TANG D B, WANG Q, ULLAH I. Optimisation of product configuration in consideration of customer satisfaction and low carbon [J]. International Journal of Production Research, 2017, 55 (12): 3349-3373.

[22] TONG Y, TANG Z, MEI S, et al. Research on customer-oriented optimal configuration of product scheme based on Pareto genetic algorithm [J]. Proceedings of the Institution of Mechanical Engineers, Part B: Journal of Engineering Manufacture, 2014, 229 (1): 148-156.

[23] 任彬, 张树有, 伊国栋. 基于模糊多属性决策的复杂产品配置方法 [J]. 机械工程学报, 2010, 46 (19): 108-116.

[24] MARTINEZ M, XUE D. A modular design approach for modeling and optimization of a-

daptable products considering the whole product utilization spans [J]. Proceedings of the Institution of Mechanical Engineers, Part C: Journal of Mechanical Engineering Science, 2018, 232 (7): 1146-1164.

[25] 郭传龙，裘乐淼，张树有，等. 基于耦合强度设计结构矩阵的复杂产品配置模型优化及应用 [J]. 计算机集成制造系统，2012，18 (4)：673-683.

[26] 裘乐淼，张树有，徐春伟，等. 递归化产品配置设计技术研究 [J]. 计算机集成制造系统，2008，14 (6)：1049-1056.

[27] 裘乐淼，张树有，徐春伟，等. 基于动态设计结构矩阵的复杂产品配置过程规划技术研究 [J]. 机械工程学报，2010，46 (7)：136-141，147.

[28] 裘乐淼. 配置产品递归建模与方案重建技术及应用研究 [D]. 杭州：浙江大学，2008.

[29] PITIOT P, ALDANONDO M, VAREILLES E. Concurrent product configuration and process planning: Some optimization experimental results [J]. Computers in Industry, 2014, 65 (4): 610-621.

[30] LIU Y, LIU Z. An integration method for reliability analyses and product configuration [J]. The International Journal of Advanced Manufacturing Technology, 2010, 50 (5): 831-841.

[31] CHEN Y, PENG Q, GU P. Methods and tools for the optimal adaptable design of open-architecture products [J]. The International Journal of Advanced Manufacturing Technology, 2018, 94 (1): 991-1008.

[32] ZHENG Y, YANG Y, SU J, et al. Dynamic optimization method for configuration change in complex product design [J]. The International Journal of Advanced Manufacturing Technology, 2017, 92 (9): 4323-4336.

[33] 谭建荣，齐峰，张树有. 基于模糊客户需求信息的设计检索技术的研究 [J]. 机械工程学报，2005，41 (4)：83-88.

[34] KANO N, SERAKU K, TAKAHASHI F, et al. Attractive quality and must-be quality [J]. The Journal of Japanese Society for Quality Control, 1984, 14 (2): 39-48.

[35] 楼健人，张树有，谭建荣. 面向大批量定制的客户需求信息表达与处理技术研究 [J]. 中国机械工程，2004，15 (8)：685-687.

[36] 萨日娜，张树有，裘乐淼. 面向制造装备加工工艺与性能需求转换的质量屋依赖与反馈模型 [J]. 机械工程学报，2012，48 (15)：164-172.

[37] TSENG M M, JIAO J, MERCHANT M E. Design for mass customization [J]. CIRP Annals, 1996, 45 (1): 153-156.

[38] 任彬，张树有．产品模糊配置与结构变异的多尺度耦合方法［J］．浙江大学学报（工学版），2010（5）：841-848.

[39] CHEN Y，PENG Q，GU P. Methods and tools for the optimal adaptable design of open-architecture products［J］. The International Journal of Advanced Manufacturing Technology，2018，94（1）：991-1008.

[40] LEI T，PENG W，LEI J，et al. A similarity analysis method of the non-isomorphism generalized module in product platform［J］. Proceedings of the Institution of Mechanical Engineers，Part B：Journal of Engineering Manufacture，2018，232（2）：358-370.

[41] 邹纯稳，张树有，伊国栋，等．面向产品变异设计的零件可拓物元模型研究［J］．计算机集成制造系统，2008，14（9）：1676-1682.

[42] 邹纯稳．基于结构移植的零件变异设计若干关键技术研究及应用［D］．杭州：浙江大学，2010.

[43] 光耀．面向零件变异设计的结构移植技术及应用研究［D］．杭州：浙江大学，2011.

[44] 黄长林，谭建荣，张树有．结构-视图模型下零件可变型设计方法［J］．计算机辅助设计与图形学学报，2005（10）：2329-2333.

[45] DAS S K，SWAIN A K. An ontology-based framework for decision support in assembly variant design［J］. Journal of Computing and Information Science in Engineering，2021，21（2）：1-44.

[46] 任彬，张树有．集成结构变异与仿真分析的多变量耦合技术［J］．计算机集成制造系统，2011，17（4）：800-807.

[47] GERO J S. Computational models of innovative and creative design processes［J］. Technological Forecasting and Social Change，2000，64（2）：183-196.

[48] FULKERSON B. A response to dynamic change in the market place［J］. Decision Support Systems，1997，21（3）：199-214.

[49] 徐敬华．面向变异设计的移植单元检索与融合过程进化技术［D］．杭州：浙江大学，2009.

[50] 任尊茂，蒋祖华，黄国全．基于单层进化的产品客户化设计［J］．计算机集成制造系统，2004，10（11）：1321-1325.

[51] DOU R，ZHANG Y，NAN G. Customer-oriented product collaborative customization based on design iteration for tablet personal computer configuration［J］. Computers & Industrial Engineering，2016，99：474-486.

[52] BARAKAT S，RAMZY A，HAMED A M，et al. Augmentation of gas turbine perform-

ance using integrated EAHE and fogging inlet air cooling system [J]. Energy, 2019, 189: 116-133.

[53] RATHOD D, XU B, FILIPI Z, et al. An experimentally validated, energy focused, optimal control strategy for an organic rankine cycle waste heat recovery system [J]. Applied Energy, 2019, 256: 113991.

[54] ROBERGE P, LEMAY J, RUEL J, et al. In situ estimation of effective liquid water content on a wind turbine using a thermal based sensor [J]. Cold Regions Science and Technology, 2021, 184: 103235.

[55] GJIKA K, COSTEUX A, LARUE G, et al. Ball bearing turbocharger vibration management: application on high speed balancer [J]. Mechanics & Industry, 2020, 21 (6), Article 219.

[56] PENG Q F, JIANG A H, YUAN H, et al. Study on theoretical model and test method of vertical vibration of elevator traction system [J]. Mathematical Problems in Engineering, 2020, Article 8518024.

[57] ZHANG R J, WANG C, ZHANG Q, et al. Response analysis of non-linear compound random vibration of a high-speed elevator [J]. Journal of Mechanical Science and Technology, 2019, 33 (1), 51-63.

[58] LIU J, ZHANG R, HE Q, et al. Study on horizontal vibration characteristics of high-speed elevator with airflow pressure disturbance and guiding system excitation [J]. Mechanics and Industry, 2019, 20 (3), Article 305.

[59] YANG Z, ZHANG Q, ZHANG R J, et al. Transverse vibration response of a super high-speed elevator under air disturbance [J]. International Journal of Structural Stability and Dynamics, 2019, 19 (9), Article 1950103.

[60] KUMAR A N, KISHORE P S, RAJU K B, et al. Decanol proportional effect prediction model as additive in palm biodiesel using ANN and RSM technique for diesel engine [J]. Energy, 2020, 213: 119072.

[61] ZHANG Q, HU W, LIU Z, et al. TBM performance prediction with Bayesian optimization and automated machine learning [J]. Tunnelling and Underground Space Technology, 2020, 103: 103493.

[62] FENG S, CHEN Z, LUO H, et al. Tunnel boring machines (TBM) performance prediction: A case study using big data and deep learning [J]. Tunnelling and Underground Space Technology, 2021: 103636.